工程软件职场应用实例精析丛书

ESPRIT
多轴铣削加工应用实例

主　编　韩富平　李春光　张　晶
副主编　张璐丹　张　宁　李春芬
参　编　李晓艳　孙海杰　陈　琳
　　　　冯建文　杨本迁　姚　頔
　　　　陈玉杰　田东婷　李凤波
主　审　袁　懿　张立东　王庆梅

机械工业出版社

本书主要结合实例讲解ESPRIT 2022多轴铣削加工路径的生成操作及应用技巧，以提高读者在实际生产中的应用能力。

全书共包含9章内容，覆盖了ESPRIT多轴铣削加工路径生成的全部操作过程，分别对ESPRIT基本操作、传统铣削加工策略、自由曲面加工策略、模具加工策略、产品铣削加工策略、5轴铣削加工策略、多轴铣削加工中的相关实例（八骏图笔筒、弧齿锥齿轮轴、技能竞赛实例）进行讲解。

本书图文并茂，内容通俗易懂，加工实例难度的安排循序渐进，知识的讲解由浅入深，可使读者充分理解并掌握ESPRIT多轴铣削加工编程的工艺思路。同时，读者可通过扫描书中的二维码获得所有实例模型的源文件、结果文件、讲解视频，以便在学习过程中进行参考练习。联系QQ 296447532，获取PPT课件。

本书可供数控技术专业学生和相关技术人员学习使用。

图书在版编目（CIP）数据

ESPRIT多轴铣削加工应用实例/韩富平，李春光，张晶主编. —北京：机械工业出版社，2023.6（2024.11重印）

（工程软件职场应用实例精析丛书）

ISBN 978-7-111-73360-7

Ⅰ. ①E… Ⅱ. ①韩… ②李… ③张… Ⅲ. ①数控机床—加工—计算机辅助设计—应用软件 Ⅳ. ①TG659.022

中国国家版本馆CIP数据核字（2023）第107360号

机械工业出版社（北京市百万庄大街22号 邮政编码100037）

策划编辑：周国萍　　责任编辑：周国萍　赵晓峰

责任校对：薄萌钰　梁　静　　封面设计：马精明

责任印制：邓　博

北京盛通数码印刷有限公司印刷

2024年11月第1版第2次印刷

184mm×260mm · 11印张 · 265千字

标准书号：ISBN 978-7-111-73360-7

定价：59.00元

电话服务　　网络服务

客服电话：010-88361066　　机　工　官　网：www.cmpbook.com

010-88379833　　机　工　官　博：weibo.com/cmp1952

010-68326294　　金　书　网：www.golden-book.com

封底无防伪标均为盗版　　机工教育服务网：www.cmpedu.com

前　言

ESPRIT 是一款用户量庞大的应用软件，该软件为适应性很强的 CAM（Computer Aided Manufacturing）系统，可用于各个行业，在创建大部分零件尤其是复杂零件的刀具轨迹上具有独特优势。

本书对 ESPRIT 2022 多轴铣削加工的操作及应用实例进行讲解。全书共包含 9 章内容，覆盖了 ESPRIT 多轴铣削加工路径生成的全部操作过程，分别对 ESPRIT 基本操作、传统铣削加工策略、自由曲面加工策略、模具加工策略、产品铣削加工策略、5 轴铣削加工策略、多轴铣削加工中的相关实例（八骏图笔筒、弧齿锥齿轮轴、技能竞赛实例）进行讲解。

本书的主要特点如下：

1．由浅入深。从传统铣削加工策略、自由曲面加工策略、模具加工策略、产品铣削加工策略、5 轴铣削加工策略到多轴铣削加工实例，知识的讲解循序渐进。

2．实用性强。本书的实例来自企业生产和国赛多轴样题，能够让读者掌握实际生产加工中的操作技巧。

3．便于理解。本书对多轴铣削加工策略的讲解思路清晰，通俗易懂。

4．资源丰富。本书配有第 2 ～ 9 章的实例源文件、结果文件、视频文件，源文件和结果文件可通过手机扫描下面的二维码获取，视频文件在相应的章节旁用手机扫描二维码观看。

数控编程对实践性的要求很高，这也是本书讲解的重点。本书的编写思路是以多轴铣削加工策略和实例为主要对象，对加工思路以及软件操作进行讲解。

在编写的过程中，我们得到了多方面的支持和帮助，在此特别感谢海克斯康制造智能技术（青岛）有限公司提供的 ESPRIT 正版软件及王庆梅、姚岫、冯建文几位工程师给予的技术支持。

由于编者水平有限，书中难免存在错误与不妥之处，恳请广大读者不吝指正。

编　者

源文件　　　　结果文件

目　录

第1章 ESPRIT 基本操作

1.1 ESPRIT 软件界面

ESPRIT 软件操作界面如图 1-1 所示。

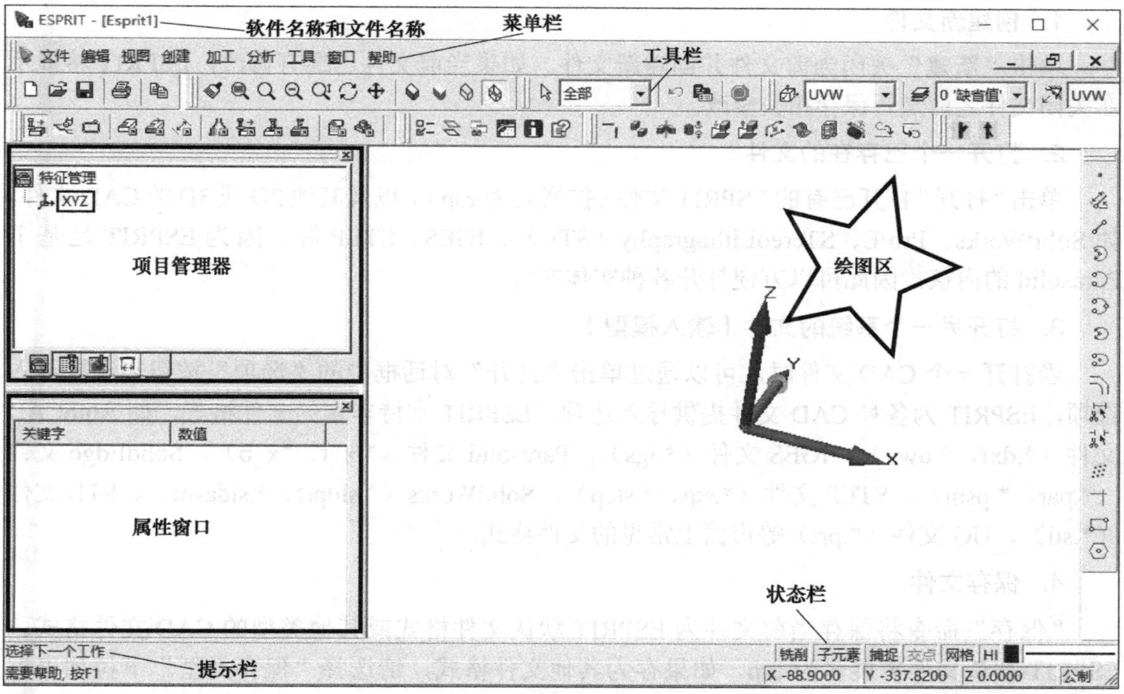

图 1-1　ESPRIT 软件操作界面

1）软件名称和文件名称：显示软件名称和文件名称。

2）菜单栏：所有命令放置在 9 个菜单栏中，菜单栏中的大部分命令在工具栏中同样可用。

3）工具栏：大部分常用的命令都可以在工具栏找到，也可根据需求来定制工具栏。

4）项目管理器：由一系列标签栏构成，分别列出了所有项目的特征、刀具、加工操作、测量等。项目管理器能够管理、分类和重排列这些项目。可以通过按 <F2> 键或在“视图”菜单中选择“项目管理”命令来打开项目管理器。

5）属性窗口：可以显示在工作区域或项目管理器中所选择的任何项目的属性（所显示的属性类型由所选择的项目类型决定），能够查看或改变所选项目的单个属性。可以通过同时按住 <Alt+Enter> 键或在“视图”菜单中选择“属性窗口”来显示或隐藏属性窗口。

6）提示栏：位于 ESPRIT 窗口的左下方，将显示下一步工作的提示信息，建议操作中留意提示栏的提示信息。

7）状态栏：位于 ESPRIT 窗口的下方，提供关于当前工作环境的动态信息。当选择命令或移动光标时，该信息会动态更新。ESPRIT 同时提供两个特别的窗口来显示当前工作工件的其他属性信息以及有效管理编程工作。

8）绘图区：此区域是用户的工作区域，图形的设计与修改工作就是在此区域内进行操作的。

1.2 ESPRIT 文件管理

1. 创建新文件

单击“新建”关闭当前文件并创建新文件。如果当前文件已经有修改，ESPRIT 将提示在关闭文件之前是否保存相关修改。

2. 打开一个已存在的文件

单击“打开”打开已有的 ESPRIT 文件（扩展名为 esp），以及其他 2D 或 3D 的 CAD 文件，如 SolidWorks、Pro/E、STereoLithography（STL）、IGES、STEP 等。因为 ESPRIT 是基于 Parasolid 的内核，因此可以方便打开各种实体文件。

3. 打开另一个系统的文件（输入模型）

当打开一个 CAD 文件时，可以通过单击“打开”对话框中的“选项”按钮来设置导入选项，ESPRIT 为各种 CAD 文件提供导入选项。ESPRIT 支持丰富的文件格式，如 AutoCAD 文件（*.dxf、*.dwg），IGES 文件（*.igs），Parasolid 文件（*.x_t、*x_b），SolidEdge 文件（*.par、*.psm），STEP 文件（*.stp、*.step），SolidWorks（*.sldprt、*.sldasm）、STL 文件（*.stl），UG 文件（*.prt）等市面上常见的文件格式。

4. 保存文件

“保存”命令将保存当前文件为 ESPRIT 默认文件格式或其他类型的 CAD 文件格式。ESPRIT 默认文件扩展名为 esp。如果存为其他文件格式，请选择“保存类型”下拉列表框并选择相应的文件类型。

1.3 ESPRIT 快捷键

ESPRIT 系统默认常用功能快捷键见表 1-1。读者也可根据个人工作习惯定义快捷键。可以通过单击“工具”→“自定义”，弹出“用户自定义”对话框，通过快捷键选项卡来自定义快捷键。

表 1-1　ESPRIT 系统默认常用功能快捷键

功　能	快 捷 键	功　能	快 捷 键
帮助	F1	剪切	Ctrl+X
编辑→撤销	Ctrl+Z	视图→ UVW 轴线	Ctrl+Alt+U
编辑→复制	Ctrl+C	视图→ XYZ 轴线	Ctrl+Alt+X
编辑→全选	Ctrl+A	视图→层	F11
编辑→群组	Ctrl+G	视图→工作平面	F10
编辑→选取未选	Ctrl+W	视图→屏蔽	Ctrl+M
窗口→全视排列	Ctrl+Alt+T	视图→视角平面	F12
窗口→新窗口	Ctrl+Alt+W	视图→输出窗口	F3
文件→保存	Ctrl+S	视图→属性窗口	Alt+Enter
文件→打开	Ctrl+O	视图→刷新	F5
文件→打印	Ctrl+P	视图→项目管理	F2
文件→ NC 代码	F9	视图→修改→等角视图	F8
文件→新建	Ctrl+N	视图→修改→俯视	F7
粘贴	Ctrl+V	视图→修改→全屏显示	F6
文件→打开	Ctrl+O	工具→宏→宏	Alt+F8
文件→高级 NC 代码输出	Ctrl+F9	工具→宏→ VB 编辑器	Alt+F11

1.4　ESPRIT 基本操作要点

1.4.1　工作平面

当创建几何时，几何将绘制在当前工作平面上而不是默认的 *XY* 平面上。当前工作平面的位置及方向通过 *UVW* 轴显示。为了显示 *UVW* 轴，在“视图”菜单上单击“UVW 轴”命令。

1）ESPRIT 提供三个预先设置的工作平面，这三个工作平面均以系统原点开始。

① *XYZ*：*U*、*V* 和 *W* 与 *X*、*Y*、*Z* 方向相同，几何绘制在 *XY* 平面上。

② *ZXY*：*U*、*V* 和 *W* 沿 *Z*、*X* 排列，*Y* 独立，几何绘制在 *ZX* 平面上。

③ *YZX*：*U*、*V* 和 *W* 沿 *Y*、*Z* 排列，*X* 独立，几何绘制在 *YZ* 平面上。

在 ESPRIT 中，刀具轴线始终沿 *W* 轴或 *Z* 轴方向。

2）用户可以通过使用“修改工作平面”工具栏上的命令来创建自定义的工作平面。当单击“视图”→“工具栏”→“修改工作平面”时，该工具栏自动显示。修改工作平面共有 7 种方法。

① 根据几何创建工作平面：根据所选几何元素创建工作平面。任意下列元素可被选择：两条（个）相交直线（表面）和实体边界线，一条直线和一个不在该直线上的点，不在同一条直线上的三点，一个圆。第一个元素定义 *U* 轴，第二个元素定义 *V* 轴。该方法一般用于多轴、定轴加工而创建辅助工作平面。

② 平行工作平面：根据输入的 *U*、*V*、*W* 数值以增量方式移动 *UVW* 轴。请根据窗口左下方提示栏的信息操作。如果 *UVW* 与 *XYZ* 方向相同，该命令与工作平面平移相同。

③ 平移工作平面：根据输入的 *U*、*V*、*W* 数值以及 *XYZ* 的方向以增量方式移动 *UVW* 轴。请根据窗口左下方提示栏的信息操作。

④ 旋转工作平面：以所选直线或线段来旋转 *UVW* 轴。

⑤ 旋转 *UVW*：任意角度选择 *UVW* 轴。

⑥ 对称工作平面：根据所选镜像平面镜像 *UVW* 轴线。可以创建镜像平面（参考根据几何创建工作平面）或选择已有的平面作为镜像平面。可以输入名称，然后输入镜像平面的名称。

⑦ 从当前视角创建工作平面：一般用于多轴、定轴加工而创建工作平面。

在重定位工作平面后就可以使用它，并且创建的几何元素位置将在新的 *UVW* 工作平面上。为了保存当前 *UVW* 工作平面，打开工作平面对话框（按 <F10> 键）并单击“新工作平面”，为新工作平面输入名称后单击“确定”按钮。

当勾选“包括新工作平面”时，新工作平面将添加到工作平面下拉列表框中，这样可以方便使用新工作平面。同时在工作平面下拉列表框和视图下拉列表框中，新的平面会附带“*”来说明该工作平面包含视图。

1.4.2 ESPRIT 铣削特征

在 ESPRIT 中，铣削特征的作用是：

1）通过标准的型腔、孔、轮廓面和平面特征来描述需要加工的工件形状。这种方法通过利用一组特征来定义整个工件。

2）特征包含各种加工参数，例如切削深度、加工方向、加工切入及切出点等。同时利用特征可以控制仿真加工中哪些材料需要被删除。

3）ESPRIT 是基于特征进行加工的。在设置加工操作前后或创建数控程序时，ESPRIT 均会提示选择相对应特征。

1.4.3 创建毛坯

单击“模拟 - 高级模拟”→“模拟参数”，弹出“参数”对话框。单击“实体”选项卡，弹出设置界面。

1）单击“定义”→“类型”，ESPRIT 可通过此选项定义仿真实体类型：毛坯、目标和夹具。

2）创建形式有：

① 文件：从外部导入“*.STL”模型文件作为仿真实体。

② 实体：以 ESPRIT 文件中的实体作为仿真实体。

③ 拉伸：基于平面特征拉伸出的实体作为仿真实体。

④ 旋转：绕轴旋转平面特征产生的实体作为仿真实体。

⑤ 矩形：通过定义起点和长、宽、高产生矩形仿真实体。

⑥ 圆柱：通过设定圆柱形的内外径及中心线方向产生圆柱仿真实体。

例如，“创建形式”设定为“矩形”，如图 1-2 所示。“定义矩形毛坯”数值，根据毛坯尺寸 210mm×112mm×100mm 输入具体参考数值。“开始 X”“开始 Y”“开始 Z”定义矩形起点；“长度”“宽度”“高度”定义矩形长度、宽度、高度。单击“添加”→“确定”，退出参数设置。

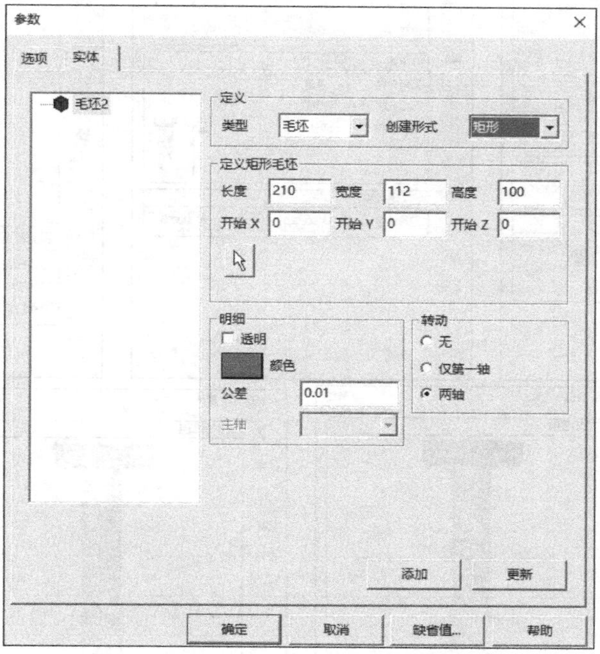

图 1-2

1.4.4 新建刀具

使用铣削刀具或车削刀具工具栏上的命令创建刀具后，自动将刀具增加到刀具管理器中，也可以在刀具管理器中直接创建刀具。

例如，创建一把 ϕ10mm 端铣刀（图 1-3）。单击“铣削刀具”→“端铣刀”，弹出“刀具设置”对话框（重复项目则无需设置）。

1）一般设定：“刀具 ID”选择“Tool 1”，“刀具号码”为“1”，“刀长补偿号”为“1”，“切削液”为“开”，“主轴转向”为“顺时针”，“初始安全高度”为“50.000000”，“单位”为“公制”。

2）装配：“刀塔名称”为“通道”，“刀位名称”为“刀位：1”，“初始轴向”为“Z+”。

3）刀柄：“刀柄直径”为“50.000000”，“刀具总长”为“50.000000”，“刀具长度”为“35.000000”。

4）刀杆：“类型”为“圆柱形”，“刀杆直径”为“10.000000”，“刀具长度”为“35.000000”，“刀具刃长”为“20.000000”。

5）刀具：“刀具直径”为“10.000000”，“刀具刃数”为“4”。单击“确定”按钮完成刀具创建。

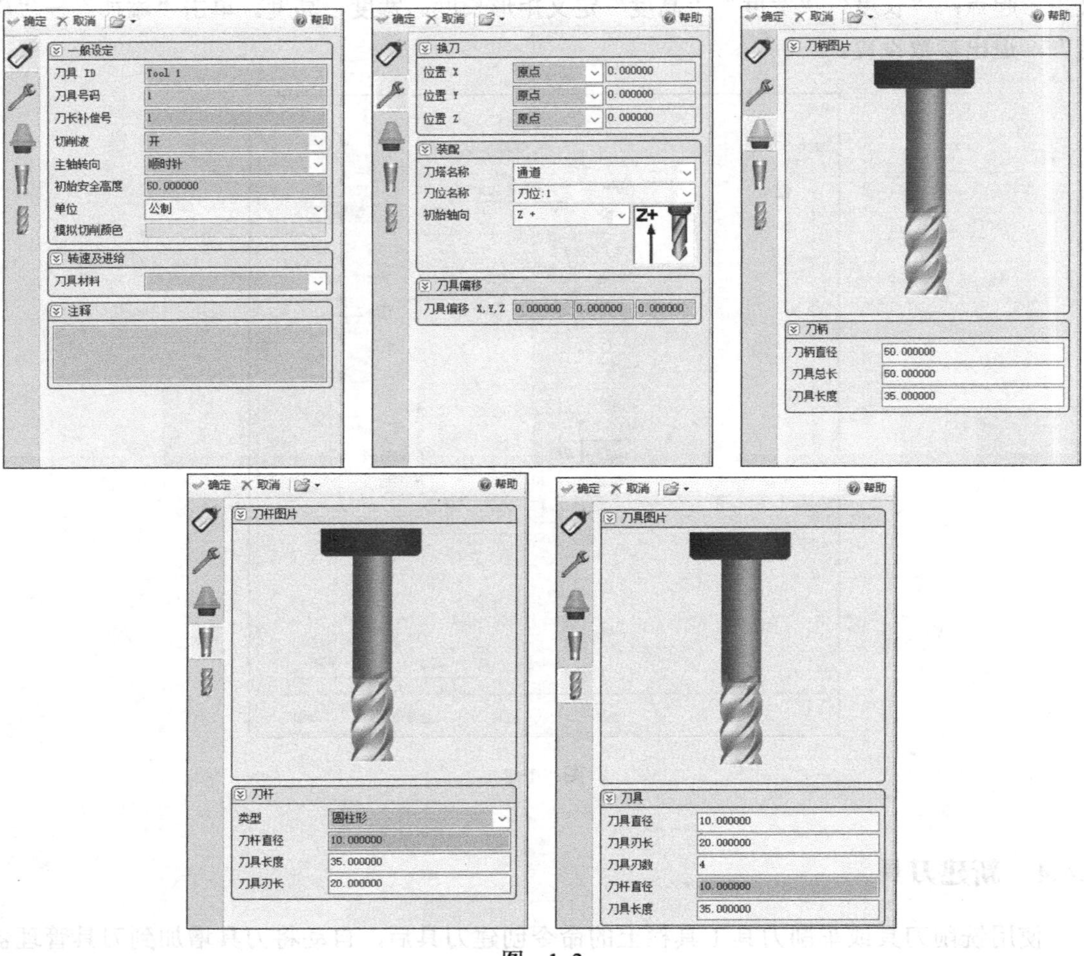

图 1-3

1.4.5 切削速度及进给

1. 切削速度

可以使用切削速度 RPM（转速）或 SPM（表面线速度），切削速度受刀具直径影响，以一个固定 RPM 数值计算。刀具直径越大，切削速度越大。

如果设置 RPM 切削速度，系统利用该数值和刀具直径来计算显示 SPM 切削速度。RPM 切削速度与 SPM 切削速度之间的换算公式如下：

SPM 英制 = RPM × PI × 刀具直径 /12

SPM 米制 = RPM × PI × 刀具直径 /1000

同理，如果设置 SPM 切削速度，系统会自动换算 RPM 切削速度，换算公式如下：

RPM 英寸 =（12 × SPM）/（PI × 刀具直径）

RPM 米制 =（1000×SPM）/（PI×刀具直径）

2. *XY* 进给 PM、PT

这些数值同样相互影响。进给速率单位 PM：in/min（或 mm/min），PT：in/z（或 mm/z）。通常情况下，进给速率为刀具加工工件材料的速率。*XY* 进给速率允许指定 *XY* 平面内的进给。

为了利用 PM（每分钟）计算 PT（每齿），系统换算公式：PT=PM/（齿数×RPM）。同理，系统换算公式：PM=PT×齿数×RPM。

在 *XY* 平面上有三种运动类型。该进给速率以三类 NC 代码表示。

类型 1：N15 G01 X_ Y_。

类型 2：N15 G01 X_。

类型 3：N15 G01 Y_。

3. *Z* 进给 PM、PT

Z 向进给控制与 *Z* 轴相关的进给速率。该进给速率以四类 NC 代码表示。

类型 1：N15 G01 X_ Y_ Z_。

类型 2：N15 G01 X_ Z_。

类型 3：N15 G01 Y_ Z_。

类型 4：N15 G01 Z_。

1.4.6 生成 NC 代码

在需要生成 NC 代码的刀具路径处右击，单击“加工”→“NC 代码 ...”（应提前设置好对应的后处理文件），如图 1-4 所示。

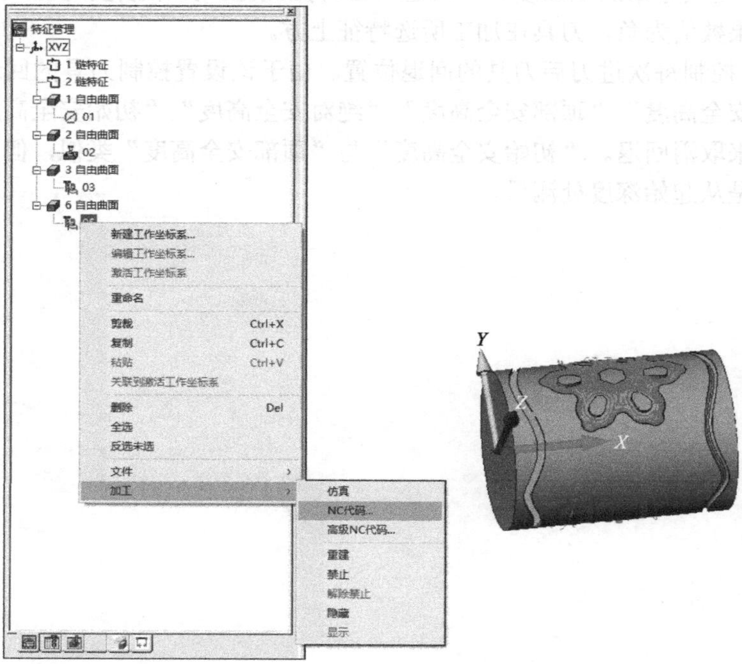

图 1-4

1.4.7 其他参数

1. 斜率角度

最小、最大斜率角度分别为“0°”“30°”：就是在大于或等于0°与小于或等于30°之间的斜面或圆弧面上产生刀具路径，大于30°的斜面或圆弧面不产生刀具路径。

2. 加工余量

粗加工时一般为0.1～0.3mm，可减少G代码生成量，余量一定要大于给定的公差，否则很可能产生过切。

精加工时一般为0.01mm，能满足绝大部分精加工尺寸需求，产生的G代码比粗加工产生的G代码多。

3. 径向余量与轴向余量

径向余量即侧边余量（X、Y方向余量）。

轴向余量即底面余量（Z方向余量）。

4. 加工深度

加工深度可在“加工策略”标签上进行控制。加工深度包含结束深度、切削深度、开始深度、内部回退。

1）结束深度：定义Z方向切削总深度。该数值根据所选特征进行测量，如果数值为正，刀具在加工所选特征下方；如果数值为负，刀具在加工所选特征上方。

2）切削深度：定义每次加工时Z方向的切削深度。结束深度和切削深度可控制加工次数。最后一次加工取决于结束深度的数值和底面毛坯余量。

3）开始深度：定义起始加工深度。从所选特征开始测量，如果数值为正，刀具在加工所选特征下方；如果数值为负，刀具在加工所选特征上方。

4）内部回退：控制每次进刀后刀具的回退位置。由于该设置控制刀具的回退距离，因此可以选择“相对安全高度”“顶部安全高度”“绝对安全高度”“初始安全高度”。同样可以设置为“无”来取消回退。“初始安全高度”与“顶部安全高度”类似，但回退距离是从特征处测量而不是从起始深度处测量。

第2章

传统铣削加工策略

2.1　面铣加工

2.1.1　面铣加工模型

图 2-1 所示为面铣加工模型。面铣加工一般使用大直径面铣刀快速铣削平面。面铣加工尤其适合铸件平面加工和快速切除大量材料，可加工出均匀平面，为后续加工做准备。在 ESPRIT 中，面铣加工先以直线走刀方式快速加工到设定深度（或各深度），接着以轮廓加工方式的环绕岛屿加工得到均匀的侧壁平面区域。直线和轮廓加工刀路可合成一个操作，以节省时间并保证侧壁和底部被切除同量的材料。

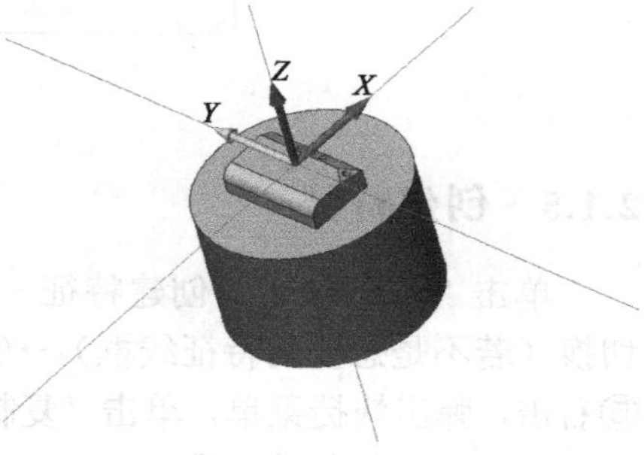

图　2-1

2.1.2　准备加工文件

打开 ESPRIT 软件，打开“2-1.esp”文件（扫描前言中的二维码下载）。

2.1.3　创建坐标系

坐标系用模型文件的当前坐标系。

2.1.4　创建毛坯

单击“模拟－高级模拟”→“模拟参数”，弹出“参数”对话框（图 2-2）。单击“实体”选项卡：

1）在“定义”选项组中，“类型”选择“毛坯”，“创建形式”设定为“圆柱”。

2）在“定义圆柱体毛坯”选项组中，设置“外径”为“75”，“内径”为“0”，“XYZ 1”为“0、0、−120”，“XYZ 2”为“0、0、0”。

3）单击“添加”→“确定”退出参数设置。

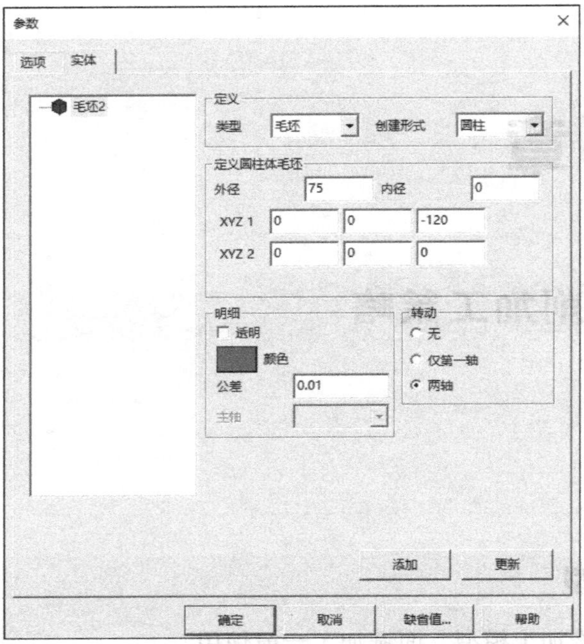

图 2-2

2.1.5 创建特征

单击“ ”按钮（创建特征 - 编辑特征），进行特征创建：①单击实体边缘→②右击切换（若不是想要的特征线框）→③再右击切换（切换到合适的特征线框）→④单击确认→⑤右击，弹出快捷菜单，单击“复制”命令→⑥弹出“获取几何线框”对话框，单击“确定”按钮，完成特征创建（图 2-3）。

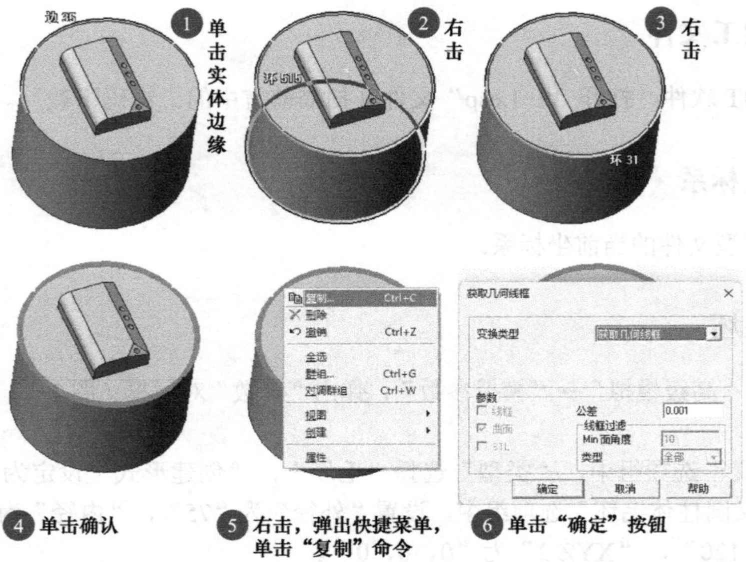

图 2-3

在资源管理器中选中“1 链特征”，在属性窗口选择“加工”，“特征深度”设为“-20.000000”，面铣削的特征就创建完成了，如图 2-4 所示。

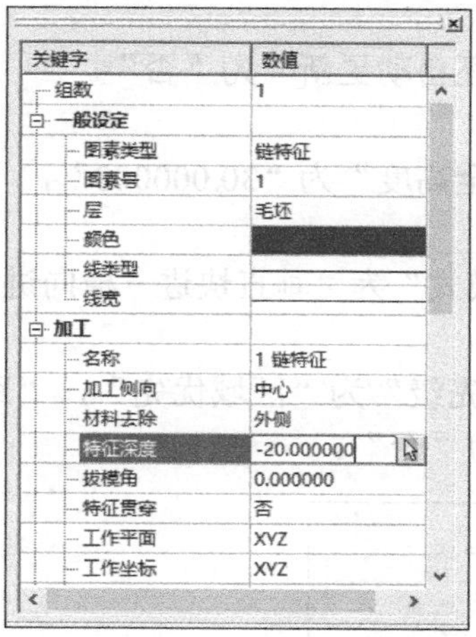

图 2-4

2.1.6 面铣加工策略

步骤：在资源管理器中选中“1 链特征”，依次单击“”按钮（传统铣削加工 - 产品铣削加工）→“”按钮（面铣加工），如图 2-5 中①、②所示。

图 2-5

需要设定的参数如下：

（1）一般设定（图 2-6）

1）刀具选择：选择“FM 050”。

2）转速及进给：设“加工转速 RPM，SPM”为“1500”，“XY 进给率 PM，PT”为“600.000000”，“Z 进给率 PM，PT”为“500.000000”，“恒定去材料除率”为“否”，“使用 KBM 进给转速”为“否”。

图 2-6

（2）加工策略（图 2-7）

1）加工策略：设“加工策略”为“往返式”，“一刀铣削”为“否”，“最佳切削角度”为“是”，“内部连接”为“圆弧”，“步距，直径 %”分别为“35.000000”“70.000000”，“延伸距离，刀具 %”分别为“35.000000”“70.000000”，“内部连接进给率百分比”为“100”，“延伸方向”为“双向”，“包含岛”为“否”。

2）加工余量：设“径向余量”为“0.000000”，“轴向余量”为“0.000000”。

3）加工深度：“结束深度”为“–20.000000”，“切削深度”为“10.000000”，“开始深度”为“–20.000000”，“内部回退”为“相对安全高度”，“切深变量计算”为“变化”。

4）毛坯自动更新：设“毛坯自动更新”为“否”。

（3）连接（图 2–8）

1）安全平面：设“绝对安全高度”为“30.000000”，“安全高度”为“10.000000”，“退刀平面”为“安全高度”。

2）进刀 / 退刀：设“进刀模式”为“垂直快进 – 横向进给进刀”，“退刀模式”为“横向 – 垂直进给退刀”。

3）加工顺序：设“加工优先级”为“区域优先”，“路径编排策略”为“最小加工时间”，“开放区域快进连接”为“否”。

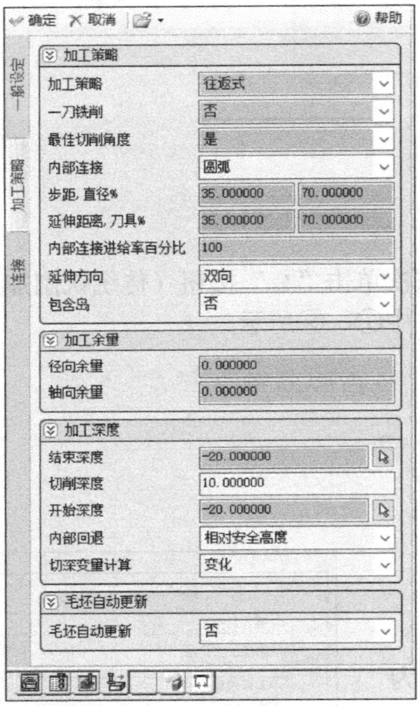

图 2–7

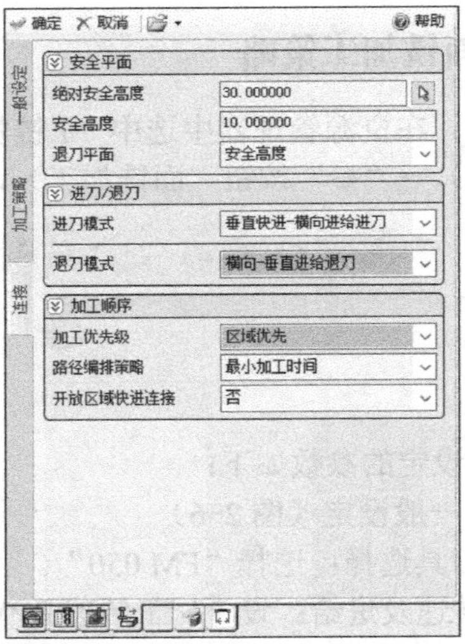

图 2–8

单击“✓确定”按钮，执行刀具路径运算，刀具路径运算结果如图 2–9 所示。

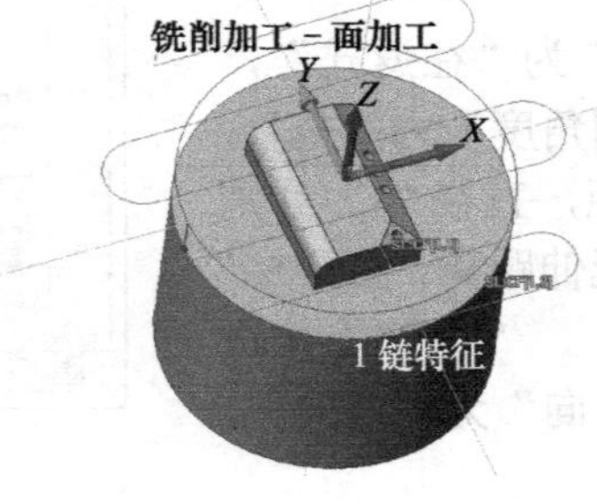

图 2–9

2.2 型腔加工

2.2.1 型腔加工模型

图 2-10 所示为型腔加工模型，型腔加工是一种以一定深度对锁定轮廓区域内进行渐进式清除的加工方法。

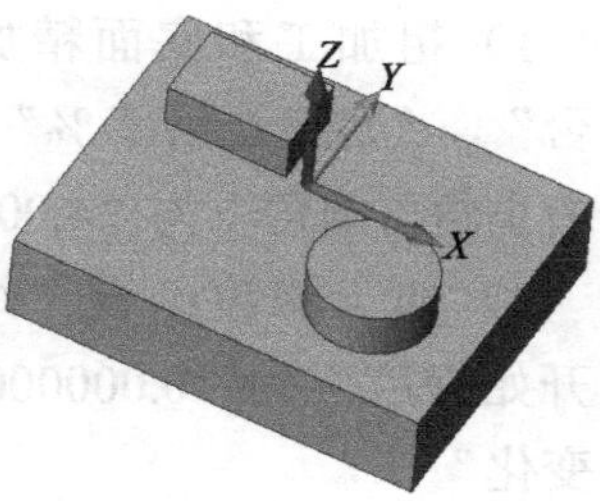

图 2-10

2.2.2 准备加工文件

打开 ESPRIT 软件，打开“2-2.esp”文件（扫描前言中的二维码下载）。

2.2.3 创建坐标系

坐标系用模型文件的当前坐标系。

2.2.4 创建特征

单击“ ”按钮（创建特征 - 编辑特征）→“ ”按钮（型腔特征），进行特征创建：①单击实体→②单击确认，完成特征创建（图 2-11）。

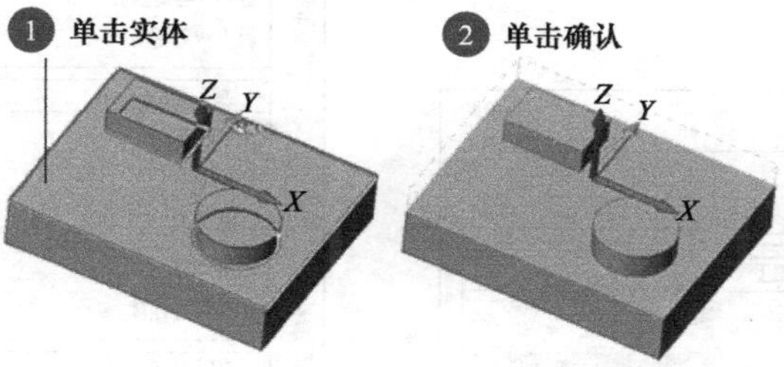

图 2-11

2.2.5 型腔加工策略

步骤：在资源管理器中选中“1 型腔特征”，依次单击“ ”按钮（传统铣削加工 - 产品铣削加工）→“ ”按钮（型腔加工），如图 2-12 中①、②所示。

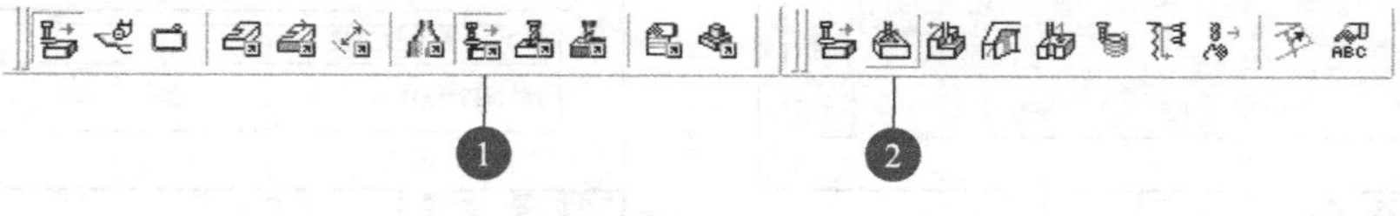

图 2-12

需要设定的参数如下：

（1）一般设定（图 2-13）

1）粗加工，侧壁和底面精加工：设“粗加工路径”为“是”，“侧壁精加工路径”为

“否”，“底面精加工路径”为“否”。

2）刀具选择：“粗加工刀具 ID”选择“EMF 10.0”。

3）转速及进给：设“恒定去材料除率”为“否”，“转角减速”为“否”。

（2）加工策略（图 2-14）

1）粗加工和底面精加工：设“刀具路径样式”为“摆线”，“变换切削方向”为“否”，“过渡进给率 %”为“200”，“最小 . 摆线圆弧，%”分别为“4.000000”“40”，“最小角落圆角”为“4.000000”。

2）加工深度：设“结束深度”为“10.000000”，“切削深度”为“10.000000”，“开始深度”为“0.000000”，“内部回退”为“顶部安全高度”，“切深变量计算”为“变化”。

3）加工顺序：设“加工优先级”为“区域优先”，“快速退刀”为“是”。

4）键槽加工策略：这里不需要加工槽，所以不设置。

5）毛坯自动更新：设“毛坯自动更新”为“否”。

6）Tool Path Limit：设“保持在特征以内”为“是”。

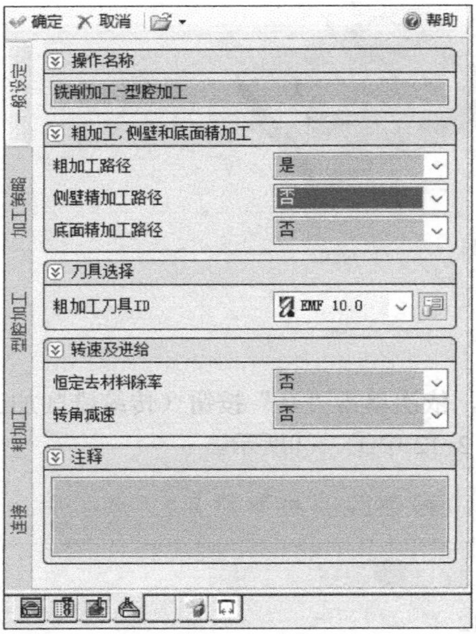

图 2-13

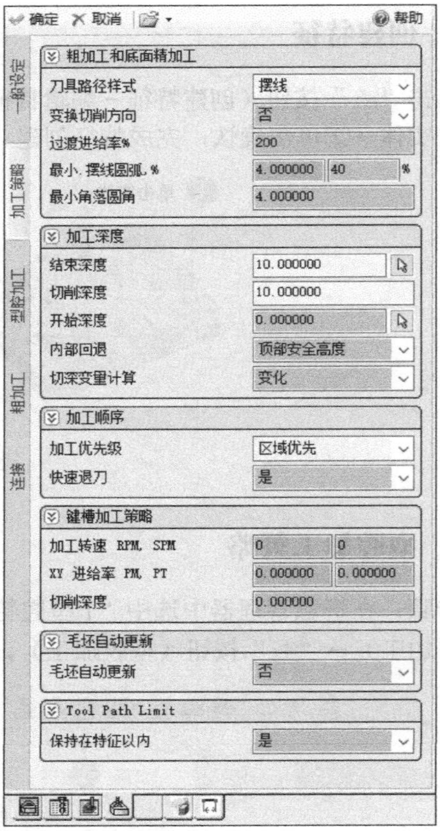

图 2-14

（3）型腔加工（图 2-15）

1）开放型腔：设“开放边缘补偿值，半径百分比 %”分别为“3.000000”“60”，“切入距离”为“5.000000”，“切出距离”为“5.000000”。

2）拔模角度设置：设“从特征中导入锥度”为“是”。

（4）粗加工（图 2-16）

1）转速及进给：设“加工转速 RPM，SPM”为“4500”，“XY 进给率 PM，PT”为“2500.000000”，“Z 进给率 PM，PT”为“2500.000000”，“最大进给率 PM，PT”为“2500.000000”，“使用 KBM 进给转速”为“否”。

2）加工策略：设“加工策略”为“顺铣”，“步距，直径 %”分别为“1.500000”“15”，“圆弧接触角度”为“45.572996”（默认即可）。

3）加工余量：设“径向余量”为“0.300000”，“轴向余量”为“0.200000”。

4）进刀 / 退刀：设“进刀模式”为“垂直下刀”，“边缘安全间隙”为“1.000000”，“退刀模式”为“横向－垂直进给退刀”，“退刀距离”为“2.000000”。

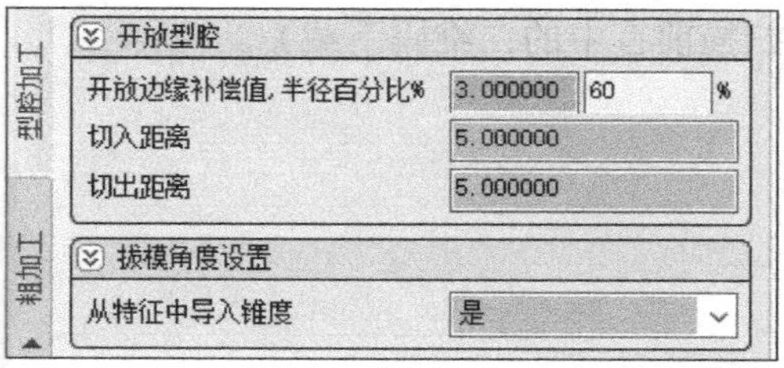

图 2-15

图 2-16

（5）连接（图 2-17） 安全平面：设“安全高度”为“10.000000”，“退刀平面”为“安全高度”，“回退平面”为“安全高度”。

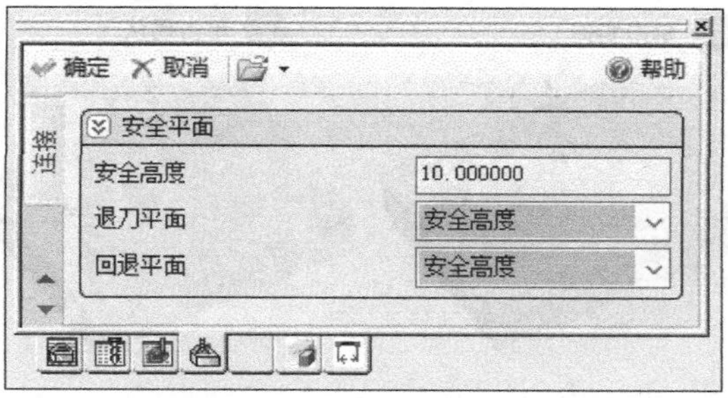

图 2-17

单击“✓确定”按钮，执行刀具路径运算，刀具路径运算结果如图 2-18 所示。

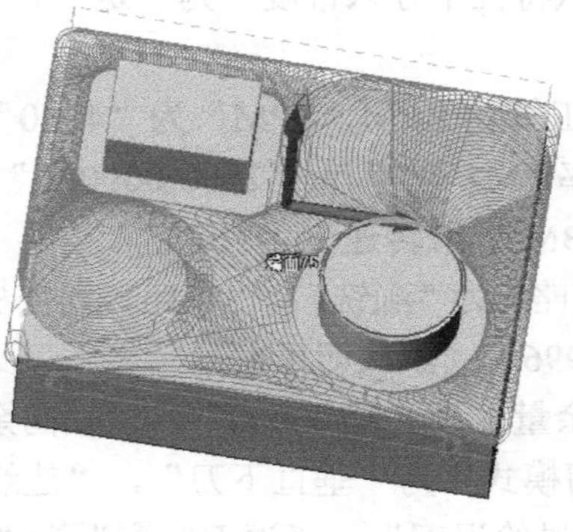

图 2-18

2.3 轮廓加工

2.3.1 轮廓加工模型

轮廓加工模型与型腔加工模型一样，如图 2-10 所示。典型的轮廓加工操作用于沿垂直侧壁面或圆锥面切削材料。

2.3.2 准备加工文件

打开 ESPRIT 软件，打开“2-3.esp”文件（扫描前言中的二维码下载）。

2.3.3 创建坐标系

坐标系用模型文件的当前坐标系。

2.3.4 创建特征

单击“ ”按钮（创建特征 - 编辑特征）→“ ”按钮（型腔特征），进行特征创建：①单击实体→②单击确认，完成特征创建（图 2-19）。

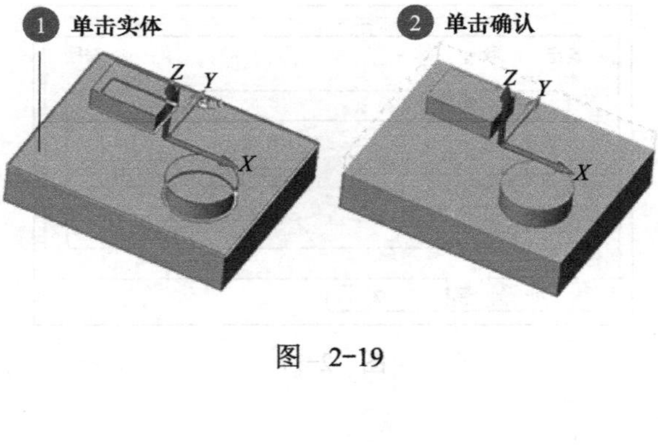

图 2-19

2.3.5 轮廓加工策略

步骤：在资源管理器中选中“2 岛屿”，依次单击“ ”按钮（传统铣削加工 - 产品铣削加工）→“ ”按钮（轮廓加工），如图 2-20 中①、②所示。

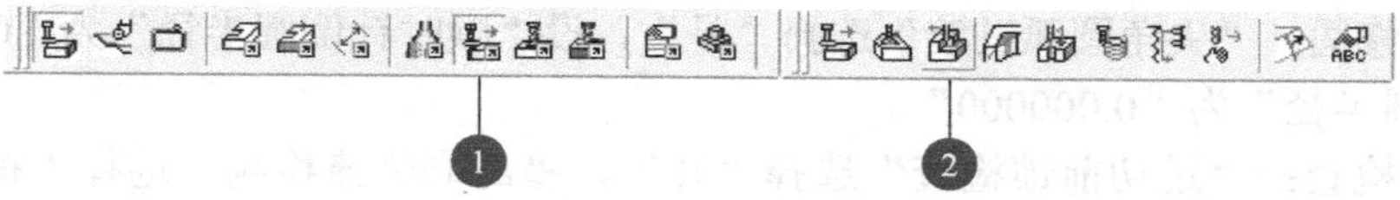

图 2-20

需要设定的参数如下：

（1）一般设定（图 2-21）

1）刀具选择：选择“EMF 10.0”。

2）转速及进给：设“加工转速 RPM，SPM”为“4500”、“XY 进给率 PM，PT”为“600.000000”、“Z 进给率 PM，PT”为“600.000000”，“恒定去材料除率”选择“否”，“转角减速”选择“否”，“使用 KBM 进给转速”选择“否”。

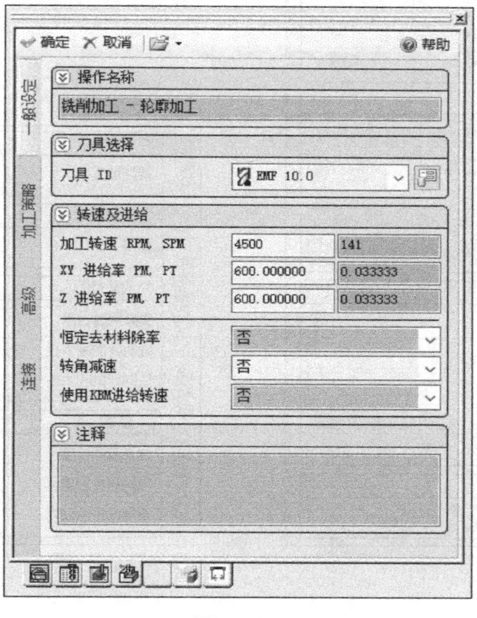

图 2-21

（2）加工策略（图 2-22）

1）加工策略：设“粗加工路径数”为“1”，“精加工路径”选择“否”，“加工策略”选择“顺铣”，“加工次序”选择“宽度”，“螺旋切削”选择“否”，设“加工公差”为“0.005000”。

2）加工余量：设“径向余量”为“0.000000”，“轴向余量”为“0.000000”。

3）加工深度：设“结束深度”为“10.000000”，“切削深度”为“10.000000”，“开始深度”为“0.000000”，“内部回退”选择“无”，“从特征中导入锥度”选择“是”。

4）刀具补偿：“软件补偿方向”选择“左”，其余几个参数默认即可。

5）毛坯自动更新：“毛坯自动更新”选择“否”。

（3）高级（图 2-23）

1）摆线加工：“摆线加工”选择“否”。

2）开放轮廓：“裁剪”选择“否”。

3）尖角修圆：“尖角圆弧过渡”选择“是”，设“顺时针倒圆半径”为“0.000000”，“逆时针倒圆半径”为“0.000000”。

4）碰撞检查：“过切前馈检查”选择“开”，“岛屿碰撞检测”选择“掠过”，“保持在特征以内”选择“否”。

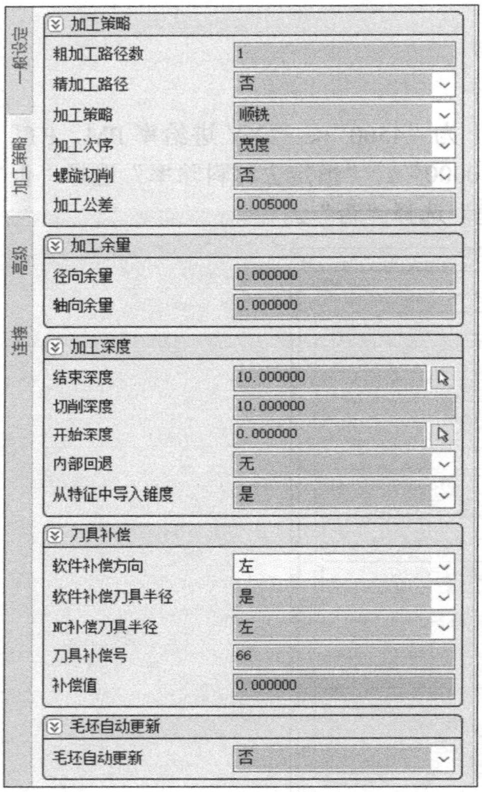

图 2-22

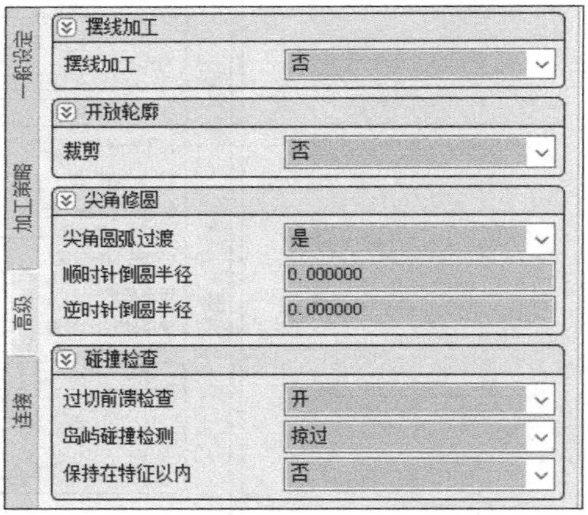

图 2-23

（4）连接（图 2-24）

1）安全平面：设“安全高度”为“10.000000”，“退刀平面”选择“安全高度”，“回退平面”选择“安全高度”，“路径之间回退”选择“顶部安全高度”。

2）进刀 / 退刀：设“进刀模式”选择“垂直 - 横向进给进刀”，“退刀模式”选择“横向 - 垂直进给退刀”。

3）切入及切出：设“切入类型”选择“圆弧”，“切入距离”为“5.000000”，“切入半径”为“5.000000”，“开始重叠率 %”为“10.000000”，“切出类型”选择“圆弧”，“切出距离”为“5.000000”，“切出半径”为“5.000000”，“结束重叠率 %+/–”为“10.000000”。

单击“✓确定”按钮，执行刀具路径运算，刀具路径运算结果如图 2-25 所示。

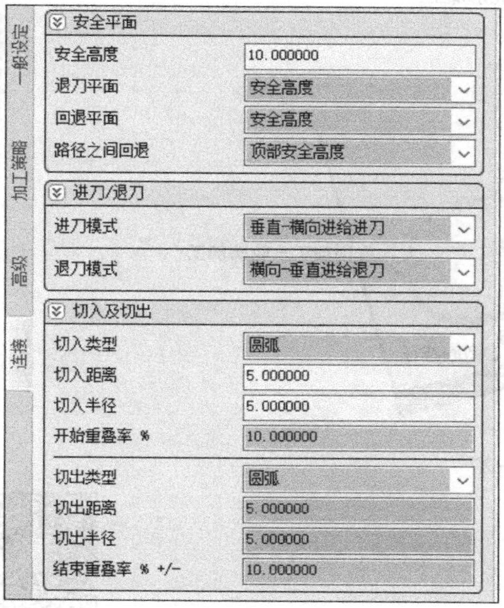

图 2-24

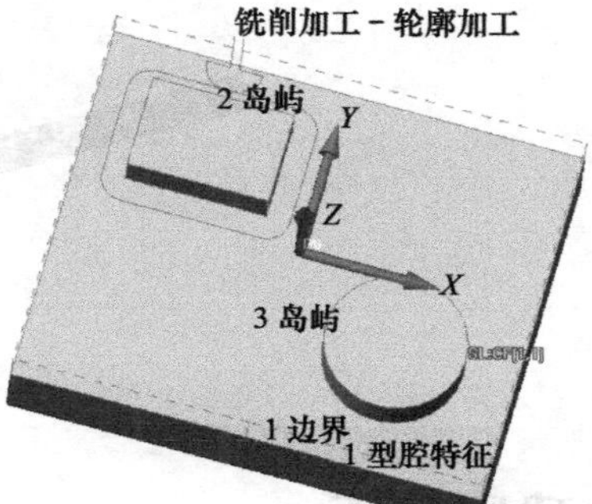

图 2-25

2.3.6 加工 3 岛屿

步骤如下：

1）在资源管理器中，依次单击“铣削加工 - 轮廓加工”→“复制”，右击“岛屿”，单击“粘贴”命令，如图 2-26 中①、②所示。

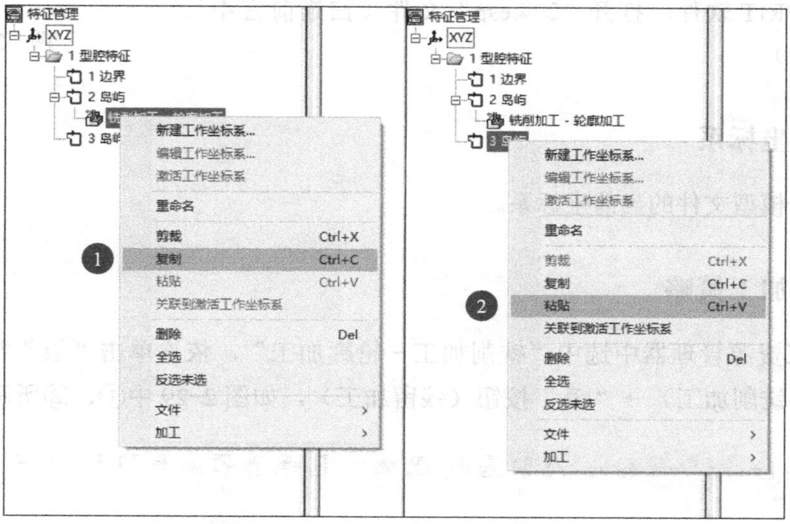

图 2-26

2）3 岛屿刀具路径运算结果如图 2-27 所示。

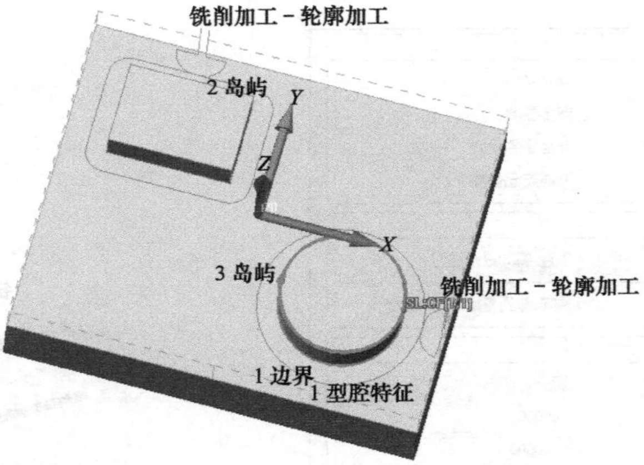

图 2-27

2.4 残留加工

2.4.1 残留加工模型

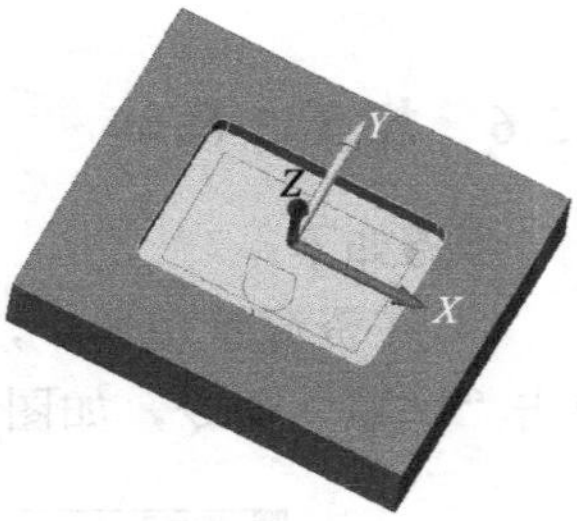

图 2-28

图 2-28 所示为残留加工模型。通过传统残留加工命令，可以对现有实体铣削传统加工进行余料加工。

2.4.2 准备加工文件

打开 ESPRIT 软件，打开“2-4.esp”文件（扫描前言中的二维码下载）。

2.4.3 创建坐标系

坐标系用模型文件的当前坐标系。

2.4.4 残留加工策略

步骤：在资源管理器中选中“铣削加工－轮廓加工”，依次单击“”按钮（传统铣削加工－产品铣削加工）→“”按钮（残留加工），如图 2-29 中①、②所示。

图 2-29

需要设定的参数如下：

（1）一般设定（图 2-30）

1）刀具选择：选择“EM 04.0”。

2）转速及进给：设“加工转速 RPM，SPM”为“4500”，“XY 进给率 PM，PT”为“1000.000000”，“Z 进给率 PM，PT”为“1000.000000”，“恒定去材料除率”选择“否”，“转角减速”选择“是”，“使用 KBM 进给转速”选择“否”。

（2）加工策略（图 2-31）

1）加工策略：“加工策略”选择“顺铣”，设“步距，直径 %”分别为“2.000000”“50”，“满刀铣削进给率百分比”为“100”，“满刀切削圆弧，刀具直径 %”为“100”，“起始 / 端点重叠加工 %+/−”为“0.000000”。

2）加工深度：设“切削深度”为“0.500000”，“内部回退”选择“顶部安全高度”。

3）区域清除：“刀具路径样式”选择“往返式”，“最佳切削角度”选择“是”，“路径编排策略”选择“最小加工时间”，“刀具路径修圆”选择“否”。

4）圆角清除：“变换切削方向”选择“否”，设“切入 / 切出距离”为“10.000000”，“切入 / 切出半径”为“4.000000”。

图 2-30

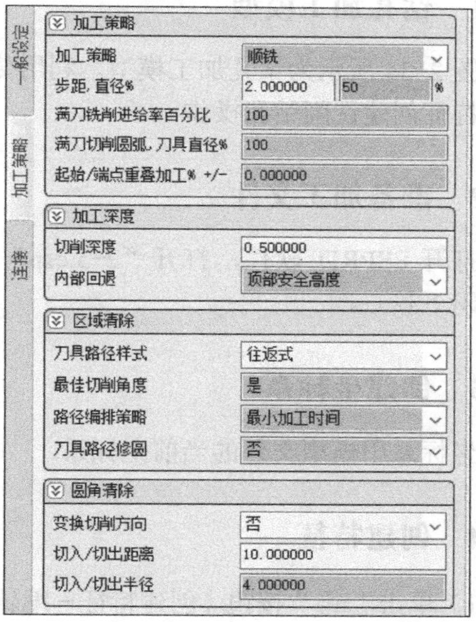

图 2-31

（3）连接（图 2-32）

1）安全平面：设“绝对安全高度”为“10.000000”，“安全高度”为“2.000000”，“退刀平面”选择“安全高度”，“回退平面”选择“安全高度”。

2）进刀 / 退刀：“进刀模式”选择“垂直下刀”，设“边缘安全间隙”为“1.000000”，“退刀模式”选择“垂直快进退刀”，设“退刀距离”为“2.000000”。

3）加工顺序：“快速退刀”选择“是”。

单击“✓确定”按钮，执行刀具路径运算，刀具路径运算结果如图 2-33 所示。

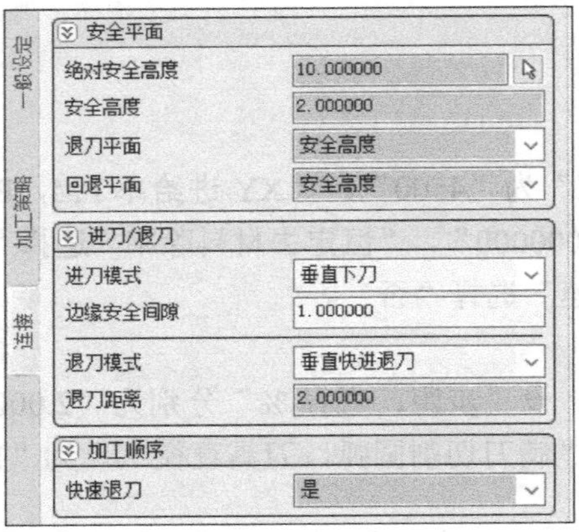

图 2-32

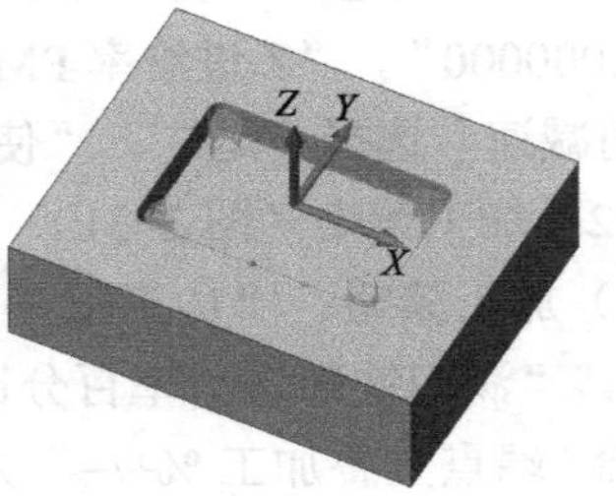

图 2-33

2.5 钻孔加工

2.5.1 钻孔加工模型

图 2-34 所示为钻孔加工模型。利用传统铣削钻孔加工，基于孔特征创建铣削钻孔操作。

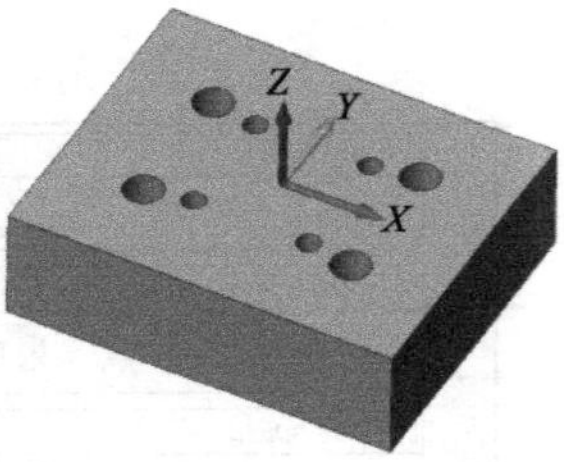

图 2-34

2.5.2 准备加工文件

打开 ESPRIT 软件，打开“2-5.esp”文件（扫描前言中的二维码下载）。

2.5.3 创建坐标系

坐标系用模型文件的当前坐标系。

2.5.4 创建特征

1）单击“ ”按钮（创建特征 - 编辑特征）→“ ”按钮（孔特征），如图 2-35 中①、②所示。

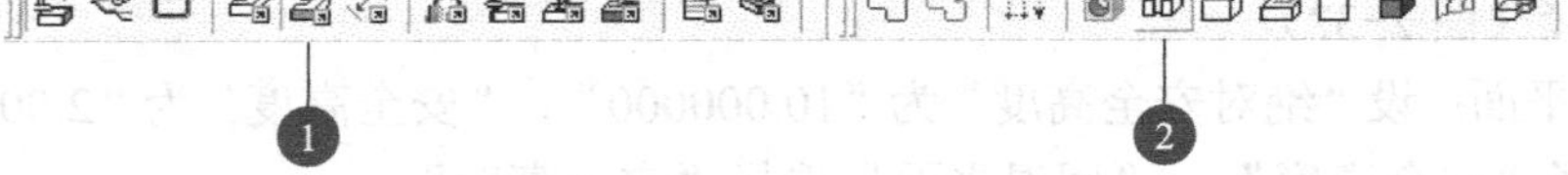

图 2-35

2）在弹出的“孔群”对话框中（图 2-36），在“孔尺寸”选项组中，将“最大直径”设为“10”，“最小直径”设为“0”，勾选“创建沉孔”复选按钮，单击“确定”按钮，完成孔特征创建。

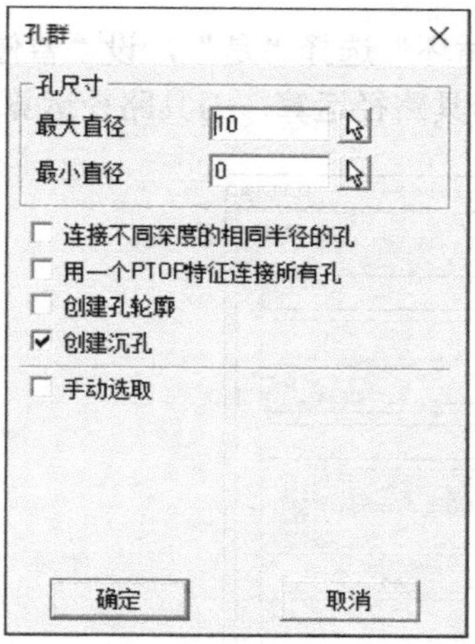

图 2-36

2.5.5 钻孔加工策略

步骤： 在资源管理器中选中“1 孔特征”，依次单击“ ”按钮（传统铣削加工－产品铣削加工）→“ ”按钮（钻孔加工），如图 2-37 中①、②所示。

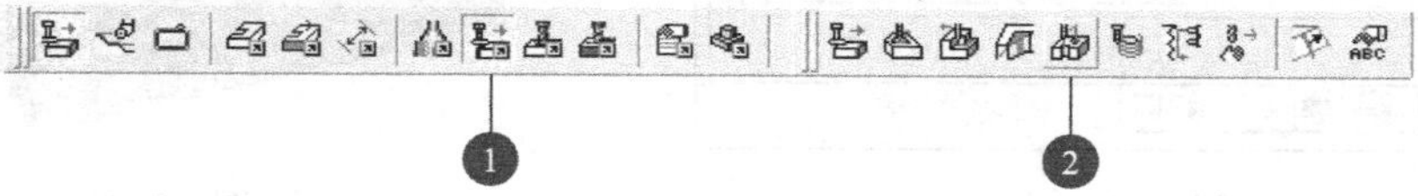

图 2-37

需要设定的参数如下：

（1）一般设定（图 2-38）

1）刀具选择：选择“DR 10”。

2）转速及进给：设“加工转速 RPM，SPM”为“600”、“Z 进给率 PM，PR”为“100.000000”，“使用 KBM 进给转速”选择“否”。

（2）钻孔（图 2-39）

1）钻孔循环：“循环类型”选择“钻孔”，“反向”选择“否”。

2）加工深度：设“结束深度”为“12.000000”、“开始深度”为“-2.000000”，“使用倒角直径”选择“否”，“刀尖已包括”选择“否”。

3）安全平面：设“绝对安全高度”为“30.000000”，“安全高度”为“5.000000”，“退刀平面”选择“安全高度”，“结束点退刀平面”选择“安全高度”。

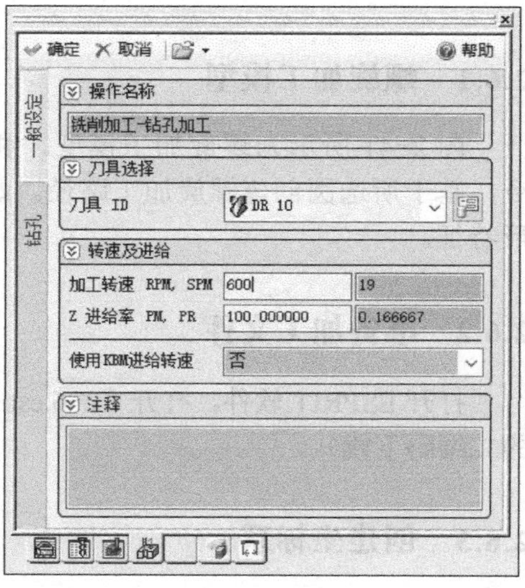

图 2-38

4）机床功能：“输出加工循环”选择“是”，设“暂停”为“0.000000”。

单击“✓确定”按钮，执行刀具路径运算，刀具路径运算结果如图 2-40 所示。

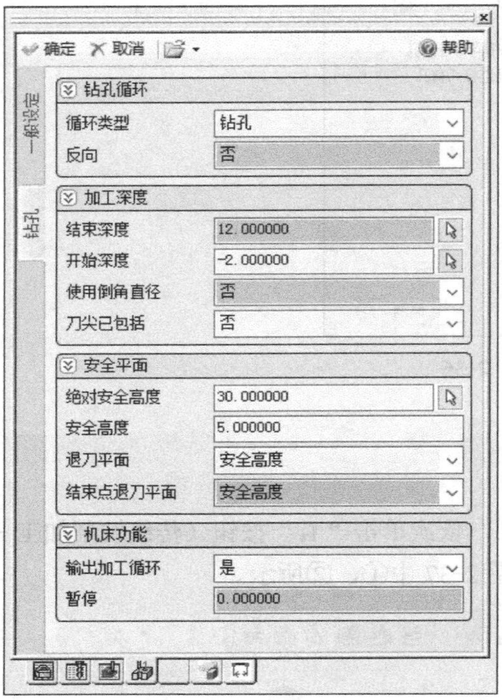

图 2-39

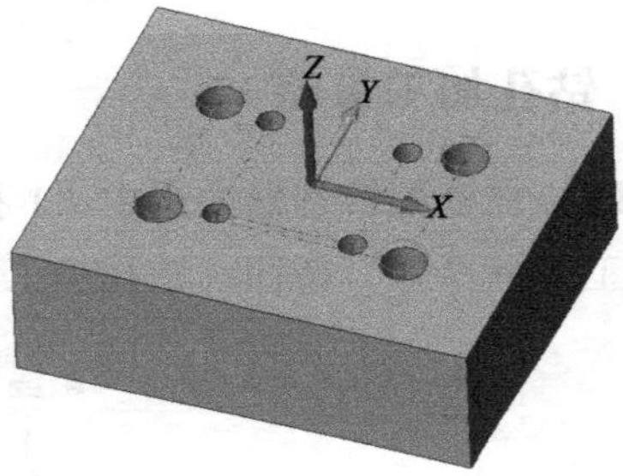

图 2-40

2.6 螺旋加工

2.6.1 螺旋加工模型

图 2-41 所示为螺旋加工模型。利用传统螺旋加工命令，基于所选圆创建螺旋加工路径。螺旋操作用于圆或圆形特征。

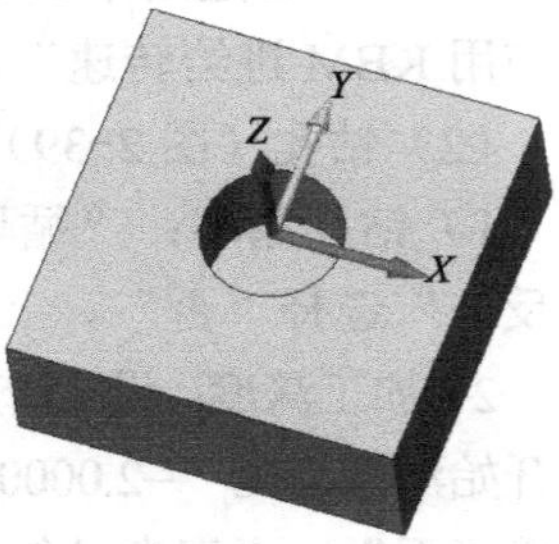

图 2-41

2.6.2 准备加工文件

打开 ESPRIT 软件，打开“2-6.esp”文件（扫描前言中的二维码下载）。

2.6.3 创建坐标系

坐标系用模型文件的当前坐标系。

2.6.4 创建特征

1）单击“”按钮（创建特征－编辑特征）→“”按钮（孔特征），如图 2-42 中①、②所示。

2）在弹出的“孔群”对话框中（图 2-43），在“孔尺寸”选项组中，将“最大直径”设为“30”，“最小直径”设为“0”，勾选“创建沉孔”复选按钮，单击“确定”按钮，完成孔特征创建。

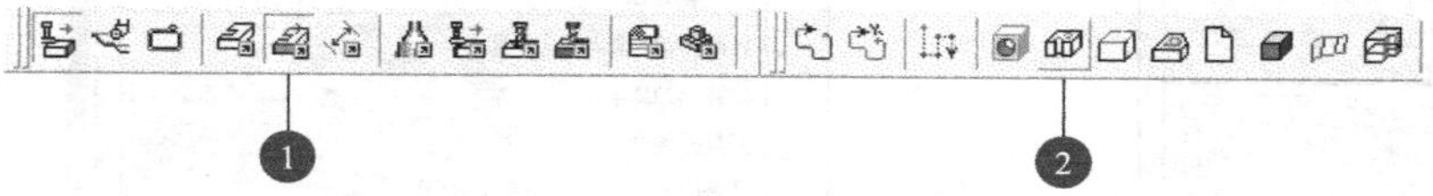

图 2-42

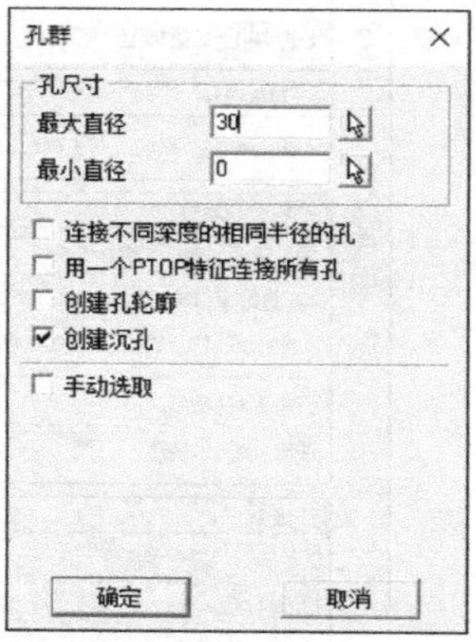

图 2-43

2.6.5 螺旋加工策略

步骤：在资源管理器中选中“1 孔特征”，依次单击“”按钮（传统铣削加工－产品铣削加工）→“”按钮（螺旋加工），如图 2-44 中①、②所示。

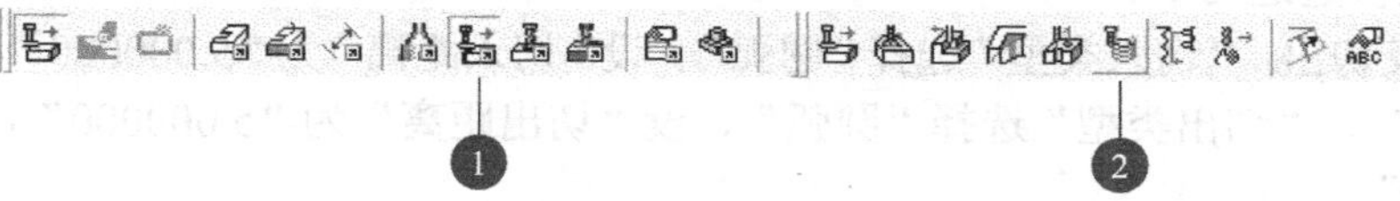

图 2-44

需要设定的参数如下：

（1）一般设定（图 2-45）

1）刀具选择：选择“EMF 16.0”。

2）转速及进给：设“加工转速 RPM，SPM”为“4500”，“XY 进给率 PM，PT”为“2000.000000”，“Z 进给率 PM，PT”为“2000.000000”，“恒定去材料除率”选择“否”，“使用 KBM 进给转速”选择“否”。

（2）加工策略（图 2-46）

1）加工策略：“方向”选择“由内向外”，“策略”选择“顺时针”，设“步距，直径的 %”分别为“0.000000”“0”，“精加工刀数”为“1”，“螺旋加工圈数”为“1”，“输出加工循环”选择“否”，设“加工公差”为“0.005000”。

2）加工余量：设“余量”为“0.000000”。

3）加工深度：设“结束深度”为“20.000000”，“切削深度”为“1.000000”，“开始深度”为“-1.000000”，“内部回退”选择“相对安全高度”。

4）刀具补偿：“软件补偿刀具半径”选择“是”，“NC 补偿刀具半径”选择“左”，设“刀具补偿号”为“70”，“补偿值”为“0.000000”。

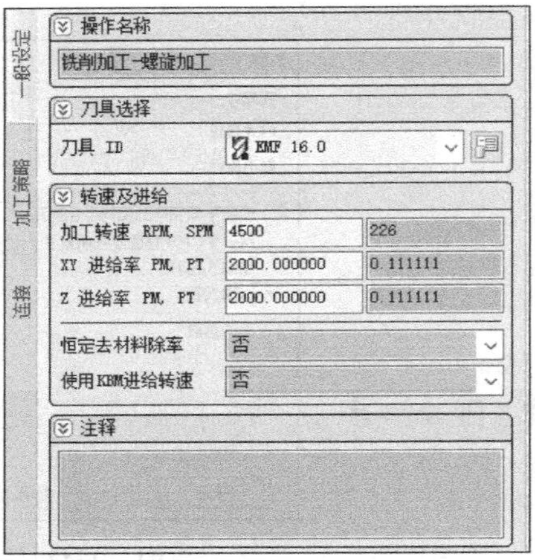

图 2-45

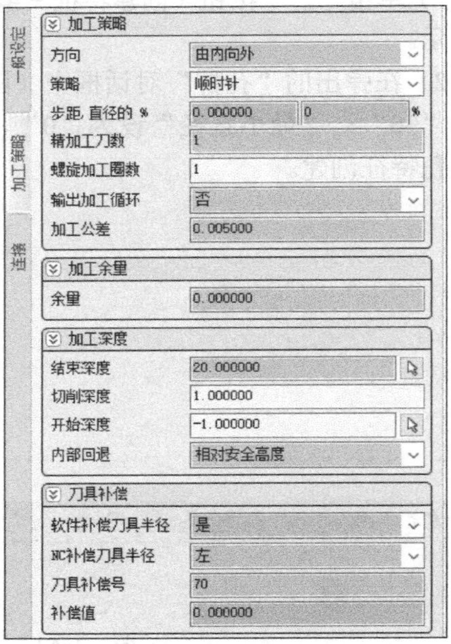

图 2-46

（3）连接（图 2-47）

1）安全平面：设“安全高度”为“2.000000”，“退刀平面”选择“安全高度”。

2）进刀 / 退刀：“进刀模式”选择“垂直 - 横向进给进刀”，“退刀模式”选择“横向进给 - 垂直快进退刀”。

3）切入及切出：“切入类型”选择“圆弧”，设“切入距离”为“5.000000”，“切入半径”为“2.000000”，“切出类型”选择“圆弧”，设“切出距离”为“5.000000”，“切出半径”为“2.000000”。

单击“✓确定”按钮，执行刀具路径运算，刀具路径运算结果如图 2-48 所示。

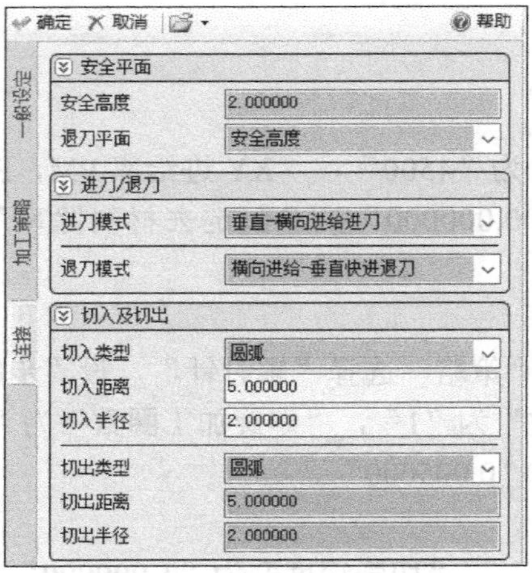

图 2-47

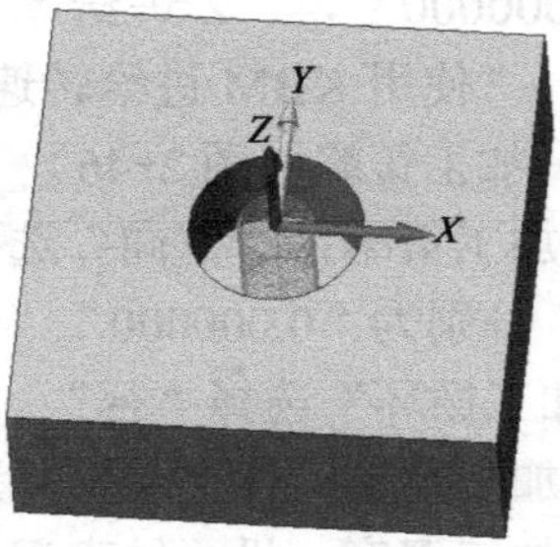

图 2-48

2.7 螺纹铣削

2.7.1 螺纹铣削模型

螺纹铣削模型与螺旋加工模型一样，如图 2-41 所示。通过传统螺纹铣削加工命令，利用基本的铣削技术创建螺纹加工。

2.7.2 准备加工文件

打开 ESPRIT 软件，打开“2-7.esp”文件（扫描前言中的二维码下载）。

2.7.3 创建坐标系

坐标系用模型文件的当前坐标系。

2.7.4 创建特征

1）单击“ ”按钮（创建特征 - 编辑特征）→“ ”按钮（孔特征），如图 2-49 中①、②所示。

2）在弹出的“孔群”对话框中（图 2-50），在“孔尺寸”选项组中，将“最大直径”设为“30”、“最小直径”设为“0”，勾选“创建沉孔”复选按钮，单击“确定”按钮，完成孔特征创建。

图 2-49

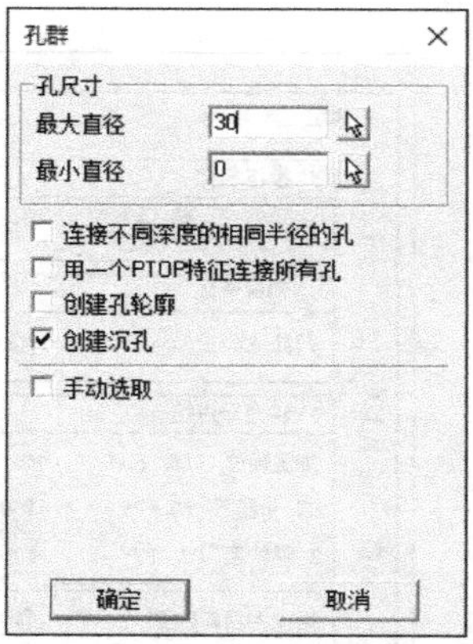

图 2-50

2.7.5 螺纹铣削策略

步骤：在资源管理器中选中“1 孔特征”，依次单击“ ”按钮（传统铣削加工 - 产品铣削加工）→“ ”按钮（螺纹铣削），如图 2-51 中①、②所示。

图 2-51

需要设定的参数如下：

（1）一般设定（图 2-52）

1）刀具选择：选择“TM M10×1.5”。

2）转速及进给：设“加工转速 RPM，SPM”为“4500”，“XY 进给率 PM，PT”为“1500.000000”，“Z 进给率 PM，PT”为“1000.000000”，“恒定去材料除率”选择“否”，“使用 KBM 进给转速”选择“否”。

（2）加工策略（图 2-53）

1）螺纹：“方向”选择“内右”，设“大径”为“30.000000”，“小径”为“28.500000”，“结束深度”为“19.500000”，“开始深度”为“0.000000”。

2）加工策略：“加工策略”选择“顺铣”，“加工方向”选择“向下”，“连接移动”选择“快进”，设“开始角度”为“0.000000”，“截面类型”选择“圆弧”，设“加工公差”为“0.001000”，“加工圈数”为“2”，“第一圈加工百分比”为“75.000000”，“输出加工循环”选择“否”。

3）加工余量：设“余量”为“0.000000”。

4）刀具补偿：“软件补偿刀具半径”选择“是”，“NC 补偿刀具半径”选择“左”，设“刀具补偿号”为“4”，“补偿值”为“0.000000”。

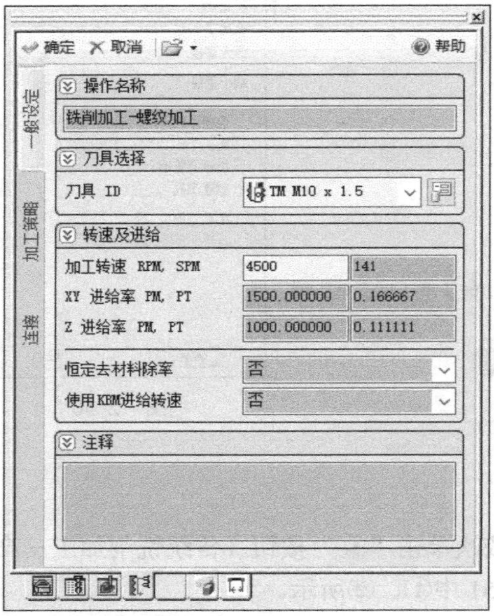

图 2-52

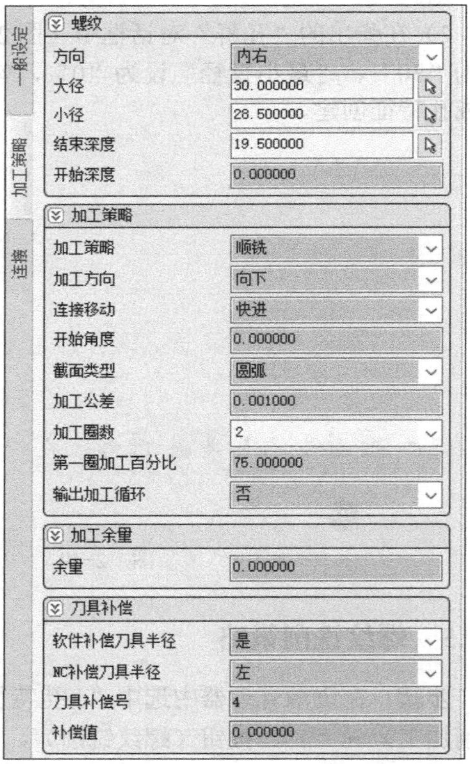

图 2-53

（3）连接（图 2-54）

1）安全平面：设“安全高度”为“2.000000”，“退刀平面”选择“安全高度”。

2）切入及切出：“开始 / 结束位于孔中心”选择“否”，“切入 / 切出类型”选择“相切圆弧”，设“切入 / 切出距离”为“2.000000”，“切入 / 切出起始角”为“90.000000”，“边缘安全间隙”为“0.500000”，“进刀进给率百分比”为“100.000000”。

单击“✓确定”按钮，执行刀具路径运算，刀具路径运算结果如图 2-55 所示。

图 2-54

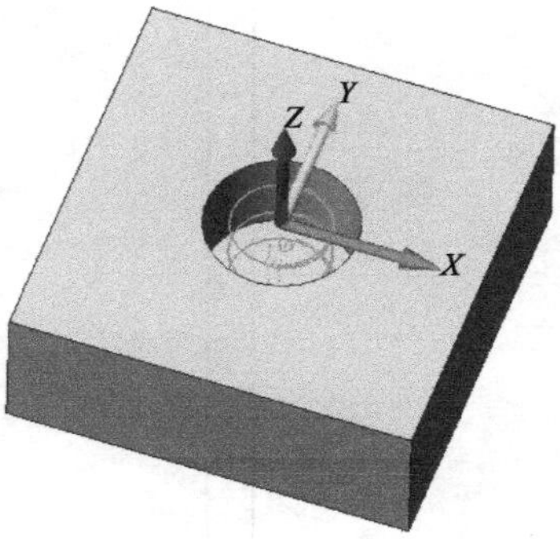

图 2-55

2.8 手动铣削加工

2.8.1 手动铣削加工文件

图 2-56 所示为手动铣削加工文件。通过传统手动铣削加工命令可以选择圆弧、圆、点和线段等，其选择类似于手动创建特征链的方式，也可以输入 *XYZ* 坐标值。本例设加工外轮廓深为 10mm。

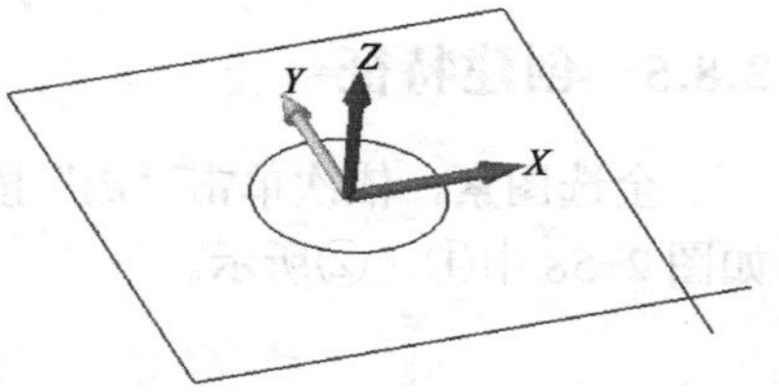

图 2-56

2.8.2 准备加工文件

打开 ESPRIT 软件，打开“2-8.esp”文件（扫描前言中的二维码下载）。

2.8.3 创建坐标系

坐标系用模型文件的当前坐标系。

2.8.4 创建毛坯

单击“模拟 - 高级模拟”→“模拟参数”，弹出“参数”对话框（图 2-57）。单击“实体”选项卡：

1）在“定义”选项组中，“类型”选择“毛坯”，“创建形式”选择“矩形”。

2）在“定义矩形毛坯”选项组中，“长度”为“82”，“宽度”为“82”，“高度”为“30”，“开始 X”为“-41”，“开始 Y”为“-41”，“开始 Z”为“-30”。

3）单击“添加”→“确定”退出参数设置。

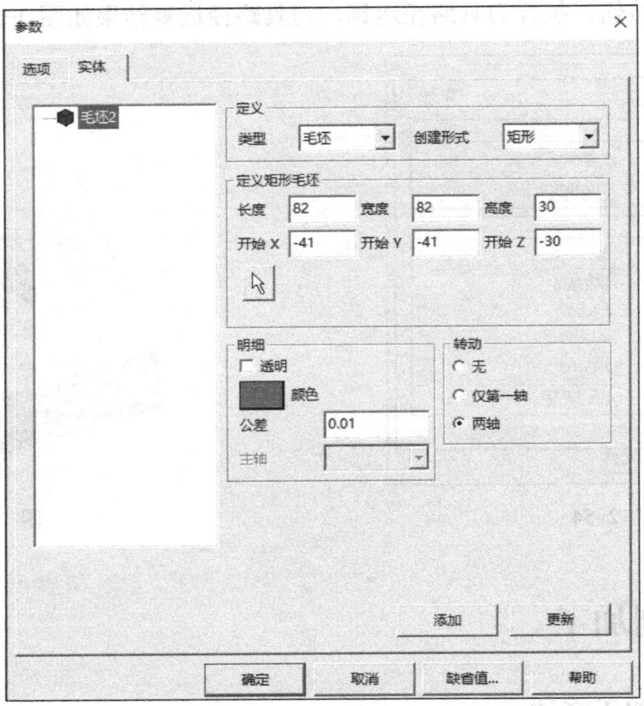

图 2-57

2.8.5 创建特征

全选图素，依次单击“ ”按钮（创建特征－编辑特征）→“ ”按钮（自动链特征），如图 2-58 中①、②所示。

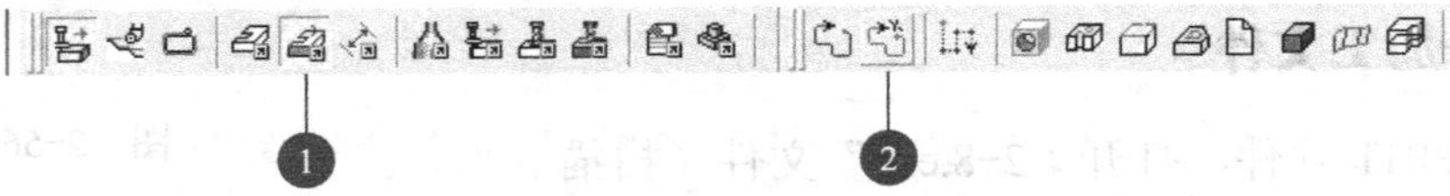

图 2-58

2.8.6 手动铣削加工策略

步骤：依次单击“ ”按钮（传统铣削加工－产品铣削加工）→“ ”按钮（手动铣削加工），如图 2-59 中①、②所示。

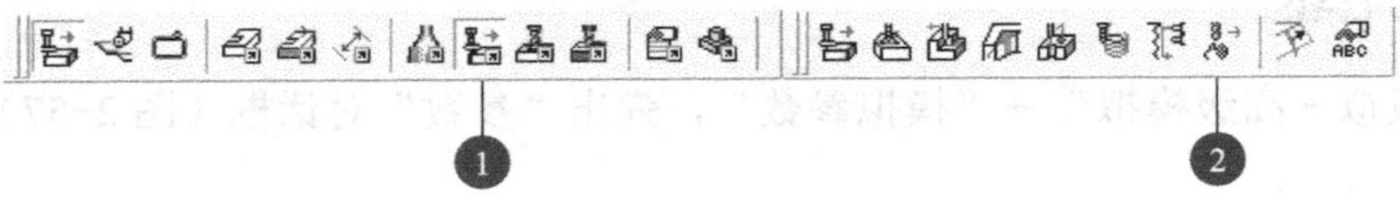

图 2-59

需要设定的参数如下：

（1）一般设定（图 2-60）

1）刀具选择：选择“EM 10.0”。

2）转速及进给：设“加工转速 RPM，SPM”为“4500”，“XY 进给率 PM，PT”为“1500.000000”，“Z 进给率 PM，PT”为“1500.000000”，“最大进给率 PM，PT”为“1500.000000”，“使用 KBM 进给转速”选择“否”。

（2）手动（图 2-61）

1）安全平面：设“绝对安全高度”为“10.000000”，“安全高度”为“2.000000”，“退刀平面”选择“安全高度”。

2）加工深度：设“结束深度”为“10.000000”，“切削深度”为“10.000000”，“内部回退”选择“顶部安全高度”。

3）刀具补偿：设“刀具补偿号”为“66”，“补偿值”为“5.000000”。

图 2-60

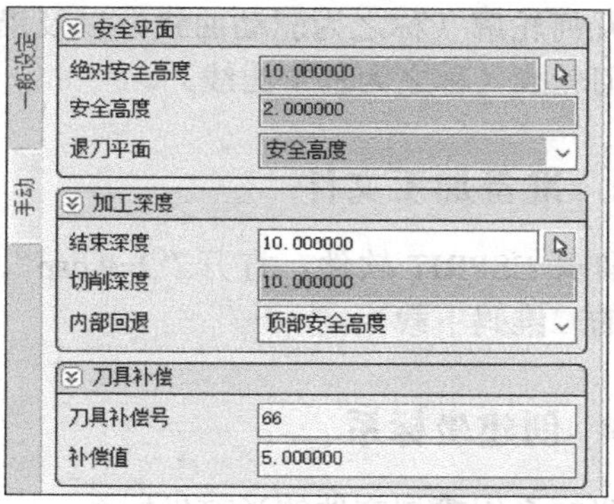

图 2-61

单击“✓确定”按钮，弹出“手动移动铣削”对话框（图 2-62），按图 2-63 所示步骤操作。

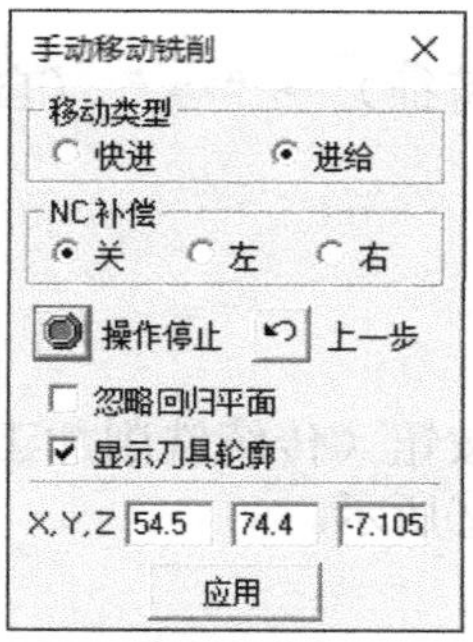

图 2-62

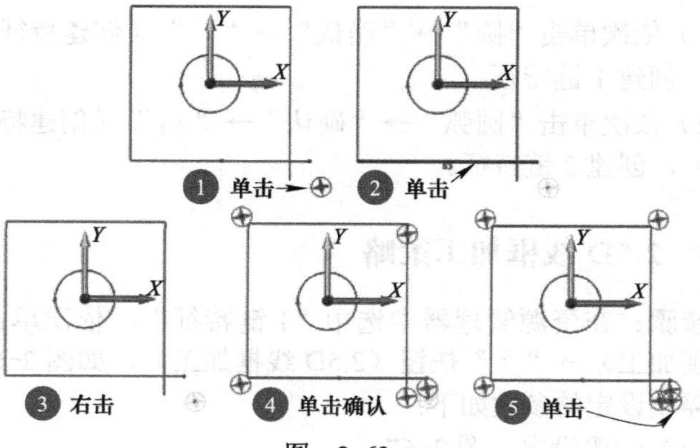

图 2-63

单击“操作停止”按钮，执行刀具路径运算，刀具路径运算结果如图 2-64 所示。

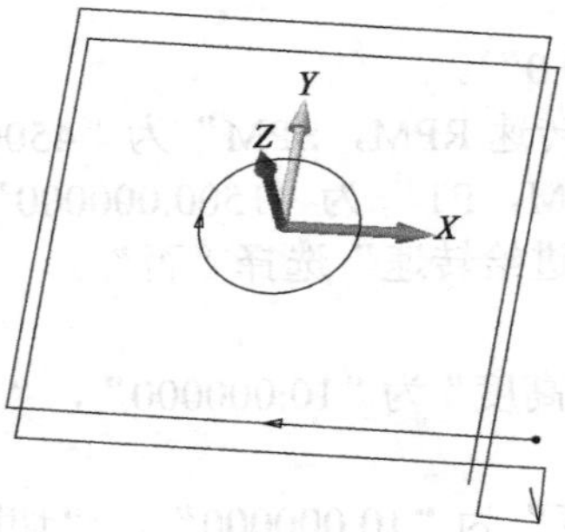

图 2-64

2.9 2.5D 线框加工

2.9.1 2.5D 线框加工文件

图 2-65 所示为 2.5D 线框加工文件。必须定义要加工的几何轮廓（称之为驱动曲线）以及沿轮廓设定的引导几何轮廓（称之为基本曲线）。

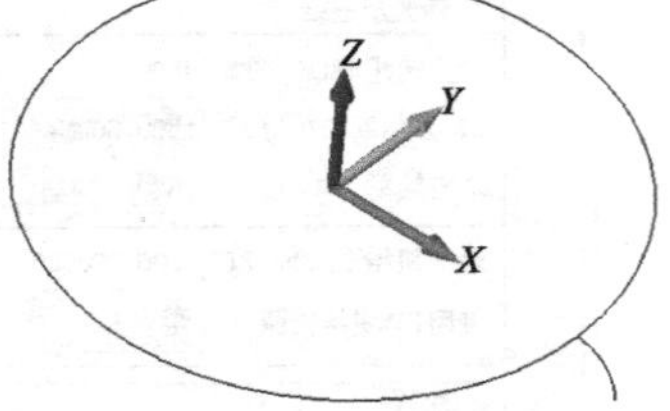

图 2-65

2.9.2 准备加工文件

打开 ESPRIT 软件，打开“2-9.esp”文件（扫描前言中的二维码下载）。

2.9.3 创建坐标系

坐标系用模型文件的当前坐标系。

2.9.4 创建特征

1）依次单击“圆”→“确认”→“ ”（创建特征 - 编辑特征）→“ ”（自动链特征），创建 1 链特征。

2）依次单击“圆弧”→“确认”→“ ”（创建特征 - 编辑特征）→“ ”（自动链特征），创建 2 链特征。

2.9.5 2.5D 线框加工策略

步骤：在资源管理器中选中“1 链特征”，依次单击“ ”按钮（传统铣削加工 - 产品铣削加工）→“ ”按钮（2.5D 线框加工），如图 2-66 中①、②所示。

需要设定的参数如下：

（1）一般设定（图 2-67）

1）刀具选择：选择“BM 08.0”。

2）转速及进给：设“加工转速 RPM，SPM”为“4500”，“XY 进给率 PM，PT”为“1500.000000”，“Z 进给率 PM，PT”为“1500.000000”，“最大进给率 PM，PT”为“1500.000000”，“使用 KBM 进给转速”选择“否”。

（2）线框（图 2-68）

1）驱动曲线：“驱动曲线”选取“2 链特征（2）”。

2）加工策略：设“最大侧向步距，%”分别为“0.800000”“10”，“插补弦公差”为“0.250000”，“残留高度计算步距”选择“否”，“起始点类型”选择“水平”，“结束点类型”选择“水平”，“加工方式”选择“沿基础线”，“双向切削”选择“是”。

3）Tangent Extension：设“起始驱动线”为“0.000000”，“结束驱动线”为“0.000000”。

4）加工余量：设“余量”为“0.000000”。

5）安全平面：设“绝对安全高度”为“10.000000”，“安全高度”为“2.000000”，“退刀平面”选择“安全高度”，“回退平面”选择“安全高度”。

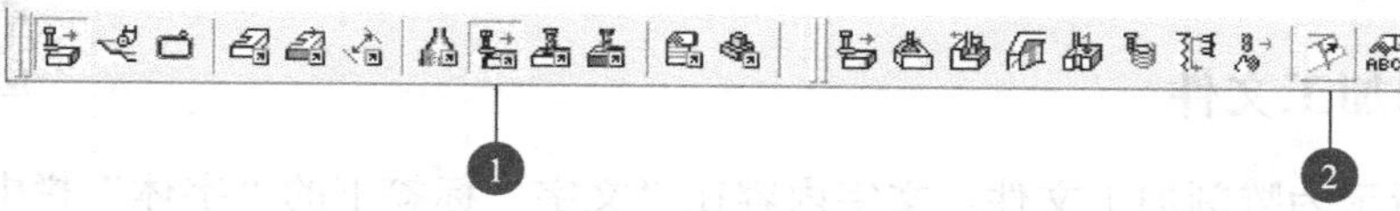

图 2-66

图 2-67

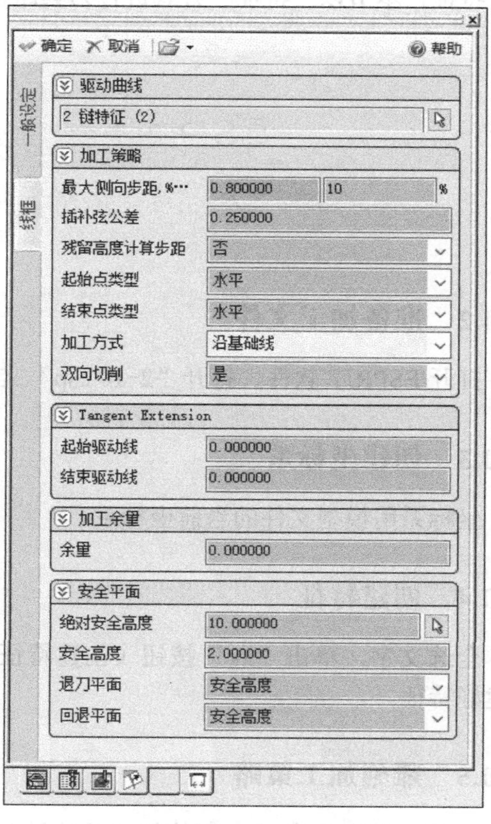

图 2-68

单击“ ”按钮，执行刀具路径运算，刀具路径运算结果如图 2-69 所示。

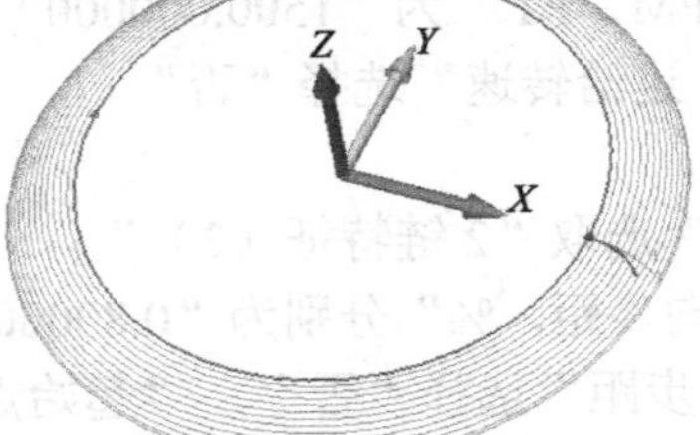

图 2-69

2.10 雕刻加工

2.10.1 雕刻加工文件

图 2-70 所示为雕刻加工文件。文字内容在“文字”标签下的“字体”栏中定义，本栏具有多个选项来控制字体、大小和文本的方向。有三种字体类型可供选择：Windows、单笔画、特征，本节以“特征”方式进行刀具路径编制。

图 2-70

2.10.2 准备加工文件

打开 ESPRIT 软件，打开“2-10.esp”文件（扫描前言中的二维码下载）。

2.10.3 创建坐标系

坐标系用模型文件的当前坐标系。

2.10.4 创建特征

全选文字，单击“ ”按钮（创建特征 - 编辑特征）→“ ”按钮（自动链特征），创建好特征。

2.10.5 雕刻加工策略

步骤：依次单击“ ”按钮（传统铣削加工 - 产品铣削加工）→“ ”按钮（雕刻加

工），如图 2-71 中①、②所示。

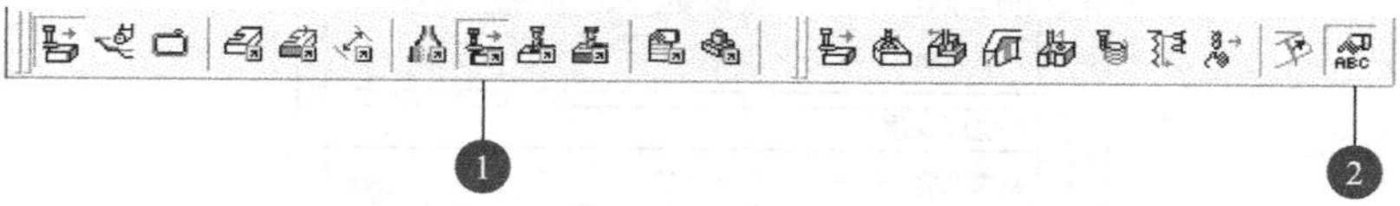

图 2-71

需要设定的参数如下：

（1）一般设定（图 2-72）

1）刀具选择：选择“BM 00.5”。

2）转速及进给：设“加工转速 RPM，SPM”为“4500”，“进给率 PM，PT”为“600.000000”，“Z 进给率 PM，PT”为“600.000000”，“转角减速”选择“否”，“使用 KBM 进给转速”选择“否”。

（2）文字（图 2-73） 字体：“字体类型”选择“特征”，“特征”全选文字特征。

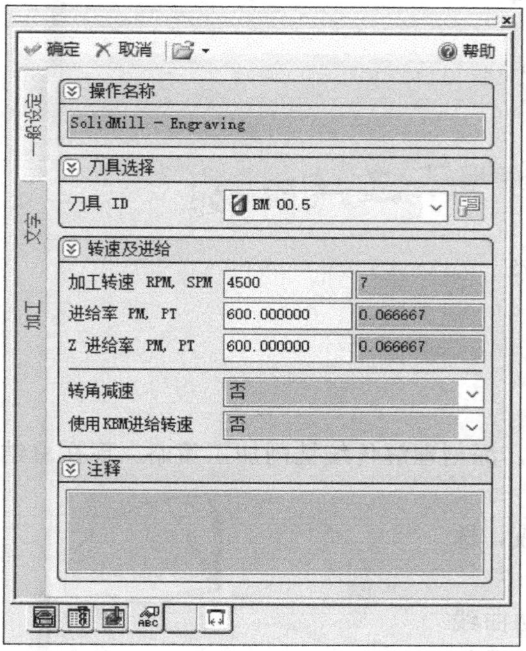

图 2-72

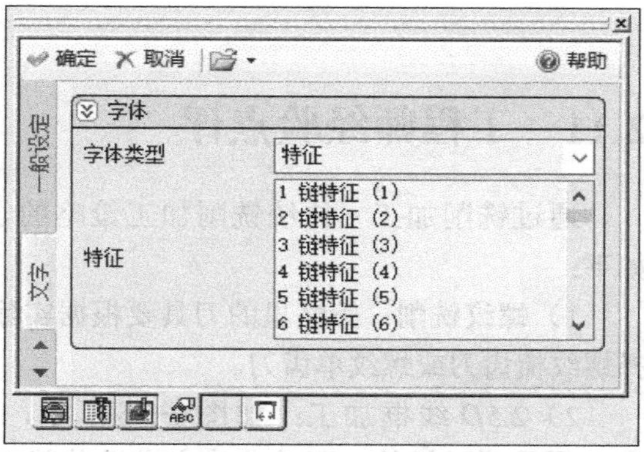

图 2-73

（3）加工（图 2-74）

1）加工策略：“刻字策略”选择“轮廓加工”，“加工公差”为“0.100000”。

2）加工深度：设“结束深度”为“0.200000”，“切削深度”为“0.000000”，“内部回退”选择“顶部安全高度”。

3）安全平面：设“绝对安全高度”为“10.000000”，“安全高度”为“2.000000”，“退刀平面”选择“安全高度”，“回退平面”选择“安全高度”。

4）进刀 / 退刀：“进刀模式”选择“垂直下刀”。

单击“✓确定”按钮，执行刀具路径运算，刀具路径运算结果如图 2-75 所示。

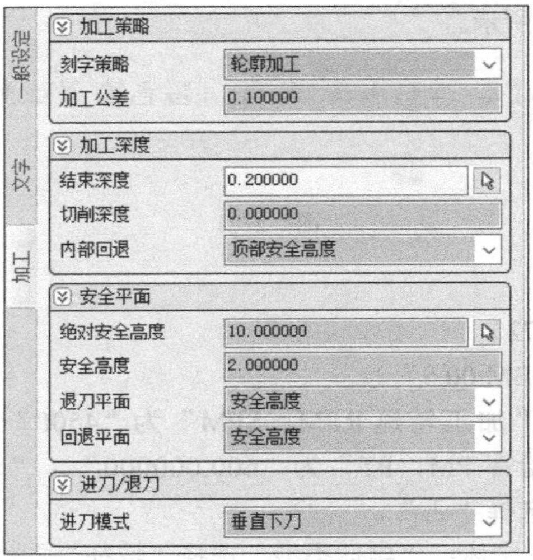

图 2-74

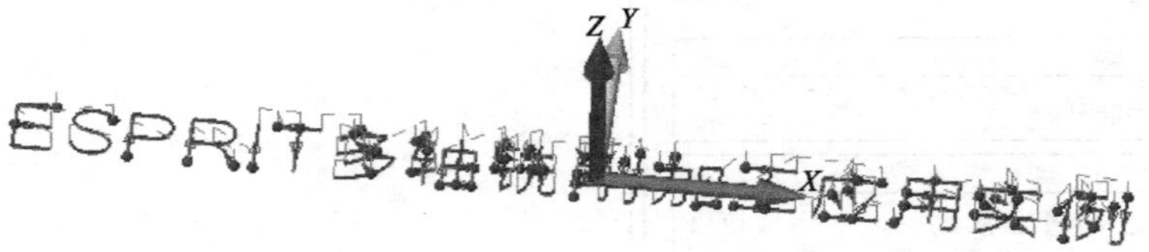

图 2-75

2.11 工程师经验点评

通过铣削加工－传统铣削加工策略的学习，深刻理解传统铣削加工策略。现在总结如下：

1）螺纹铣削：策略里的刀具要根据实际情况，选择螺纹梳齿刀或螺纹单齿刀。

2）2.5D 线框加工：如图 2-76 所示，驱动曲线①必须是不封闭的，驱动曲线定义沿着基本曲线②扫描的轮廓。基本曲线可以是封闭或者不封闭的。驱动曲线终点必须落在基本曲线上，否则会提示错误，导致操作失败。

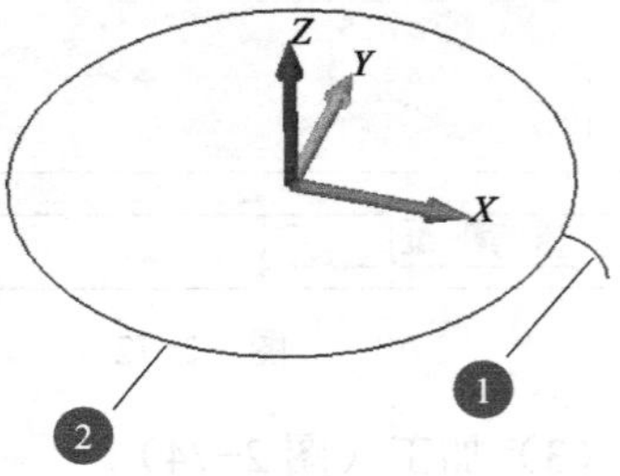

图 2-76

3）雕刻加工：策略里，可以根据需要通过文字类型选择 Windows 或单笔画，输入文字即可快速创建文字。

第3章 自由曲面加工策略

3.1 粗加工

3.1.1 粗加工模型

图 3-1 所示为粗加工模型。通过粗加工命令，创建一个简单的 3 轴粗加工操作，使用增量下切或偏移刀具路径模式。

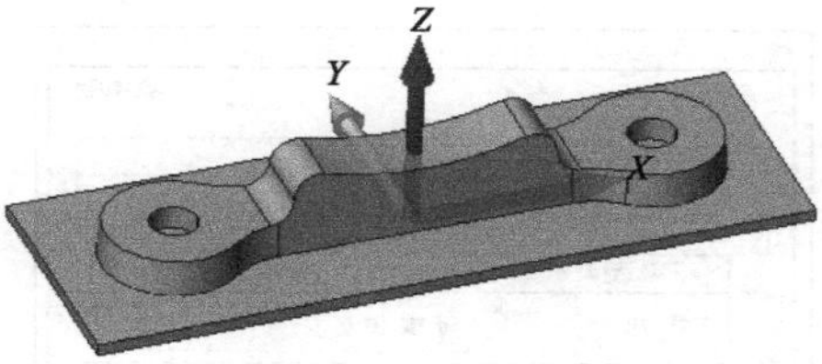

图 3-1

3.1.2 准备加工文件

打开 ESPRIT 软件，打开“3-1.esp”文件（扫描前言中的二维码下载）。

3.1.3 创建坐标系

坐标系用模型文件的当前坐标系。

3.1.4 粗加工策略

步骤：依次单击“”按钮（铣削加工－曲面加工）→“”按钮（粗加工），如图 3-2 中①、②所示。

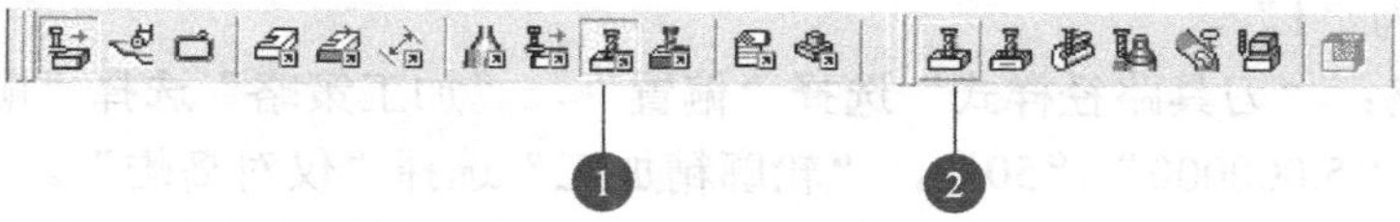

图 3-2

弹出自由曲面特征编辑器，加工部件：①单击加工部件空白处；②选择实体（图 3-3），单击“✓确定”按钮。

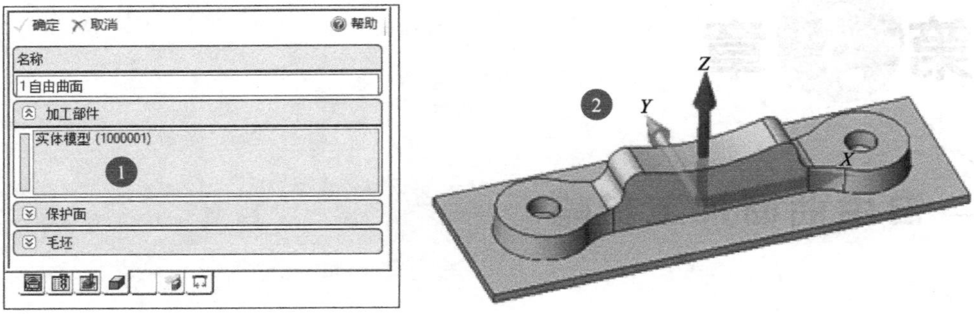

图 3-3

需要设定的参数如下：

（1）一般设定（图 3-4）

1）刀具选择：选择“EM 10.0”。

2）转速及进给：设“加工转速 RPM，SPM”为“4500”，“XY 进给率 PM，PT”为“2500.000000”，“Z 进给率 PM，PT”为“2000.000000”，“进刀进给率百分比”为“50.000000”，“使用 KBM 进给转速”选择“否”。

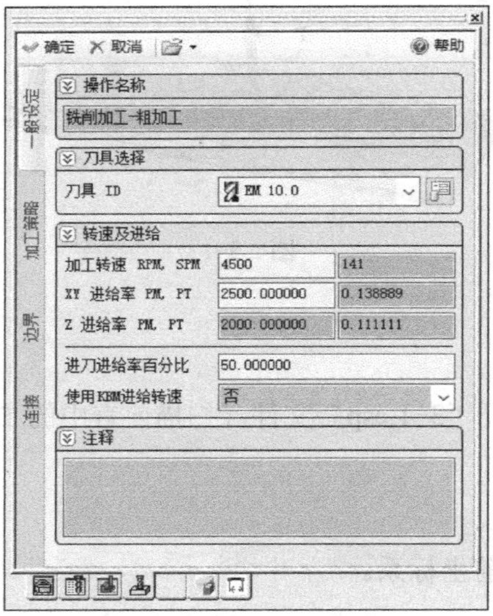

图 3-4

（2）加工策略（图 3-5）

1）加工精度：设“加工公差”为“0.100000”，“余量”为“0.300000”，“计算因数（1-100）”为“1”。

2）加工策略：“刀具路径样式”选择“偏置”，“加工策略”选择“顺铣”，“步距，直径 %”分别为“5.000000”“50”，“轮廓精加工”选择“仅对岛屿”。

3）加工深度：“切削深度”为“2.000000”，“内部回退”选择“顶部安全高度”。

4）特征覆盖：“特征覆盖”选择“否”。

5）高级：“刀位点输出”选择“刀尖”。

（3）边界（图3-6）

1）Z高度限制：设“最大Z高度值”为“40.000000”，“最小Z高度值”为“0.000000”。

2）刀具路径边界：“边界轮廓”选择“零件轮廓”，设“轮廓偏置（%）”为“50.000000”，“保存轮廓”选择“否”。

3）毛坯自动更新：设“最小区域”为“5.000000”，“毛坯剪裁”选择“否”。

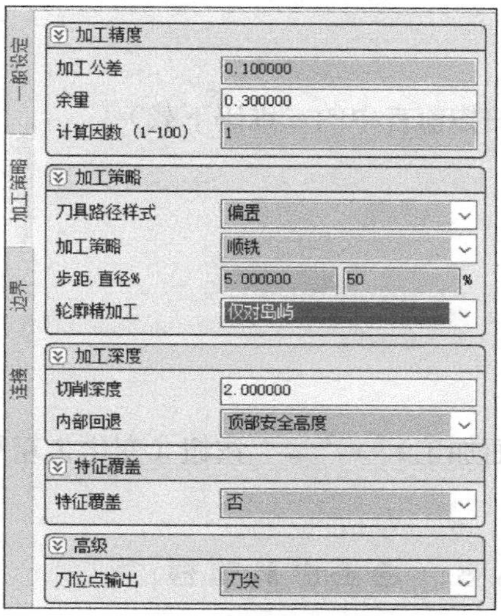

图 3-5

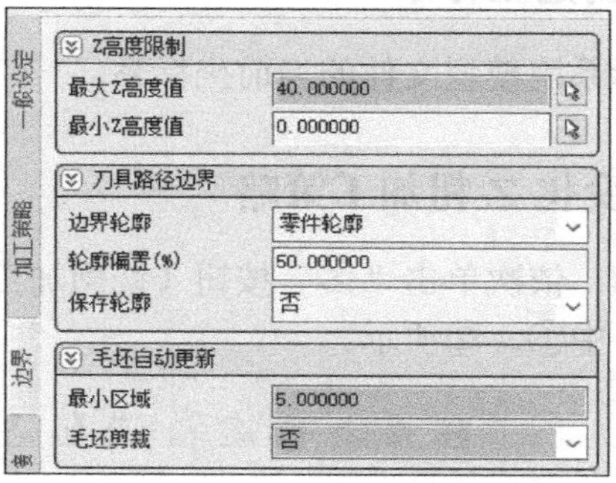

图 3-6

（4）连接（图3-7）

1）安全平面：设“绝对安全高度”为“10.000000”，“安全高度”为“2.000000”，“退刀平面”选择“绝对安全高度”，“回退平面”选择“相对安全高度”，设“快进安全间隙”为“0.000000”。

2）进刀：“进刀模式”选择“横向”，设“侧向距离”为“6.000000”。

3）若下刀失败：“使用第二进刀点”选择“否”。

单击“✓确定”按钮，执行刀具路径运算，刀具路径运算结果如图3-8所示。

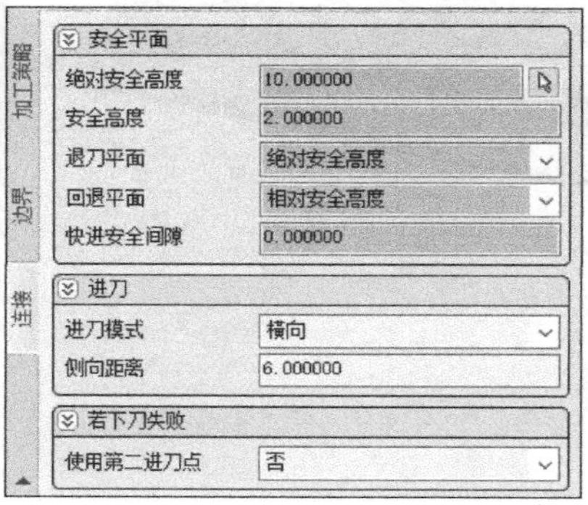

图 3-7

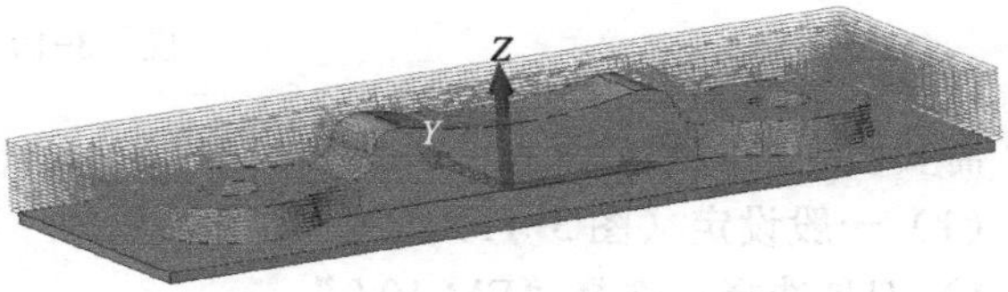

图 3-8

3.2 变化 Z 粗加工

3.2.1 变化 Z 粗加工模型

变化 Z 粗加工模型与粗加工模型一样，如图 3-1 所示。通过变化 Z 粗加工命令，变化 Z 粗加工的增量深度可以保持不变，直到达到最后一个水平或者系统可以根据每个区域的材料调整深度。本例使用摆线式加工模式。

3.2.2 准备加工文件

打开 ESPRIT 软件，打开“3-2.esp”文件（扫描前言中的二维码下载）。

3.2.3 创建坐标系

坐标系用模型文件的当前坐标系。

3.2.4 变化 Z 粗加工策略

步骤：依次单击“ ”按钮（铣削加工 - 曲面加工）→“ ”按钮（变化 Z 粗加工），如图 3-9 中①、②所示。

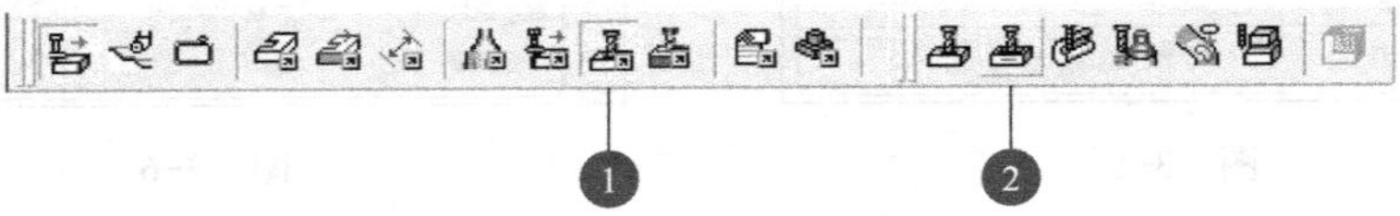

图 3-9

弹出自由曲面特征编辑器，加工部件：①单击加工部件空白处→②选择实体（图 3-10），单击“✓确定”按钮。

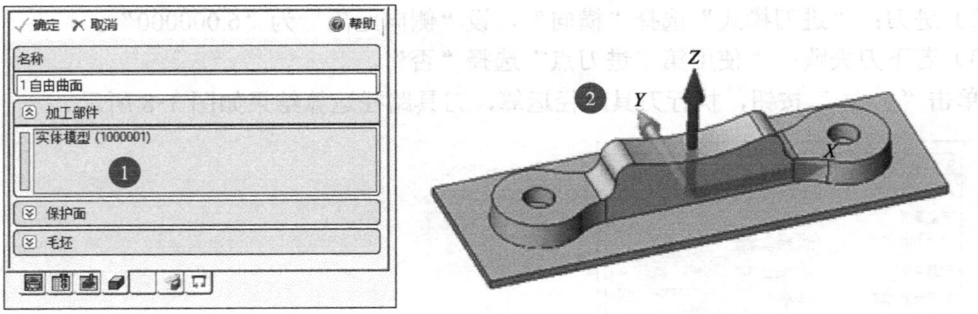

图 3-10

需要设定的参数如下：

（1）一般设定（图 3-11）

1）刀具选择：选择“EM 10.0”。

2）转速及进给：设“加工转速 RPM，SPM”为“4500”，“XY 进给率 PM，PT”

为“2500.000000”，“Z 进给率 PM，PT”为“2000.000000”，“进刀进给率百分比”为“50.000000”，“恒定去材料除率”选择“是”，设“最大进给率 PM，PT”为“2500.000000”，“转角减速”选择“否”，“使用 KBM 进给转速”选择“否”。

（2）加工策略（图 3-12）

1）加工策略：“刀具路径样式”选择“摆线”，“加工策略”选择“顺铣”，设“圆弧接触角度”为“53.130102”，“最小角落圆角”为“4.000000”，“摆线式半径，% 最小”为“40.000000”，“过渡进给率 %”为“200”，“步距，直径 %”分别为“2.000000”“20.000000”。

2）加工深度：“切深变量计算”选择“变化”，设“切削深度”为“40.000000”，“内部回退”选择“顶部安全高度”，“加工优先级”选择“区域优先”，设“最小水平区域”为“0.050000”。

3）键槽加工策略：设“加工转速 RPM，SPM”为“4500”，“XY 进给率 PM，PT”为“1500.000000”，“切削深度”为“0.000000”。

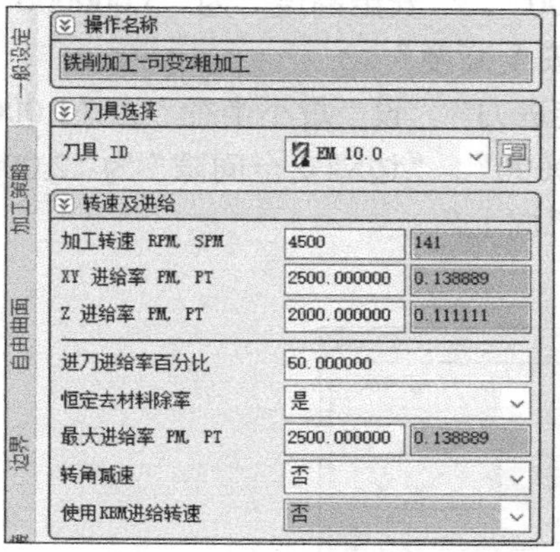

图 3-11

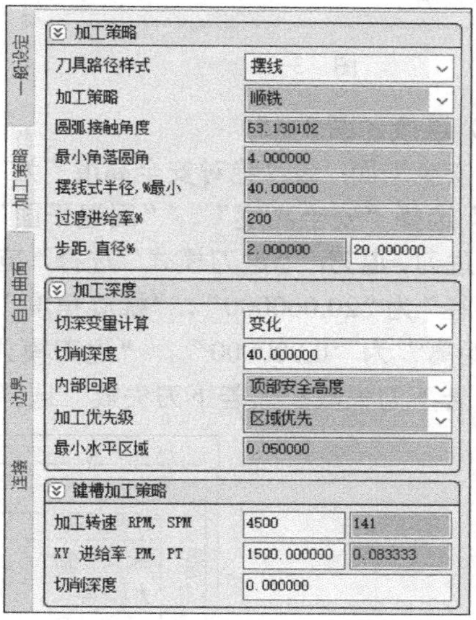

图 3-12

（3）自由曲面（图 3-13）

1）加工精度：设“加工公差”为“0.010000”，“余量”为“0.300000”，“计算因数（1–100）”为“1”。

2）开放型腔：“开放型腔模式”选择“是”，“变换切削方向”选择“否”，设“切入距离”为“5.000000”，“切出距离”为“5.000000”。

3）高级：“刀位点输出”选择“刀尖”

4）特征覆盖：“特征覆盖”选择“否”。

（4）边界（图 3-14）

1）Z 高度限制：设“最大 Z 高度值”选择“40.000001”，“最小 Z 高度值”为“0.000000”。

2）刀具路径边界：“边界轮廓”选择“零件轮廓”，设“轮廓偏置（%）”为

“50.000000”，“保存轮廓”选择“否”。

3）毛坯自动更新：设“最小区域”为“5.000000”，“毛坯剪裁”选择“否”。

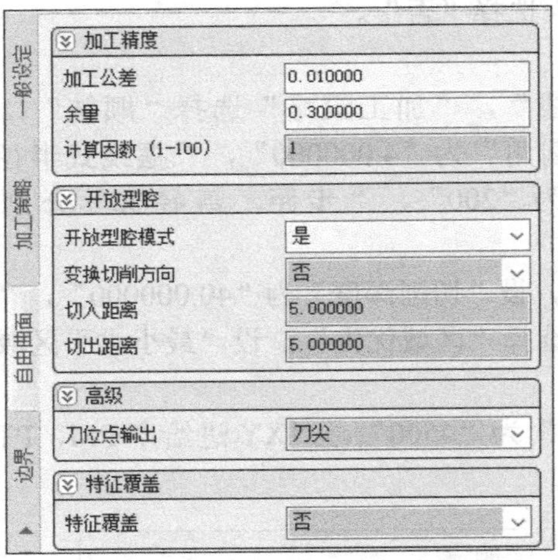

图 3-13

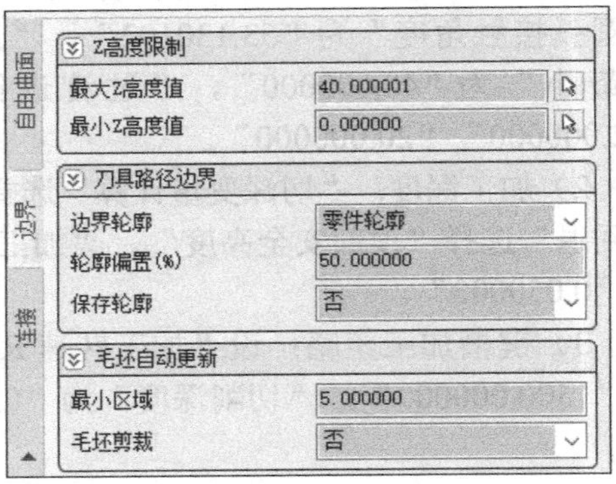

图 3-14

（5）连接（图 3-15）

1）安全平面：设“绝对安全高度”为“10.000000”，“安全高度”为“5.000000”，“退刀平面”选择“安全高度”，“回退平面”选择“安全高度”。

2）进刀 / 退刀：“进刀模式”选择“范围内螺旋进刀”，设“最小半径”为“1.000000”，“最大半径”为“20.000000”，“螺旋角度”为“1.000000”，“边缘安全间隙”为“2.000000”，“加速距离”为“0.000000”。“退刀模式”选择“向上”。

3）若下刀失败：“若下刀失败”选择“掠过”。

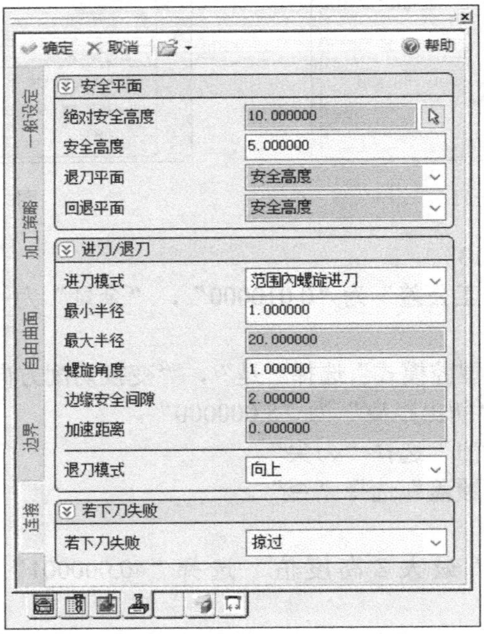

图 3-15

单击“✓确定”按钮，执行刀具路径运算，刀具路径运算结果如图 3-16 所示。

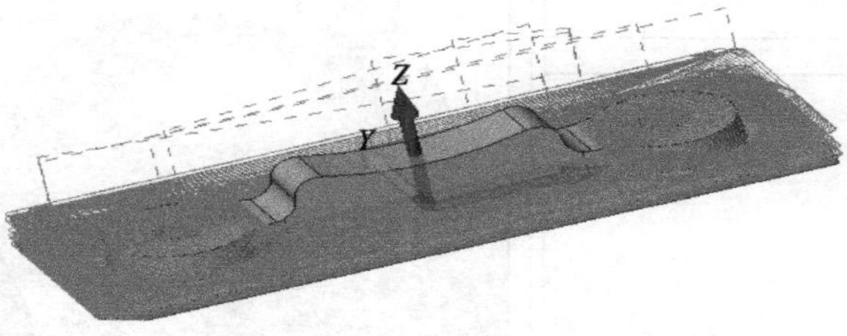

图　3-16

3.3　等高精加工

3.3.1　等高精加工模型

图 3-17 所示为等高精加工模型。当创建等高精加工操作时，可选择加工整个工件或仅选择加工曲面。当加工整个工件时，可以用不同的刀具路径切削垂直区域和水平区域。

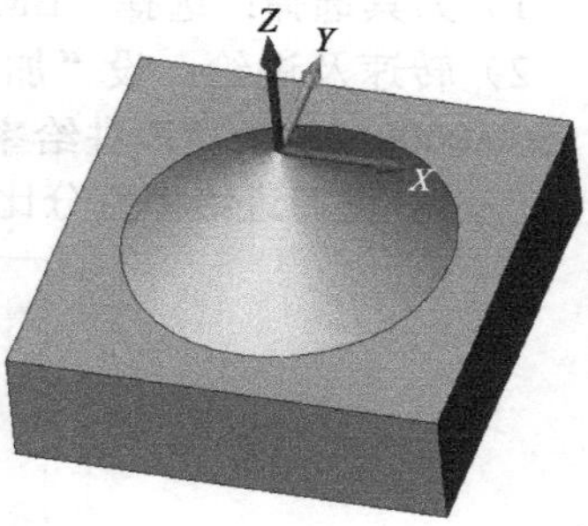

图　3-17

3.3.2　准备加工文件

打开 ESPRIT 软件，打开“3-3.esp”文件（扫描前言中的二维码下载）。

3.3.3　创建坐标系

坐标系用模型文件的当前坐标系。

3.3.4　等高精加工策略

步骤：依次单击“”按钮（铣削加工 - 曲面加工）→“”按钮（等高精加工），如图 3-18 中①、②所示。

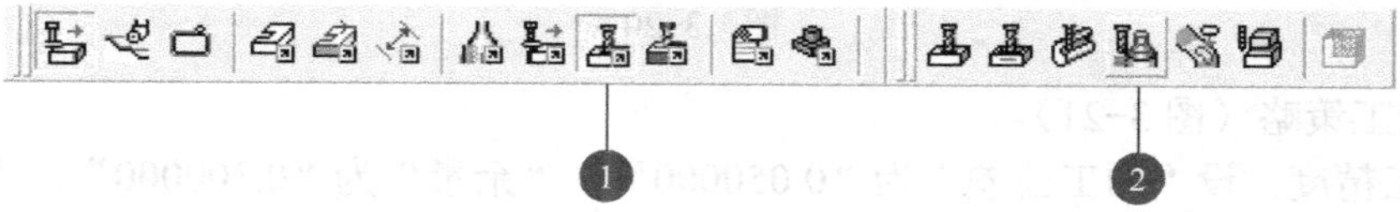

图　3-18

弹出自由曲面特征编辑器，加工部件：①单击加工部件空白处→②选择曲面（图 3-19），单击“✓确定”按钮。

需要设定的参数如下：

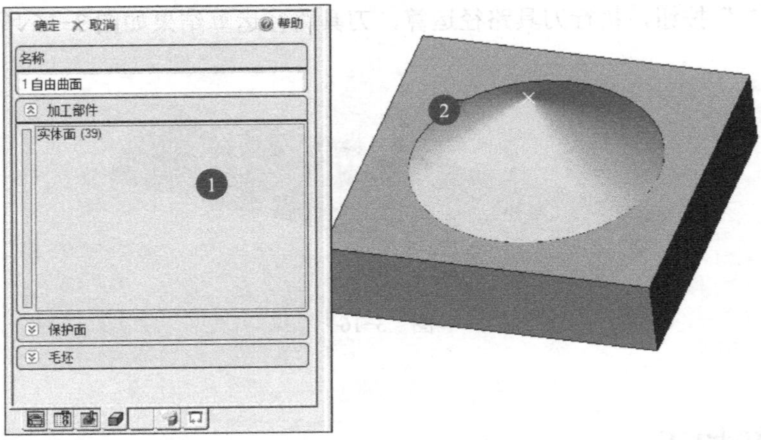

图 3-19

（1）一般设定（图 3-20）

1）刀具选择：选择“BM 10.0”。

2）转速及进给：设“加工转速 RPM，SPM”为“4500”，“XY 进给率 PM，PT”为“1500.000000”，“Z 进给率 PM，PT”为“1000.000000”，“自动主轴转速控制”选择“否”，“进刀进给率百分比”为“50.000000”，“使用 KBM 进给转速”选择“否”。

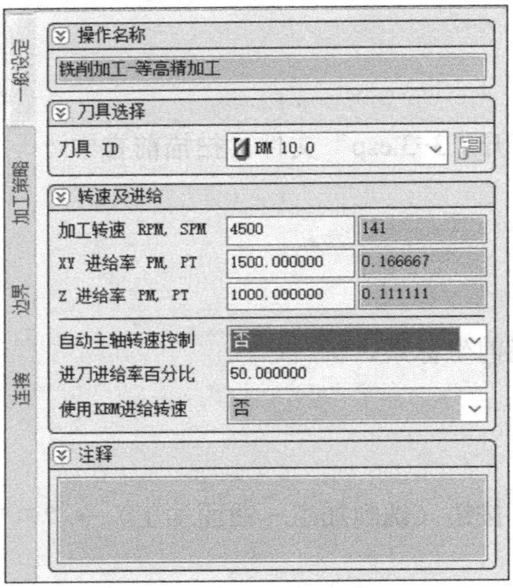

图 3-20

（2）加工策略（图 3-21）

1）加工精度：设“加工公差”为“0.050000”，“余量”为“0.300000”，“保护模式”选择“是”，设“计算因数（1-100）”为“1.000000”，“快速处理”选择“否”。

2）加工策略：“加工水平区域”选择“否”，“加工策略”选择“顺铣”，“双向切削”选择“线性”。

3）加工深度：设“切削深度”为“0.300000”，“残留高度计算步距”选择“否”。

4）倒勾加工：“倒勾加工”选择“否”。

5）高级：“所有轮廓封闭”选择“是”，“曲面方向定义”选择“是”，“起始点定义”选择“是”，设“起始点X，Y”分别为“0.000000”“0.000000”，“刀位点输出”选择“刀尖”，设“水平角公差”为“0.000000”。

6）特征覆盖：“特征覆盖”选择“否”。

（3）边界（图3-22）

1）Z高度限制：设“最大Z高度值”为“0.000000”，“最小Z高度值”为“-20.000000”。

2）刀具路径边界：“边界轮廓”选择“关”。

3）毛坯自动更新：设“最小区域”为“5.000000”，“毛坯剪裁”选择“否”。

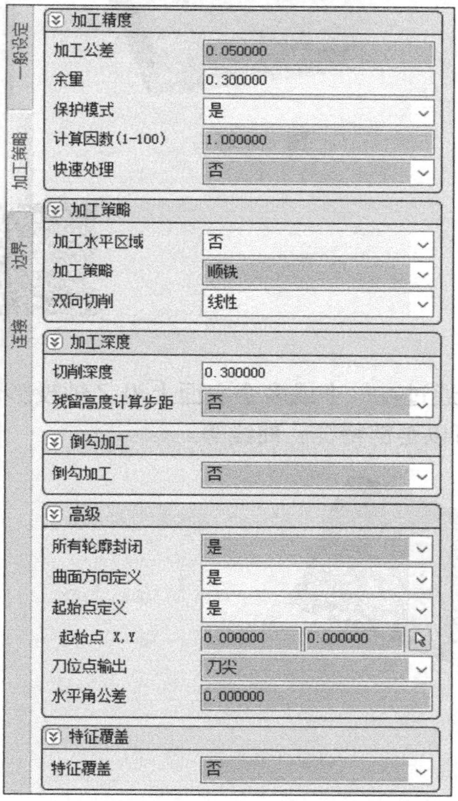

图　3-21

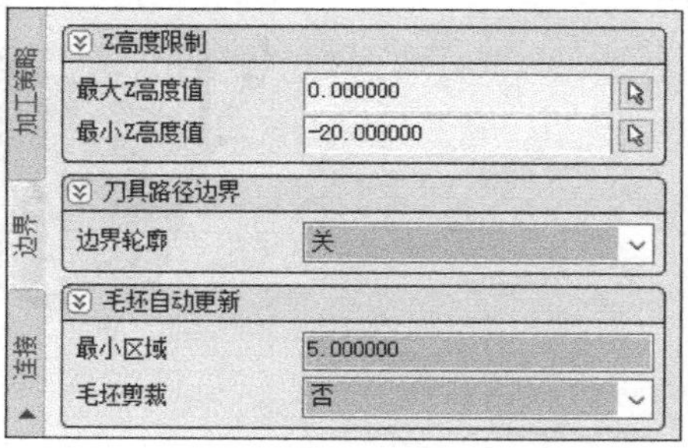

图　3-22

（4）连接（图3-23）

1）安全高度：设“绝对安全高度”为“10.000000”，“安全高度”为“2.000000”，“退刀平面”选择“绝对安全高度”，“回退平面”选择“相对安全高度”，“从退刀平面进给移动”选择“否”，“内部连接回退”选择“顶部安全高度”，设“快进安全间隙”为“0.000000”。

2）进刀/退刀：“进刀模式”选择“相切圆弧”，设“半径”为“3.000000”，“进刀长度”为“2.500000”，“加速距离”为“0.000000”。“退刀模式”选择“垂直”。

3）如果进刀/退刀失败：“使用垂直模式”选择“否”。

单击“✓确定”按钮，执行刀具路径运算，刀具路径运算结果如图3-24所示。

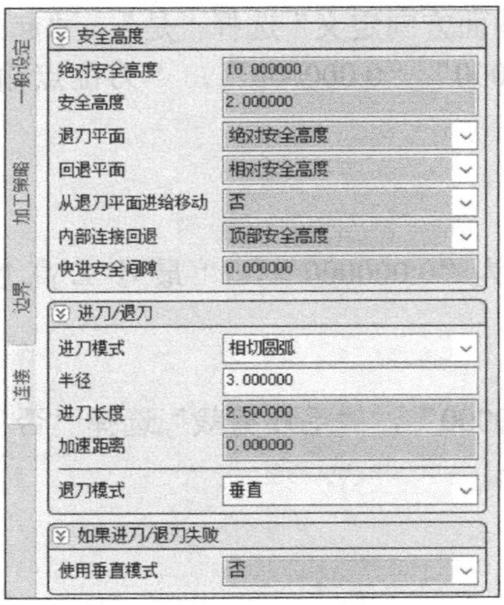

图 3-23

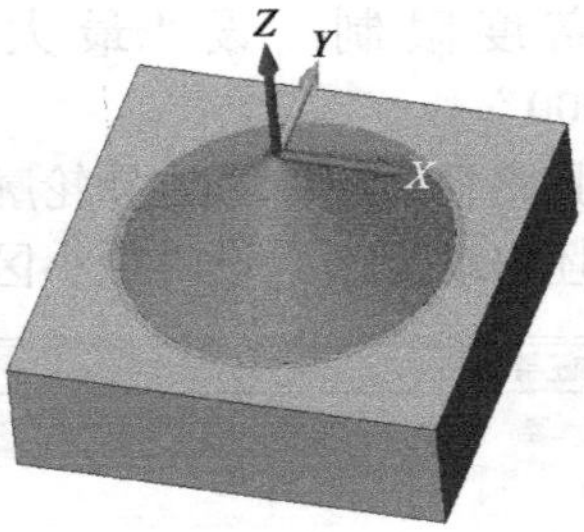

图 3-24

3.4 投影精加工

3.4.1 投影精加工模型

图 3-25 所示为投影精加工模型。投影精加工通过在一个或多个表面上沿 Z 轴投影一个轮廓来创建一个 3 轴或 5 轴铣削操作。投影轮廓可以是链特征、曲线等。

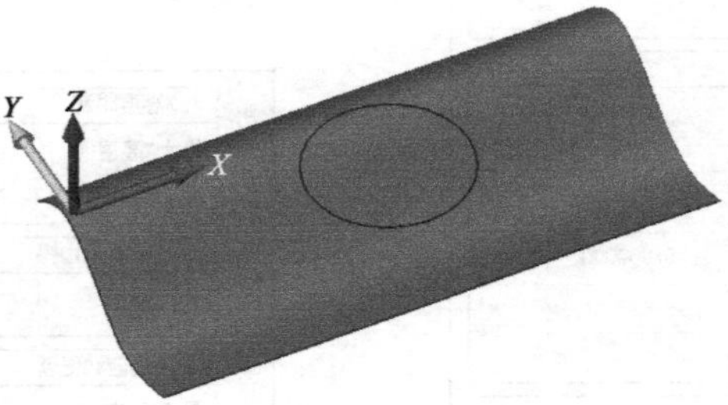

图 3-25

3.4.2 准备加工文件

打开 ESPRIT 软件，打开“3-4.esp”文件（扫描前言中的二维码下载）。

3.4.3 创建坐标系

坐标系用模型文件的当前坐标系。

3.4.4 投影精加工策略

步骤：依次单击“”按钮（铣削加工 - 曲面加工）→“”按钮（投影精加工），如

图 3-26 中①、②所示。

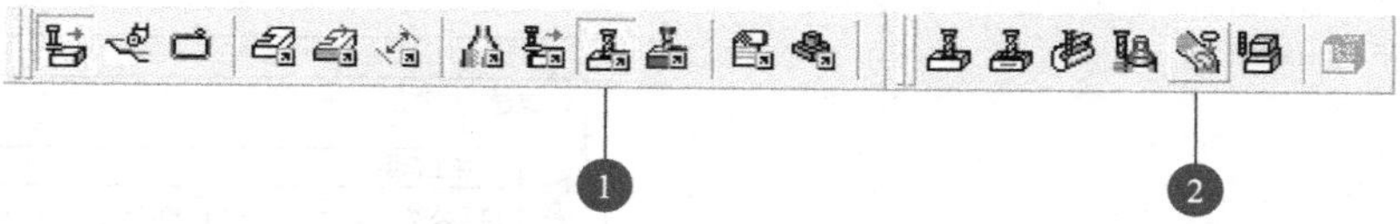

图 3-26

弹出自由曲面特征编辑器，加工部件：①单击加工部件空白处→②选择要加工的曲面（图 3-27），单击“✓确定”按钮。

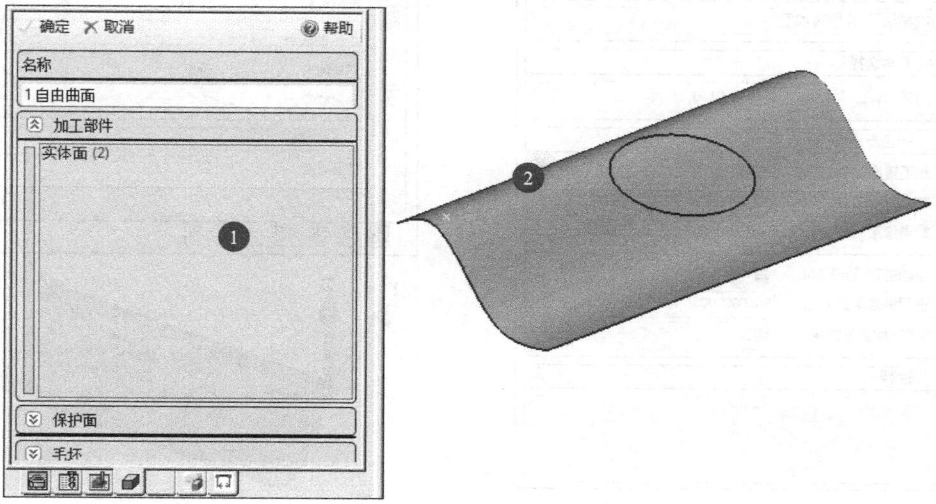

图 3-27

需要设定的参数如下：

（1）一般设定（图 3-28）

1）刀具选择：选择“BM 01.0”。

2）转速及进给：设“加工转速 RPM，SPM”为“4500”，“XY 进给率 PM，PT”为“600.000000”，“Z 进给率 PM，PT”为“600.000000”，“自动主轴转速控制”选择“否”，设“进刀进给率百分比”为“50.000000”，“使用 KBM 进给转速”选择“否”。

（2）加工策略（图 3-29）

1）加工精度：设“加工公差”为“0.010000”，“余量”为“−0.100000”，“保护模式”选择“否”，“负余量模式”选择“否”，“快速处理”选择“否”。

2）加工策略：“投影元素”选择“圆（1）”（拾取圆图素）。

3）5 轴联动：“刀具轴向”选择“垂直”，“开启 RTCP”选择“否”。

4）特征覆盖：“特征覆盖”选择“否”。

（3）高级（图 3-30）

1）边界：设“最大 Z 高度值”为“0.000000”，“最小 Z 高度值”为“−20.000000”。

2）保护曲面：“接触保护面回退”选择“安全高度”，“移动类型”选择“快进”。

3）高级：“加工曲面群组”选择“否”，“刀位点输出”选择“刀尖”。

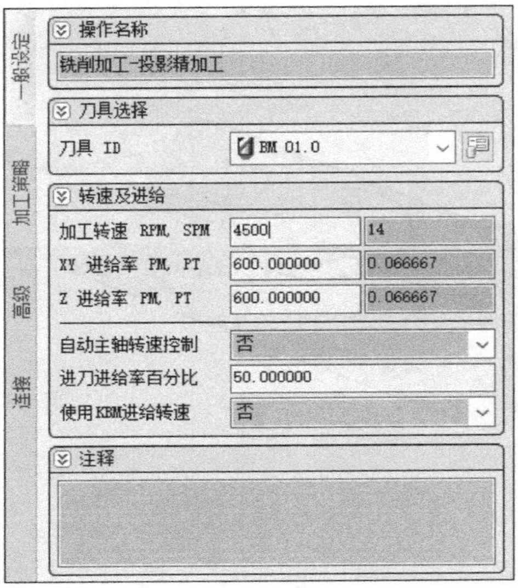

图 3-28

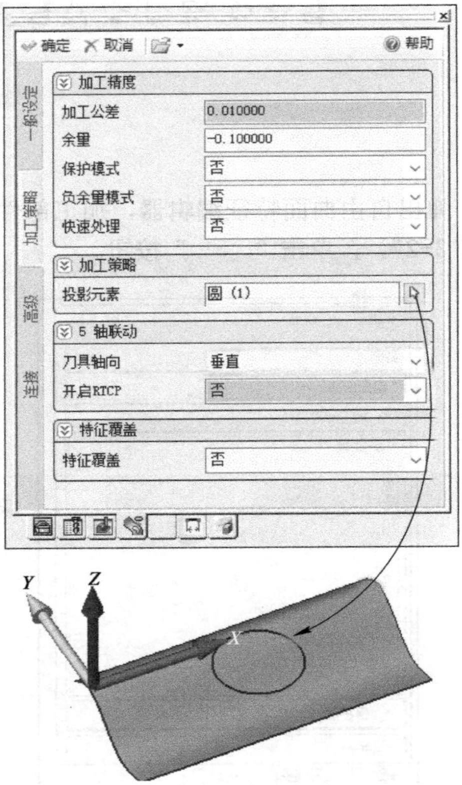

图 3-29

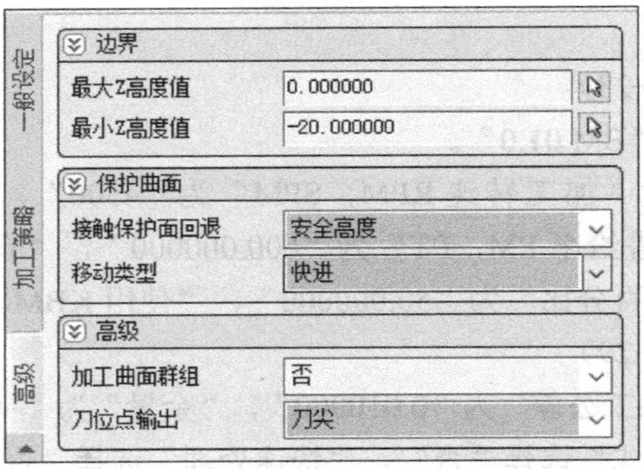

图 3-30

（4）连接（图 3-31）

1）安全平面：设“绝对安全高度”为“10.000000”，“安全高度”为“2.000000”，“退刀平面”选择“绝对安全高度”，“回退平面”选择“相对安全高度”，“从退刀平面进给移动”选择“否”，设“快进安全间隙”为“0.000000”。

2）进刀 / 退刀：“进刀模式”选择“垂直相切圆弧”，设“半径”为“2.000000”，“进刀长度”为“2.500000”，“加速距离”为“0.000000”，“退刀模式”选择“垂直相切圆弧”，设“半径”为“2.000000”，“退刀长度”为“2.500000”，“减速距离”为“0.000000”。

3）如果进刀 / 退刀失败：“使用垂直模式”选择“否”。

单击“√确定”按钮，执行刀具路径运算，刀具路径运算结果如图 3-32 所示。

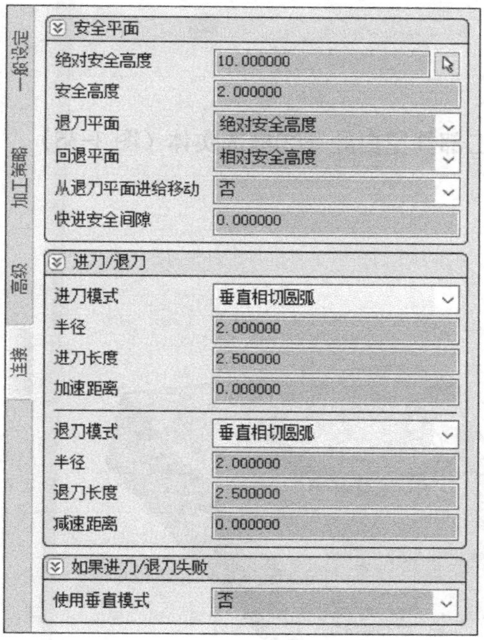

图 3-31

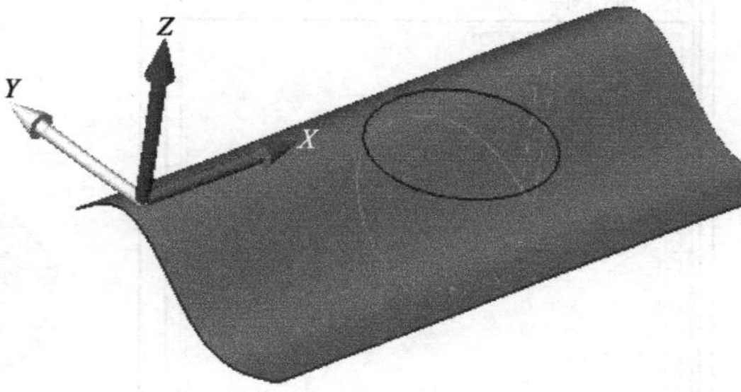

图 3-32

3.5 清角加工

3.5.1 清角加工模型

图 3-33 所示为清角加工模型。清角加工是沿边缘消除多余材料，用于对粗加工刀具路径无法加工的位置进行清角加工。

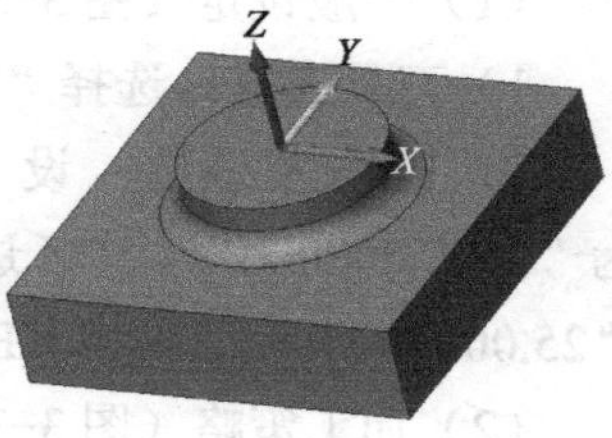

图 3-33

3.5.2 准备加工文件

打开 ESPRIT 软件，打开“3-5.esp”文件（扫描前言中的二维码下载）。

3.5.3 创建坐标系

坐标系用模型文件的当前坐标系。

3.5.4 清角加工策略

步骤：依次单击“ ”按钮（铣削加工 - 曲面加工）→“ ”按钮（清角加工），如图 3-34 中①、②所示。

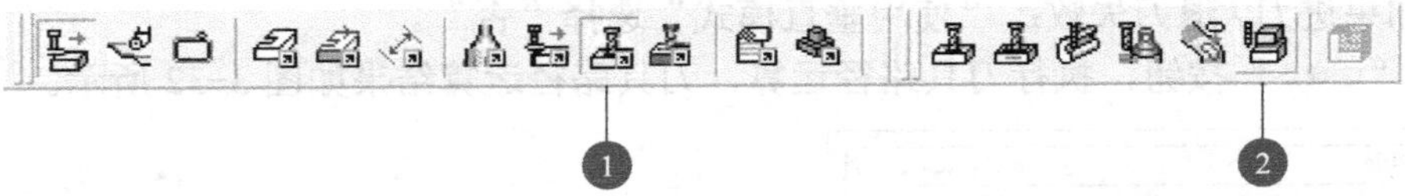

图 3-34

弹出自由曲面特征编辑器，加工部件：①单击加工部件空白处→②框选实体（图 3-35），单击“√确定”按钮。

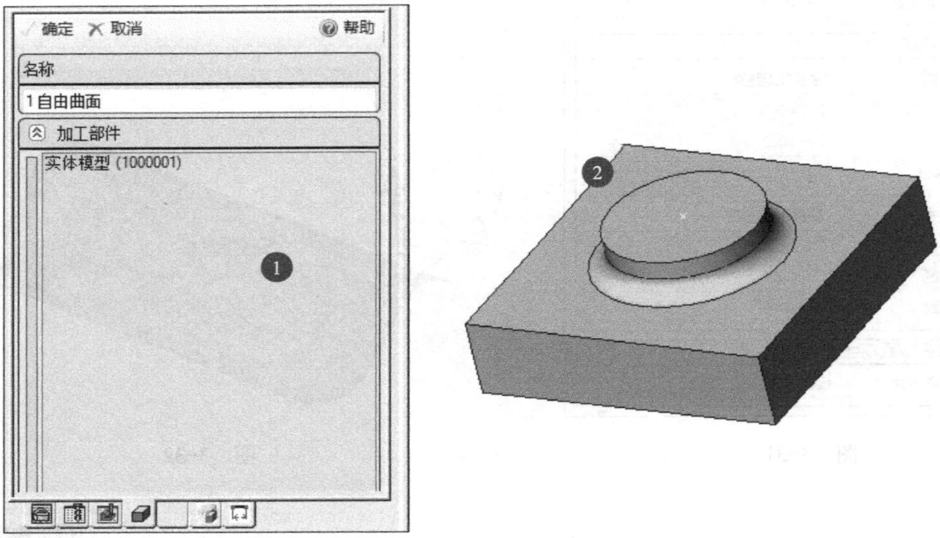

图 3-35

需要设定的参数如下：

（1）一般设定（图 3-36）

1）刀具选择：选择“BM10.0”。

2）转速及进给：设“加工转速 RPM，SPM”为“4500”，“XY 进给率 PM，PT”为“1500.000000”，“Z 进给率 PM，PT”为“1000.000000”，“进刀进给率百分比”为“25.000000”，“使用 KBM 进给转速”选择“否”。

（2）加工策略（图 3-37）

1）加工精度：设“加工公差”为“0.100000”，“余量”为“0.000000”，“计算因数（1-100）”为“1”，“快速处理”选择“否”。

2）加工策略：“刀具路径样式”选择“单刀清角”，“清角加工区域”选择“自动寻找”，“加工策略”选择“顺铣”，设“最大接触角度”为“159.500000”。

3）特征覆盖：“特征覆盖”选择“否”。

4）高级：“刀位点输出”选择“刀尖”。

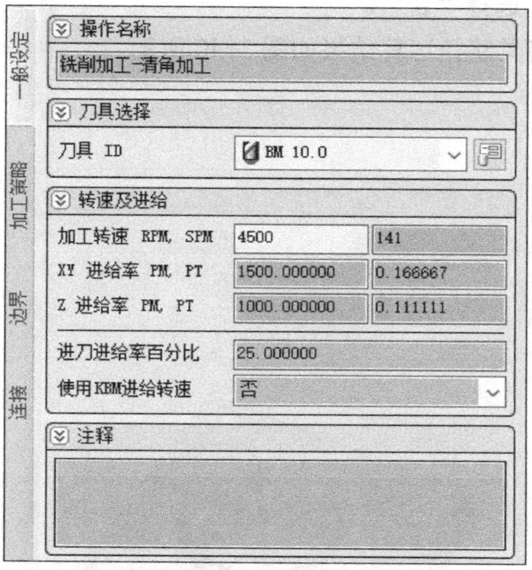

图 3-36

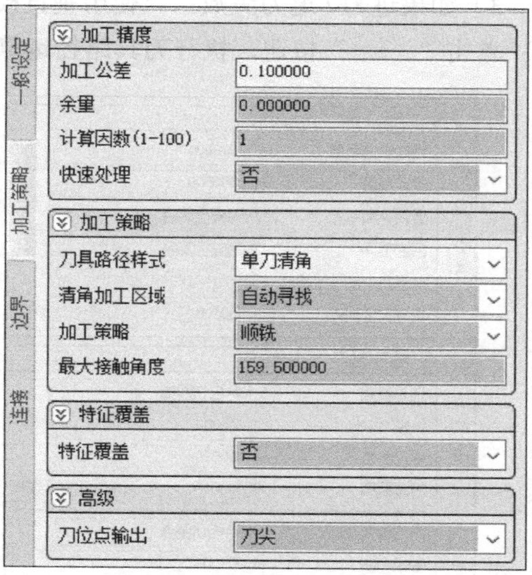

图 3-37

（3）边界（图 3-38）

1） Z 高度限制：设“最大 Z 高度值”为“0.000000”，“最小 Z 高度值”为“-30.000000”。

2）刀具路径边界：“边界轮廓”选择“关”。

3）毛坯自动更新：设“最小区域”为“5.000000”，“毛坯剪裁”选择“否”。

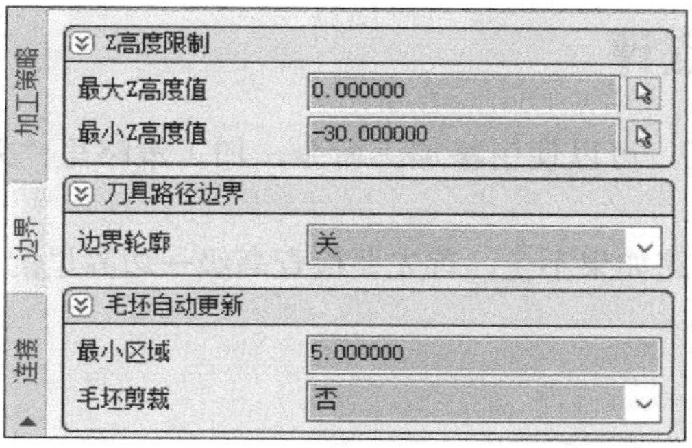

图 3-38

（4）连接（图 3-39）

1）安全平面：设“绝对安全高度”为“50.000000”，“安全高度”为“45.000000”，“退刀平面”选择“绝对安全高度”，“回退平面”选择“相对安全高度”，“从退刀平面进给移动”选择“否”，设“快进安全间隙”为“0.000000”。

2）进刀 / 退刀：“进刀模式”选择“水平相切圆弧”，设“半径”为“2.000000”，“进刀长度”为“2.000000”，“加速距离”为“0.000000”，“退刀模式”选择“水平相切圆弧”，设“半径”为“2.000000”，“退刀长度”为“2.000000”，“减速距离”为“0.000000”。

3）如果进刀 / 退刀失败：“使用垂直模式”选择“否”。

单击“✓确定”按钮，执行刀具路径运算，刀具路径运算结果如图 3-40 所示。

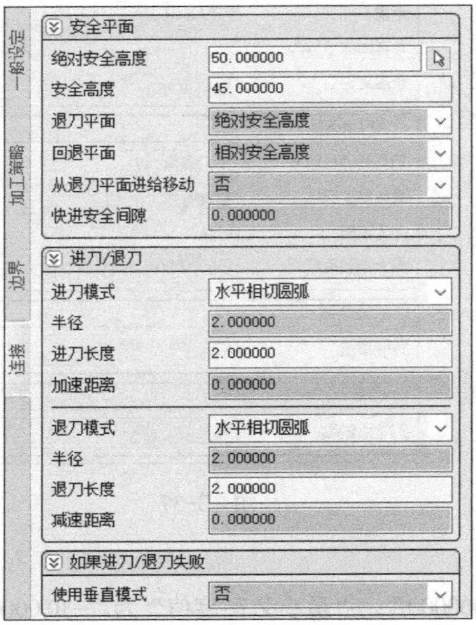

图 3-39

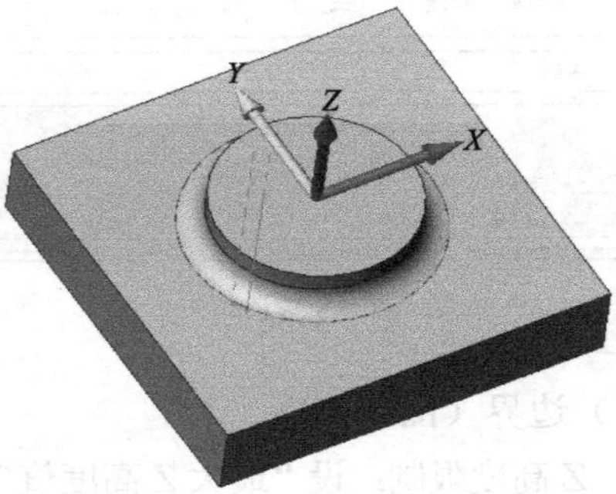

图 3-40

3.6 工程师经验点评

对于曲面螺旋精加工，可以使用精加工命令，加工策略里“刀具路径样式”选择“螺旋加工”。

投影精加工里注意刀路如果不全，首先要检查高级→边界里的“最大 Z 高度值”和“最小 Z 高度值”取值范围。

第4章

模具加工策略

4.1 等高粗加工

4.1.1 等高粗加工模型

图 4-1 所示为等高粗加工模型。等高粗加工使用偏置粗加工策略或结合最佳摆线运动和偏置运动创建 3 轴铣削策略。5 轴方案可用于生成拱形或弯曲面的粗加工策略，所有粗加工策略都有高速方案。

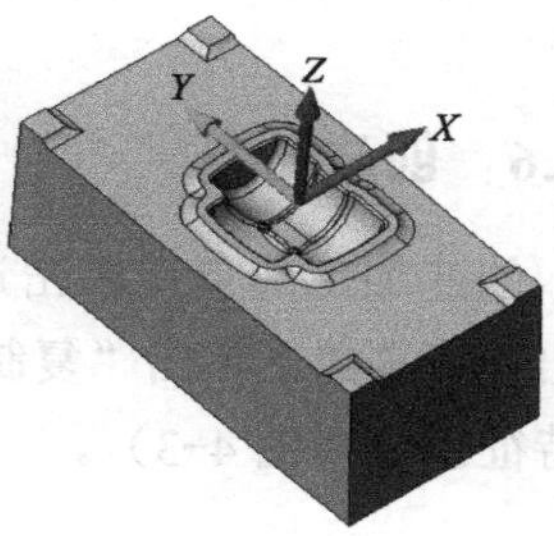

图 4-1

4.1.2 准备加工文件

打开 ESPRIT 软件，打开“4-1.esp”文件（扫描前言中的二维码下载）。

4.1.3 创建坐标系

坐标系用模型文件的当前坐标系。

4.1.4 创建刀具

铣削刀具→圆鼻刀→创建刀具直径“8”，切削刃 R 角“1”，刀具 ID“D8-R1”。

4.1.5 创建毛坯

单击“模拟 - 高级模拟”→“模拟参数”，弹出“参数”对话框（图 4-2）。单击“实体”选项卡。

1）在“定义”选项组中，“类型”选择“毛坯”，“创建形式”选择“矩形”，如图 4-2 中①。

2）在“定义矩形毛坯”选项组中，单击“↖”按钮（图 4-2 中②）拾取实体，如图 4-2 中③。

3）单击“添加”“确定”按钮（图 4-2 中④、⑤），退出参数设置。

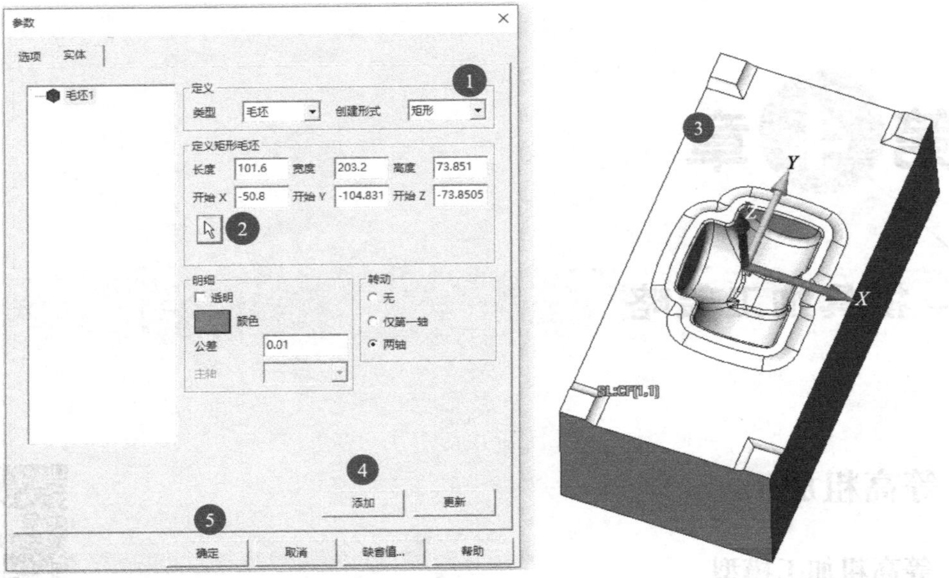

图 4-2

4.1.6 创建特征

创建加工边界：单击选取边→右击切换（切换到合适的特征线框）→单击确认→右击弹出快捷菜单，单击“复制”命令，弹出“获取几何线框”对话框，单击“确定”按钮，完成特征创建（图 4-3）。

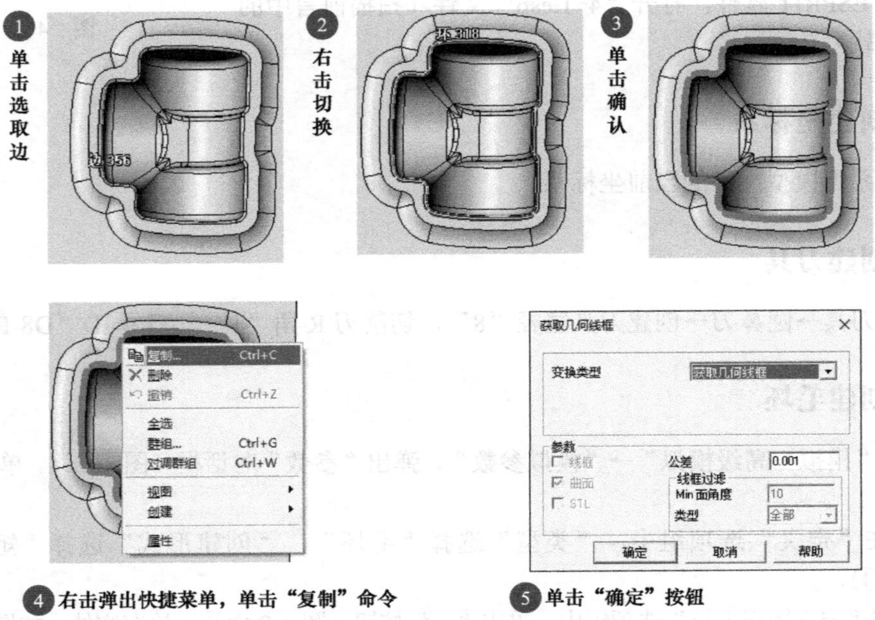

图 4-3

4.1.7 等高粗加工策略

步骤: 依次单击“ ”按钮（铣削模具加工 – 铣削 5 轴加工）→“ ”按钮（等高粗加工），如图 4-4 中①、②所示，弹出自由曲面特征编辑器。加工部件：①单击加工部件空白处→②框选实体（图 4-5），单击“✓确定”按钮。

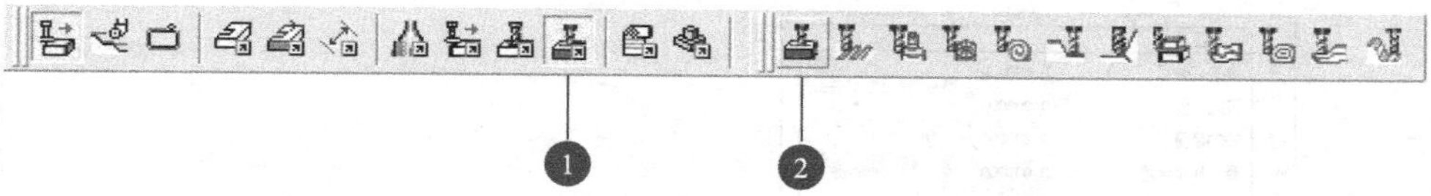

图 4-4

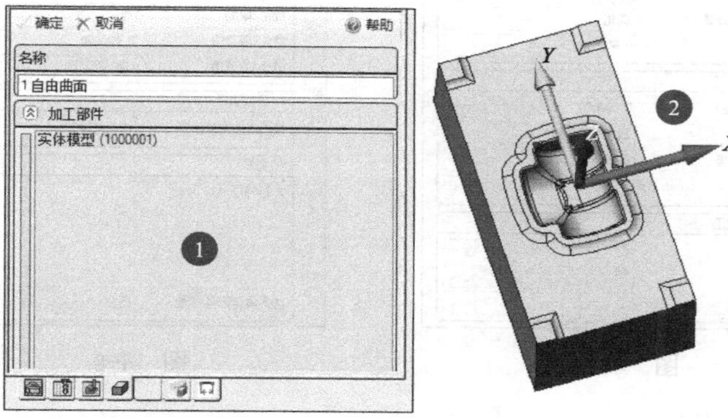

图 4-5

需要设定的参数如下：

（1）一般设定（图 4-6）

1）刀具选择：选择“D8-R1”（刚刚创建的刀具）。

2）转速及进给：设“加工转速 RPM，SPM”为“4500”，“进给率 PM，PT”为“2000.000000”，“垂直下刀进给率百分比”为“25.000000”，“横向进刀进给率百分比”为“50.000000”，“使用 KBM 进给转速”选择“否”。

3）NC 代码输出：“刀位点输出”选择“刀尖”。

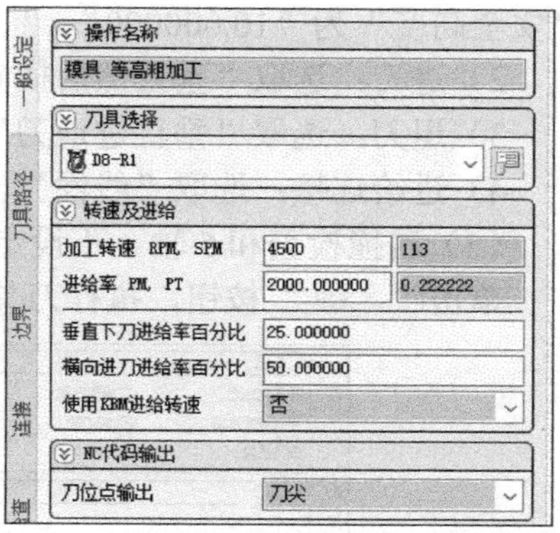

图 4-6

（2）刀具路径（图 4-7）

1）加工精度：设“加工公差”为“0.030000”，“径向余量”为“0.200000”，“轴向余量”为“0.200000”，“最小残留余量”为“0.000000”，“限制点之间距离”选择“否”。

2）深度：“深度策略”选择“由上到下”，“切削深度计算”选择“优化”，设“切削深度”为“0.500000”。

3）刀具路径：设“步距，直径 %”分别为“5.000000”“62”，“加工策略”选择“由外向内顺铣”，“加工优先级”选择“区域优先”，“预精加工”选择“否”。

4）高速加工：“摆线加工”选择“否”，“轮廓光顺”选择“否”，“路径光顺”选择“否”。

（3）边界（图 4-8）

1）Z 高度限制：“启用 Z 限制”选择“是”，设“最大 Z 高度值”为“0.000000”，“最小 Z 高度值”为“-20.000000”。

2）模型边界：“模型限定刀具位置”选择“由毛坯限制”。

3）边界：选取“1 链特征（1）”，“边界限定刀具位置”选择“内侧”。

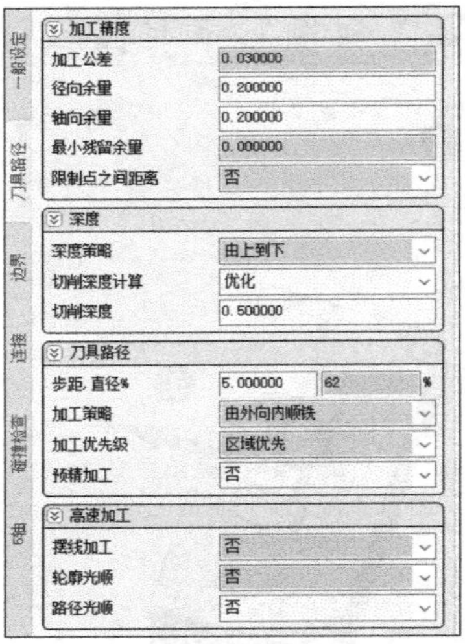

图 4-7

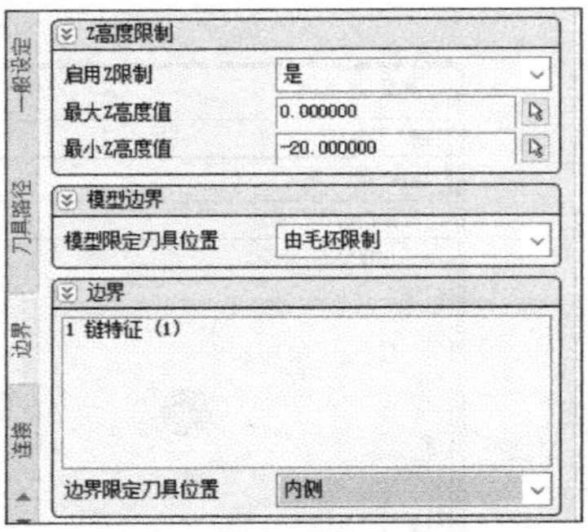

图 4-8

（4）连接（图 4-9）

1）回退：“最优化回退”选择“在操作内部”，设“绝对安全高度”为“30.000000”，“安全高度”为“10.000000”。

2）进刀：选取“垂直然后横向”“螺旋进刀”“斜向”。参数默认即可。

3）退刀：选取“垂直进退刀”。参数默认即可。

4）进给连接：选取“线性”“斜向”。参数默认即可。

（5）碰撞检查和 5 轴　不设定。

单击“✓确定”按钮，执行刀具路径运算，刀具路径运算结果如图 4-10 所示。

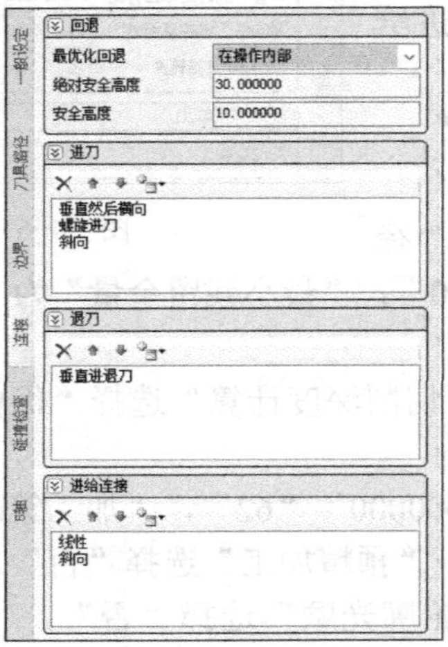

图 4-9

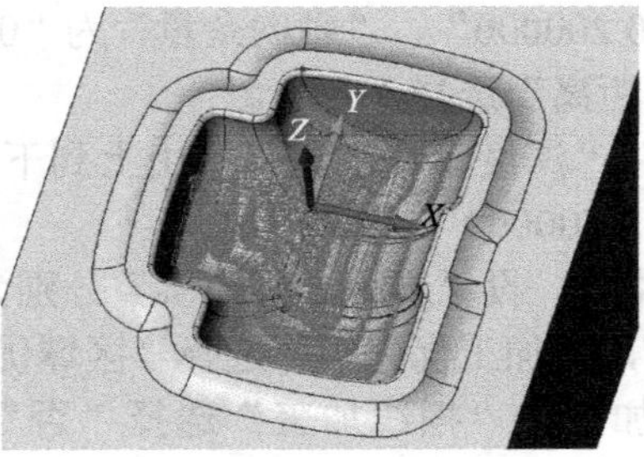

图 4-10

4.2 平行精加工

4.2.1 平行精加工模型

图 4-11 所示为平行精加工模型。平行精加工策略用于创建 3 轴精加工或粗加工的平行切削路径，可以切割垂直区域与水平区域。通过指定起点、角度和每个切削路径之间的距离，可生成平行精加工刀路。

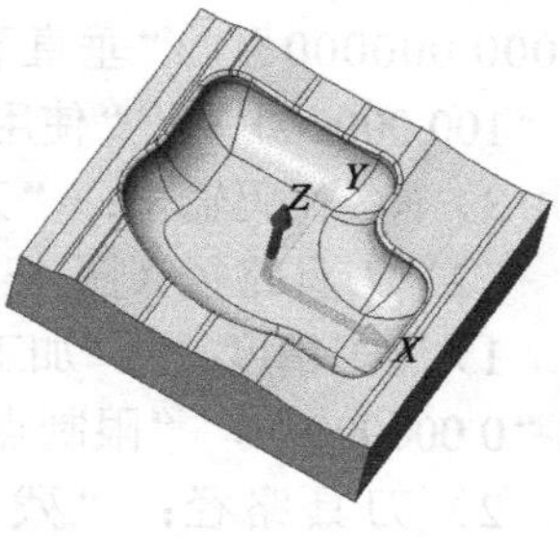

图 4-11

4.2.2 准备加工文件

打开 ESPRIT 软件，打开“4-2.esp”文件（扫描前言中的二维码下载）。

4.2.3 创建坐标系

坐标系用模型文件的当前坐标系。

4.2.4 平行精加工策略

步骤： 依次单击“ ”按钮（铣削模具加工 - 铣削 5 轴加工）→“ ”按钮（平行精加工），如图 4-12 中①、②所示。弹出自由曲面特征编辑器，用光标选取需要加工的面（图 4-13），单击“ 确定 ”按钮。

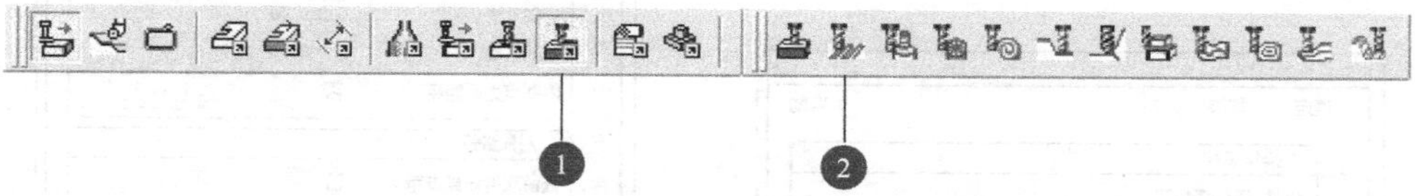

图 4-12

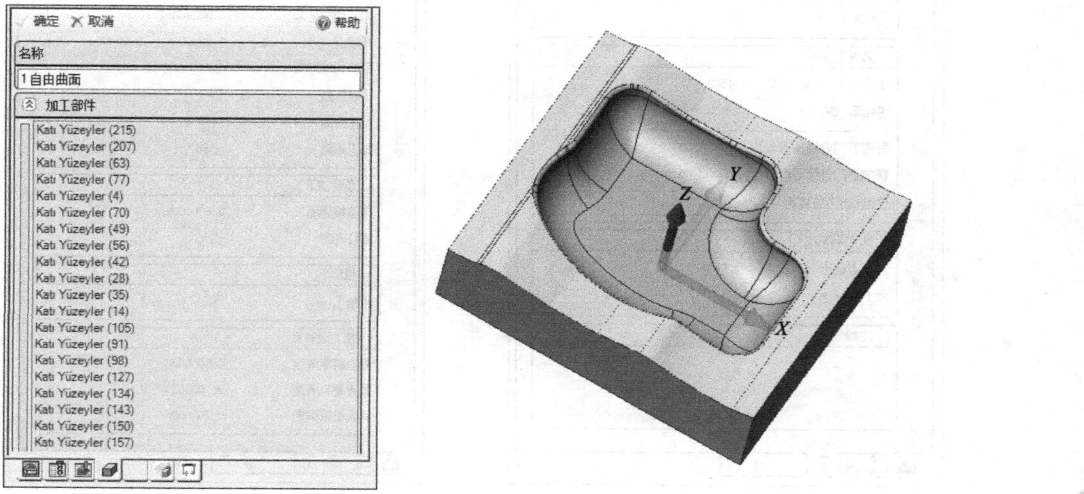

图 4-13

需要设定的参数如下：

（1）一般设定（图 4-14）

1）刀具选择：选择“BM 10.0”。

2）转速及进给：设“加工转速 RPM，SPM”为“4500”，“进给率 PM，PT”为“2000.000000”，“垂直下刀进给率百分比”为“100.000000”，“横向进刀进给率百分比”为“100.000000”，“使用 KBM 进给转速”选择“否”。

3）NC 代码输出：“刀位点输出”选择“刀尖”，“3D 刀具补偿”选择“否”。

（2）刀具路径（图 4-15）

1）加工精度：设“加工公差”为“0.010000”，“径向余量”为“0.000000”，“轴向余量”为“0.000000”，“限制点之间距离”选择“否”。

2）刀具路径：“残留高度计算步距”选择“否”，设“步距，直径 %”分别为“1.000000”“10”，“路径角度”为“45.000000”，“刀路切向延伸”为“6.000000”，“开始点 X，Y”分别为“0.000000”“0.000000”，“变换切削方向”选择“是”，“快进掠过”选择“否”，“加工方向”选择“关”，“加工策略”选择“全部”。

3）高速加工：设“再连接距离”为“2.500000”，“路径光顺”选择“否”。

4）粗加工：“粗加工”选择“否”。

5）加工面斜率：设“最小斜率角度”为“0.000000”，“最大斜率角度”为“90.000000”，“斜率极限偏置”为“0.200000”。

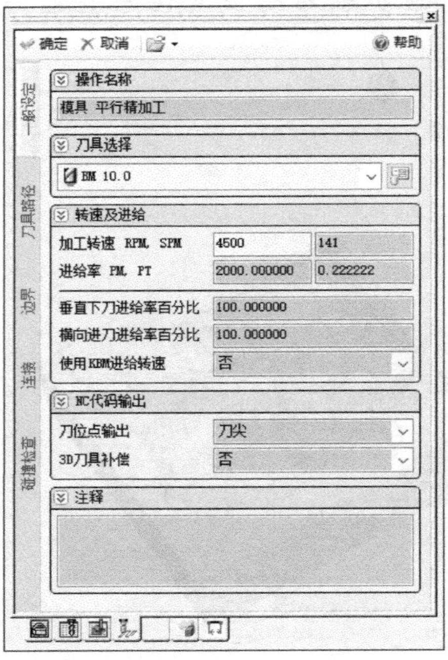

图 4-14

图 4-15

（3）边界（图 4-16）

1）Z 高度限制：“启用 Z 限制”选择“否”。

2）模型边界：“模型限定刀具位置”选择“接触点在边界上”。

3）保护面边界：“保护面限定刀具位置”选择“刀具中心点”。

4）边界：“边界限定刀具位置”选择“内侧”，“在边界内进刀”选择“否”。

（4）连接（图 4-17）

1）回退：“最优化回退”选择“在操作内部”，“优化”选择“模型”，设“绝对安全高度”为“70.000000”，“安全高度”为“5.000000”。

2）进刀：选取“垂直进退刀”。参数默认即可。

3）退刀：选取“垂直进退刀”。参数默认即可。

4）进给连接：选取“光顺圆环”。参数默认即可。

（5）碰撞检查　不设定。

单击“确定”按钮，执行刀具路径运算，刀具路径运算结果如图 4-18 所示。

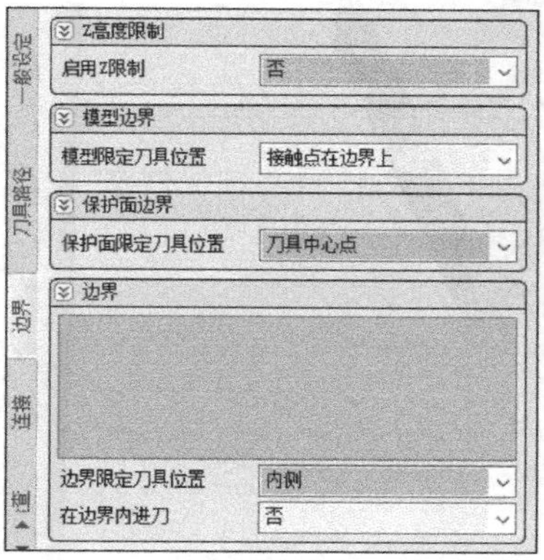

图　4-16

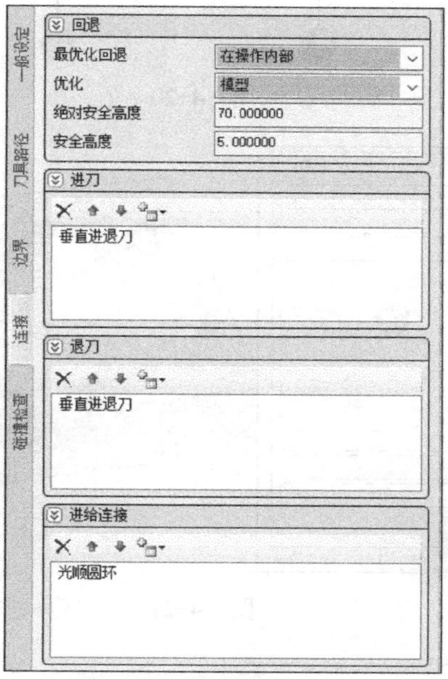

图　4-17

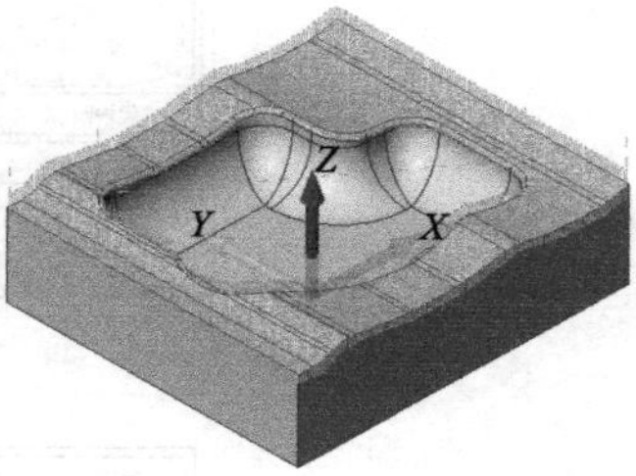

图　4-18

4.3　等高精加工

4.3.1　等高精加工模型

图 4-19 所示为等高精加工模型。等高精加工创建一个 3 轴等高精加工操作，本例使用螺旋方式加工上锥面。

图　4-19

4.3.2 准备加工文件

打开 ESPRIT 软件，打开“4-3.eps”文件（扫描前言中的二维码下载）。

4.3.3 创建坐标系

坐标系用模型文件的当前坐标系。

4.3.4 等高精加工策略

步骤：依次单击“ ”按钮（铣削模具加工－铣削 5 轴加工）→“ ”按钮（等高精加工），如图 4-20 中①、②所示，弹出自由曲面特征编辑器。加工部件：①单击加工部件空白处→②单击要加工的面，单击“确定”按钮（图 4-21）；保护面：①单击保护面空白处→②单击要保护的面，单击“确定”按钮（图 4-22）。

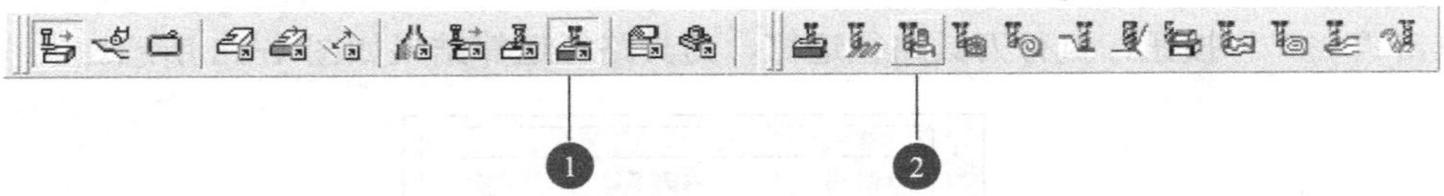

图 4-20

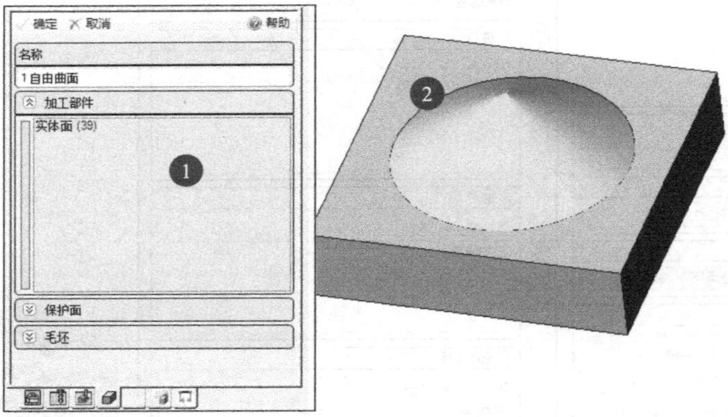

图 4-21

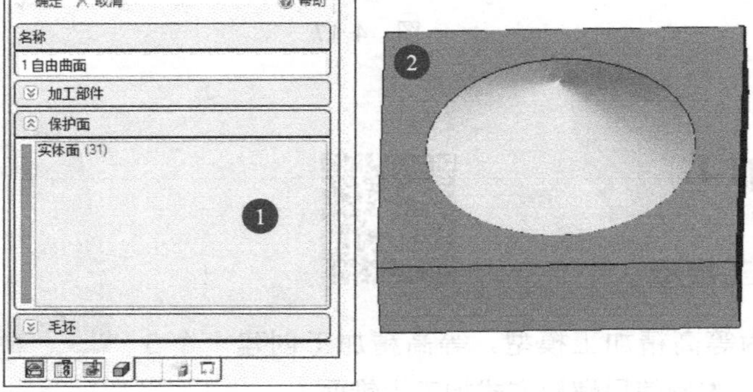

图 4-22

需要设定的参数如下：

（1）一般设定（图 4-23）

1）刀具选择：选择“BM 10.0”。

2）转速及进给：设“加工转速 RPM，SPM”为“4500”，“进给率 PM，PT”为“2000.000000”，“垂直下刀进给率百分比”为“100.000000”，“横向进刀进给率百分比”为“100.000000”，“使用 KBM 进给转速”选择“否”。

3）NC 代码输出：“刀位点输出”选择“刀尖”，“3D 刀具补偿”选择“否”。

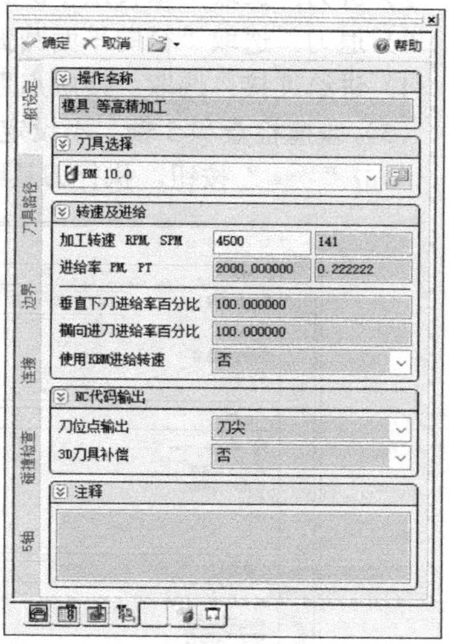

图 4-23

（2）刀具路径（图 4-24）

1）加工精度：设“加工公差”为“0.010000”，“径向余量”为“0.000000”，“轴向余量”为“0.000000”，“限制点之间距离”选择“否”。

2）深度：“切削深度计算”选择“优化”，设“切削深度”为“1.000000”。

3）刀具路径：“加工优先级”选择“区域优先”，“加工策略”选择“优化抬刀”，设“刀路切向延伸”为“0.000000”，“改变刀路起始点”选择“是”，设“最小斜率角度”为“28.000000”，“最大毛坯余量”为“10.000000”。

4）高速加工：“螺旋切削”选择“是”。

（3）边界（图 4-25）

1）Z 高度限制：“启用 Z 限制”选择“否”。

2）模型边界：“模型限定刀具位置”选择“完全在外部”。

3）保护面边界：“保护面限定刀具位置”选择“刀具中心点”。

4）边界：“边界限定刀具位置”选择“内侧”，“在边界内进刀”选择“是”。

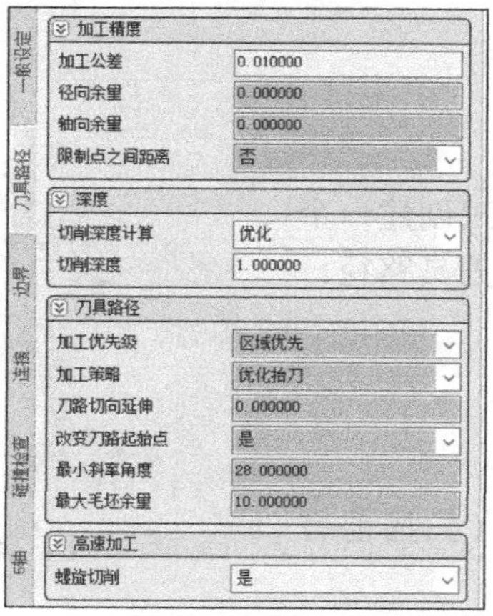

图 4-24

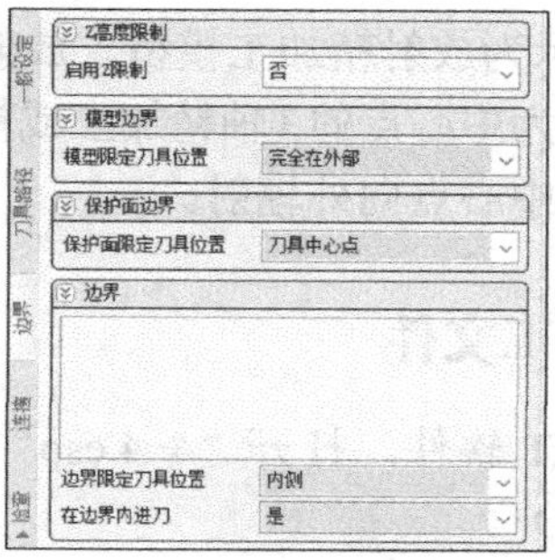

图 4-25

（4）连接（图 4-26）

1）回退：“最优化回退”选择“在操作内部”，“优化”选择“模型”，设“绝对安全高度”为“20.000000”，“安全高度”为“2.000000”。

2）进刀：选取“垂直水平圆弧”“垂直然后横向”“斜向”。参数默认即可。

3）退刀：选取“径向平面圆弧”“横向然后垂直”。参数默认即可。

4）进给连接：选取“接触点”。参数默认即可。

（5）碰撞检查和 5 轴　不设定。

单击“√确定”按钮，执行刀具路径运算，刀具路径运算结果如图 4-27 所示。

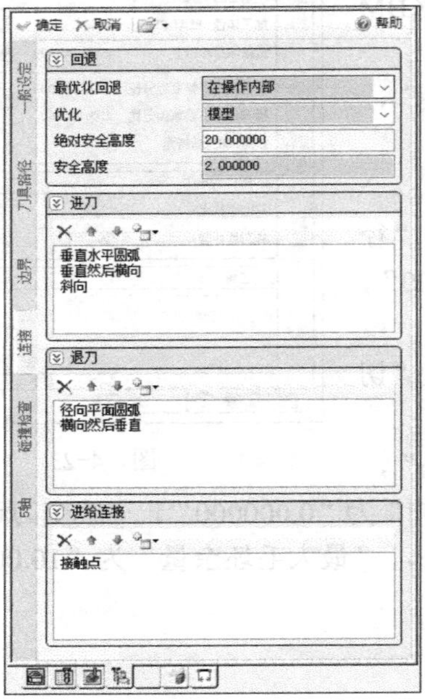

图　4-26

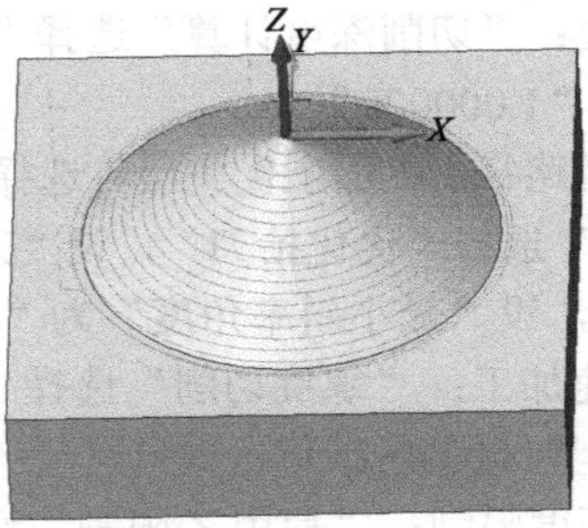

图　4-27

4.4　放射精加工

4.4.1　放射精加工模型

图 4-28 所示为放射精加工模型。放射精加工创建一个以用户定义位置为中心点的3轴精加工或粗加工刀具路径，每个切削通道从中心点向外辐射。

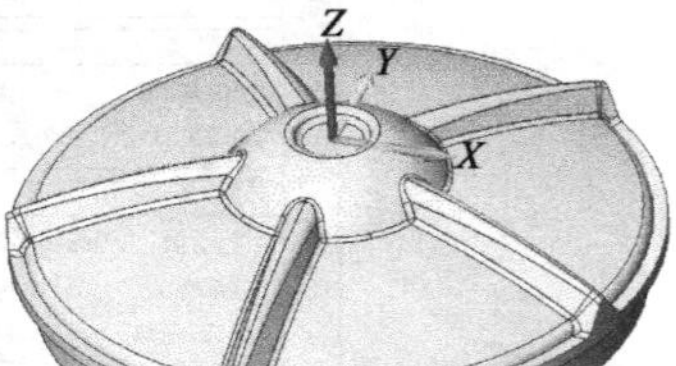

图　4-28

4.4.2　准备加工文件

打开 ESPRIT 软件，打开“4-4.esp”文件（扫描前言中的二维码下载）。

4.4.3　创建坐标系

坐标系用模型文件的当前坐标系。

4.4.4 放射精加工策略

步骤：依次单击“ ”按钮（铣削模具加工 - 铣削 5 轴加工）→“ ”按钮（放射精加工），如图 4-29 中①、②所示，弹出自由曲面特征编辑器。加工部件：①单击加工部件空白处→②选择实体，单击“ 确定 ”按钮（图 4-30）。

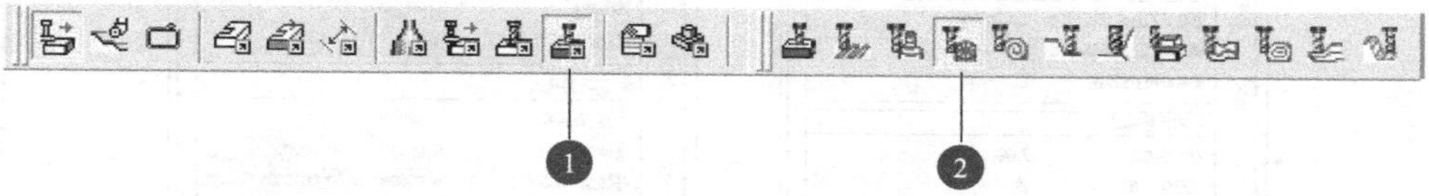

图 4-29

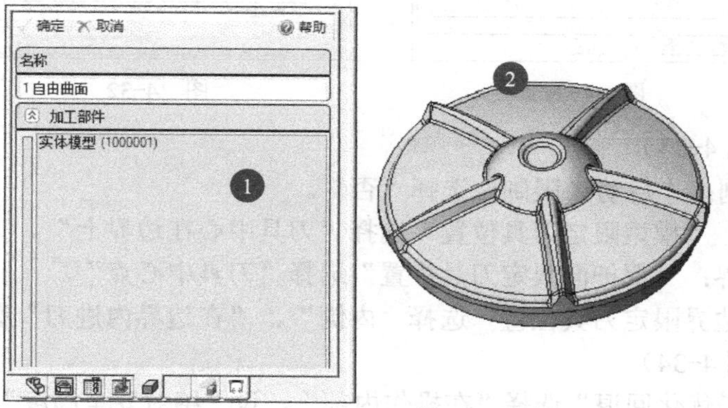

图 4-30

需要设定的参数如下：

（1）一般设定（图 4-31）

1）刀具选择：选择“BM 04.0”。

2）转速及进给：设“加工转速 RPM，SPM”为“4500”，“进给率 PM，PT”为“2000.000000”，“垂直下刀进给率百分比”为“100.000000”，“横向进刀进给率百分比”为“100.000000”，“使用 KBM 进给转速”选择“否”。

3）NC 代码输出：“刀位点输出”选择“刀尖”，“3D 刀具补偿”选择“否”。

（2）刀具路径（图 4-32）

1）加工精度：设“加工公差”为“0.012000”，“径向余量”为“0.000000”，“轴向余量”为“0.000000”，“限制点之间距离”选择“否”。

2）刀具路径：设“步距，直径 %”分别为“0.400000”“10”，“旋转中心 X，Y”分别为“0.000000”“0.000000”，“开始点 X，Y”分别为“0.000000”“0.000000”，“结束点 X，Y”分别为“0.000000”“0.000000”，“开始半径，结束半径”分别为“5.000000”“25.000000”，“加工策略”选择“双向切削”。

3）粗加工：“粗加工”选择“否”。

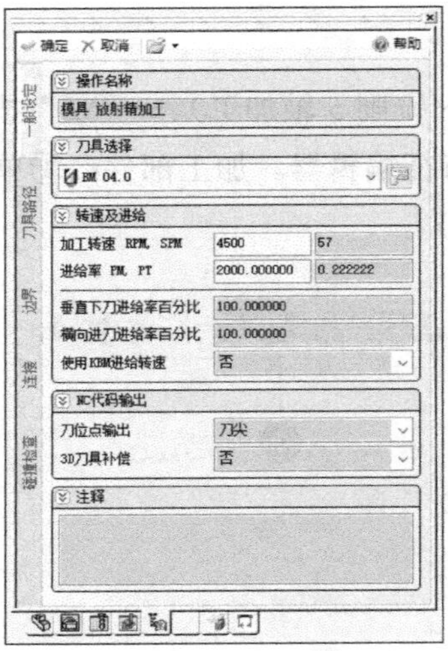

图 4-31

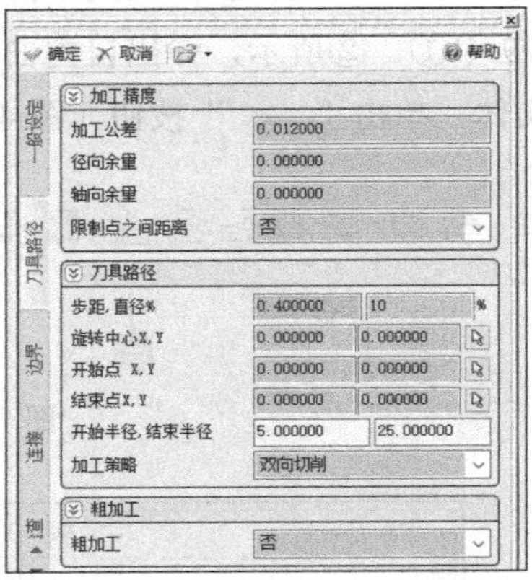

图 4-32

（3）边界（图 4-33）

1）Z 高度限制："启动 Z 限制"选择"否"。

2）模型边界："模型限定刀具位置"选择"刀具中心在边界上"。

3）保护面边界："保护面限定刀具位置"选择"刀具中心点"。

4）边界："边界限定刀具位置"选择"内侧"，"在边界内进刀"选择"是"。

（4）连接（图 4-34）

1）回退："最优化回退"选择"在操作内部"，设"绝对安全高度"为"10.000000"，"安全高度"为"2.000000"。

2）进刀：选取"垂直平面圆弧""垂直进退刀"。参数默认即可。

3）退刀：选取"垂直平面圆弧""垂直进退刀"。参数默认即可。

4）进给连接：选取"光顺圆环"。参数默认即可。

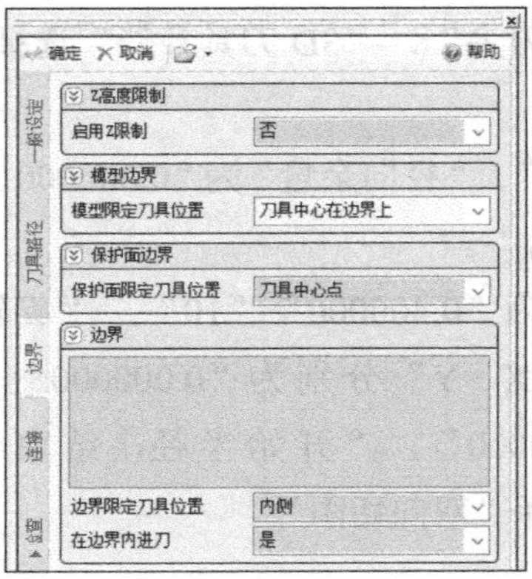

图 4-33

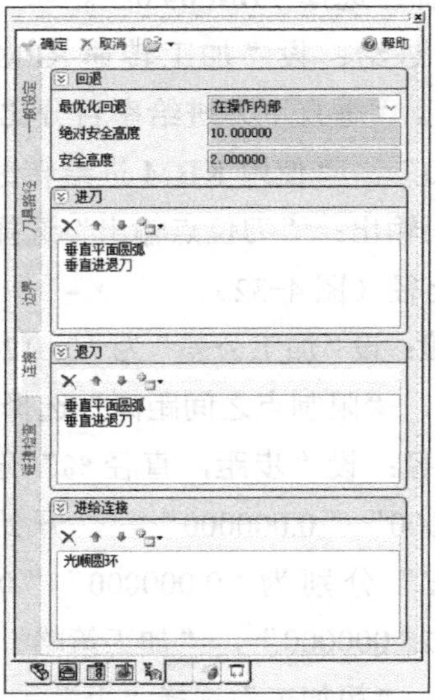

图 4-34

（5）碰撞检查　不设定。

单击“✓确定”按钮，执行刀具路径运算，刀具路径运算结果如图 4-35 所示。

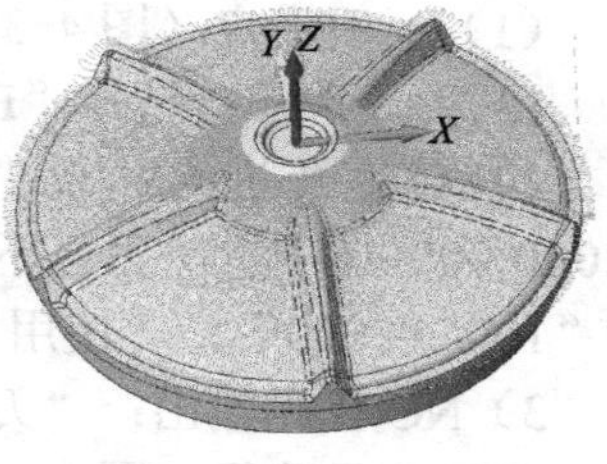

图　4-35

4.5　螺旋精加工

4.5.1　螺旋精加工模型

螺旋精加工模型与放射精加工模型一样，如图 4-28。螺旋精加工从一个指定的点开始在一个连续螺旋中创建 3 轴精加工或粗加工操作。螺旋图案通过在模型上沿刀具轴投影螺旋线产生，并且可以应用到一个或多个中心点上。螺旋线可以被限制在中心点开始的起始半径与终止半径之间。

4.5.2　准备加工文件

打开 ESPRIT 软件，打开“4-5.esp”文件（扫描前言中的二维码下载）。

4.5.3　创建坐标系

坐标系用模型文件的当前坐标系。

4.5.4　螺旋精加工策略

步骤：依次单击“ ”按钮（铣削模具加工－铣削 5 轴加工）→“ ”按钮（螺旋精加工），如图 4-36 中①、②所示，弹出自由曲面特征编辑器。加工部件：①单击加工部件空白处→②选择实体，单击“✓确定”按钮（图 4-37）。

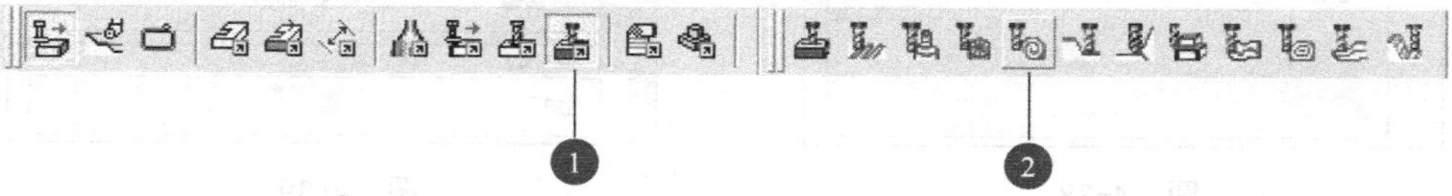

图　4-36

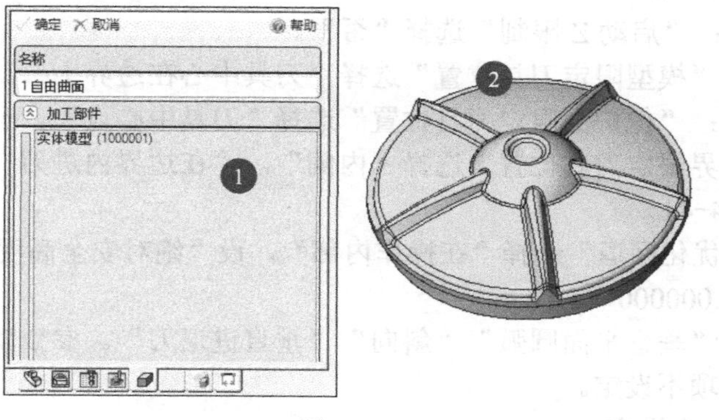

图　4-37

需要设定的参数如下：

（1）一般设定（图 4-38）

1）刀具选择：选择“BM 04.0”。

2）转速及进给：设“加工转速 RPM，SPM”为“4500”，“进给率 PM，PT”为“2000.000000”，“垂直下刀进给率百分比”为“100.000000”，“横向进刀进给率百分比”为“100.000000”，“使用 KBM 进给转速”选择“否”。

3）NC 代码输出：“刀位点输出”选择“刀尖”，“3D 刀具补偿”选择“否”。

（2）刀具路径（图 4-39）

1）加工精度：设“加工公差”为“0.010000”，“径向余量”为“0.000000”，“轴向余量”为“0.000000”，“限制点之间距离”选择“否”。

2）刀具路径：设“步距，直径%”分别为“0.400000”“10”，“从预先指定的点”选择“否”，设“螺旋中心 X，Y”分别为“0.000000”“0.000000”，“开始半径，结束半径”分别为“0.000000”“22.600000”，“加工方向”选择“顺时针”，“加工策略”选择“由内向外”。

3）粗加工：“粗加工”选择“否”。

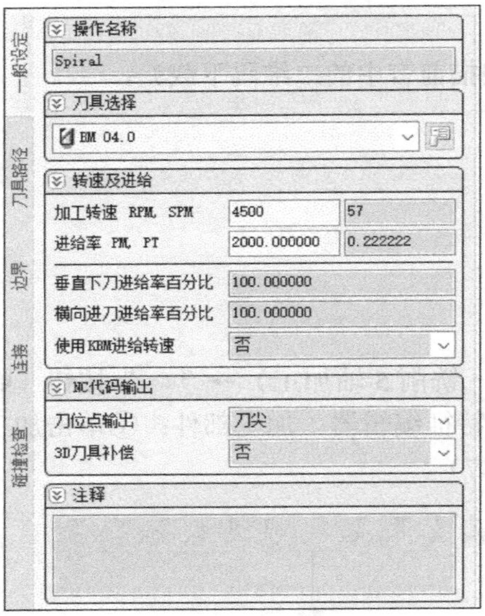

图 4-38

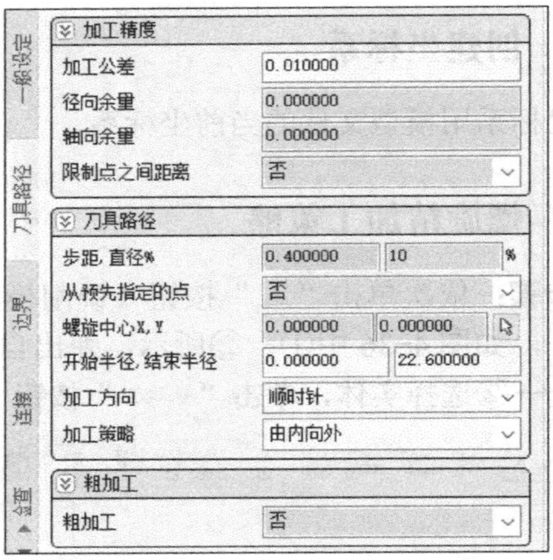

图 4-39

（3）边界（图 4-40）

1）Z 高度限制：“启动 Z 限制”选择“否”。

2）模型边界：“模型限定刀具位置”选择“刀具中心在边界上”。

3）保护面边界：“保护面限定刀具位置”选择“刀具中心点”。

4）边界：“边界限定刀具位置”选择“内侧”，“在边界内进刀”选择“是”。

（4）连接（图 4-41）

1）回退：“最优化回退”选择“在操作内部”，设“绝对安全高度”为“10.000000”，“安全高度”为“2.000000”。

2）进刀：选取“垂直平面圆弧”“斜向”“垂直进退刀”。参数默认即可。

3）退刀：退刀项不设定。

（5）碰撞检查　不设定。

单击“✓确定”按钮，执行刀具路径运算，刀具路径运算结果如图 4-42 所示。

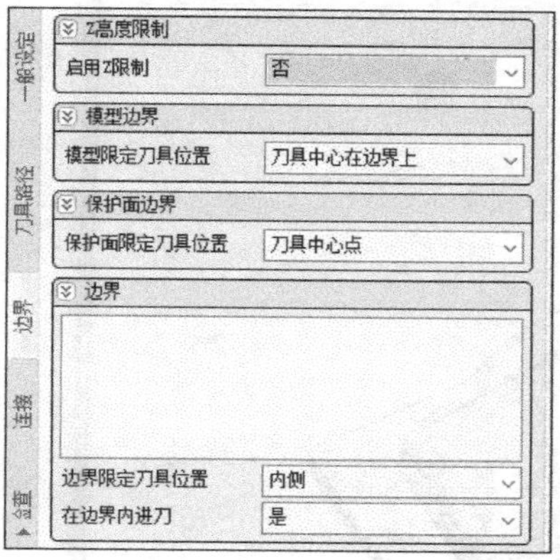

图 4-40

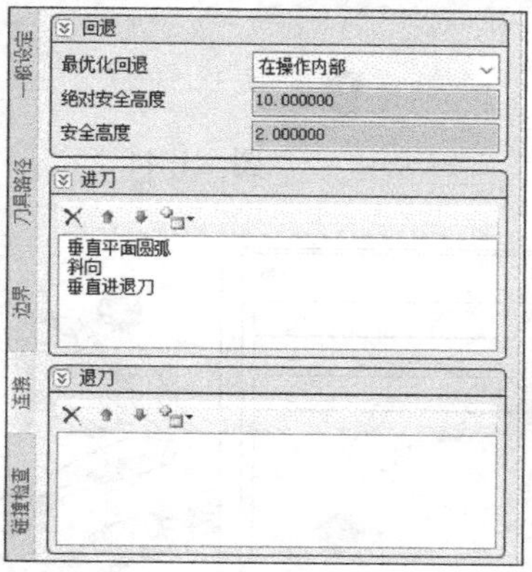

图 4-41

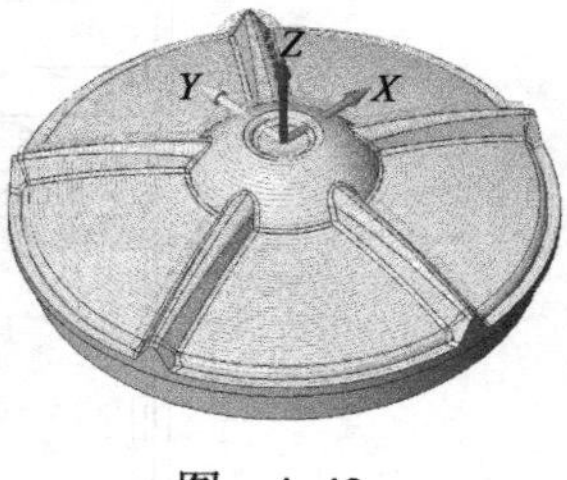

图 4-42

4.6 平坦面精加工

4.6.1 平坦面精加工模型

图 4-43 所示为平坦面精加工模型。平坦面精加工策略根据用户定义的斜率角度创建切削水平和近水平平面的 3 轴精加工刀具路径。加工路径基于平坦面的区域边界进行偏置。平坦面精加工策略可与等高精加工策略结合使用，以提高模型精加工的加工质量。

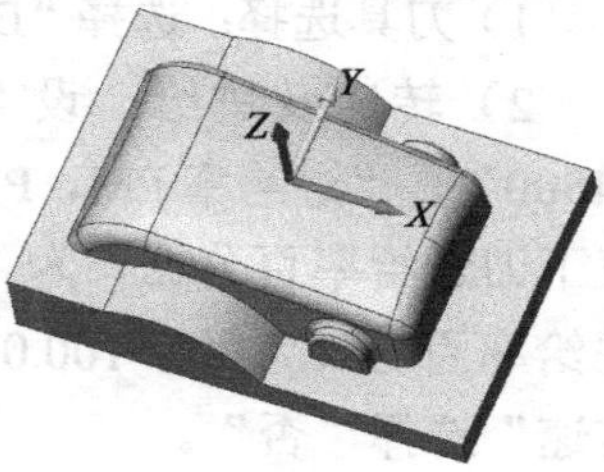

图 4-43

4.6.2 准备加工文件

打开 ESPRIT 软件，打开“4-6.esp”文件（扫描前言中的二维码下载）。

4.6.3 创建坐标系

坐标系用模型文件的当前坐标系。

4.6.4 创建刀具

铣削刀具→圆鼻刀→创建刀具直径“8”，刀刃 R 角“1”，刀具 ID“D8-R1”。

4.6.5 平坦面精加工策略

步骤：依次单击“ ”按钮（铣削模具加工 - 铣削 5 轴加工）→“ ”按钮（平坦面精加工），如图 4-44 中①、②所示，弹出自由曲面特征编辑器。加工部件：①单击加工部件空白处→②选择实体，单击“✓确定”按钮（图 4-45）。

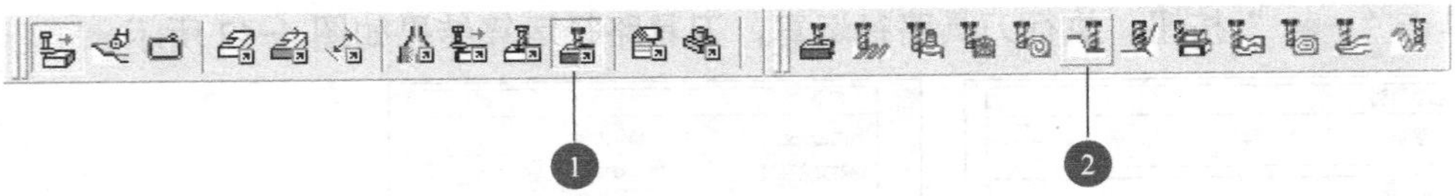

图 4-44

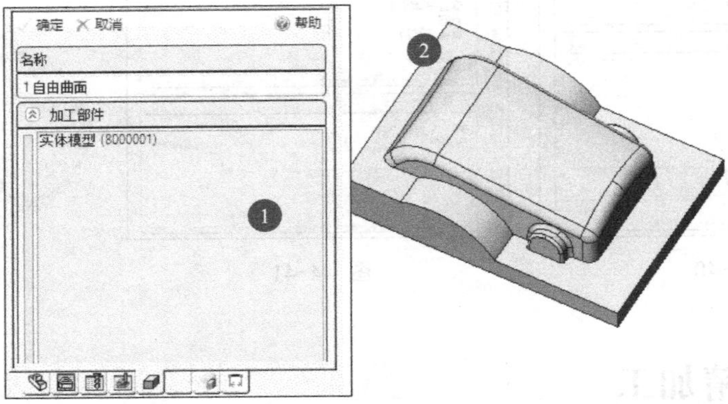

图 4-45

需要设定的参数如下：

（1）一般设定（图 4-46）

1）刀具选择：选择“D8-R1”（刚刚创建的刀具）。

2）转速及进给：设“加工转速 RPM，SPM”为“4500”，“进给率 PM，PT”为“2000.000000”，“垂直下刀进给率百分比”为“100.000000”，“横向进刀进给率百分比”为“100.000000”，“使用 KBM 进给转速”选择“否”。

3）NC 代码输出：“刀位点输出”选择“刀尖”，“3D刀具补偿”选择“否”。

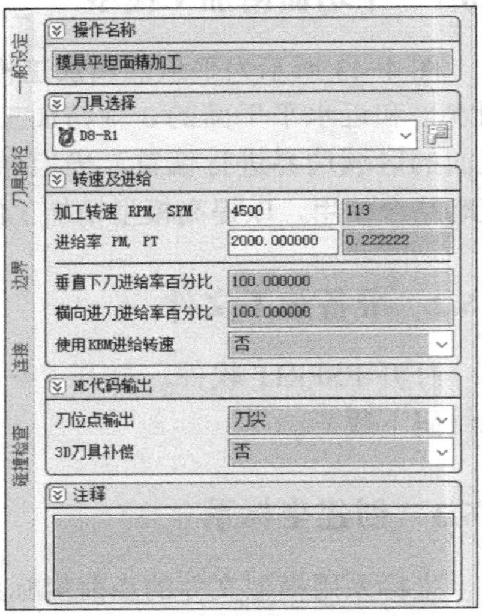

图 4-46

（2）刀具路径（图 4-47）

1）加工精度：设“加工公差”为“0.010000”，“径向余量”为“0.000000”，“轴向余量”为“0.000000”，“限制点之间距离”选择“否”。

2）刀具路径：设“步距，直径 %”分别为“0.800000”“10”，“加工策略”选择“由外向内顺铣”，设“斜率角度最小，最大”分别为“0.000000”“30.000000”，设“斜率极限偏置”为“0.200000”。

3）高速加工：“路径光顺”选择“是”，设“连接距离”为“10.000000”。

（3）边界（图 4-48）

1）Z 高度限制：“启动 Z 限制”选择“否”。

2）模型边界：“模型限定刀具位置”选择“刀具中心在边界上”。

3）边界：“边界限定刀具位置”选择“内侧”，“在边界内进刀”选择“是”。

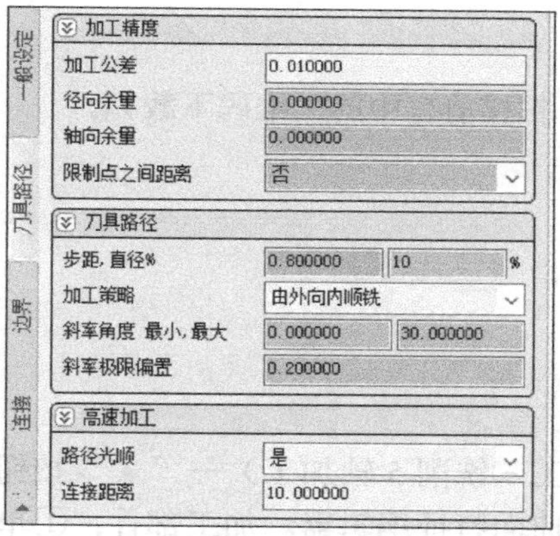

图 4-47

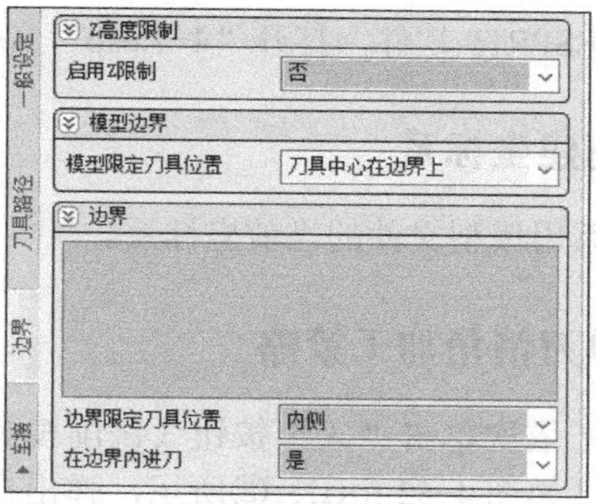

图 4-48

（4）连接（图 4-49）

1）回退：“最优化回退”选择“在操作内部”，设“绝对安全高度”为“10.000000”，“安全高度”为“2.000000”。

2）进刀：选取“垂直平面圆弧”“斜向”“螺旋进刀”。参数默认即可。

3）退刀：选取“垂直进退刀”。参数默认即可。

（5）碰撞检查　不设定。

单击“✓确定”按钮，执行刀具路径运算，刀具路径运算结果如图 4-50 所示。

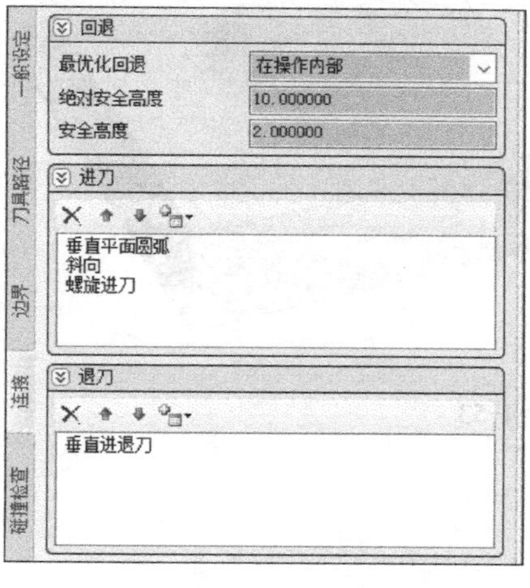

图 4-49

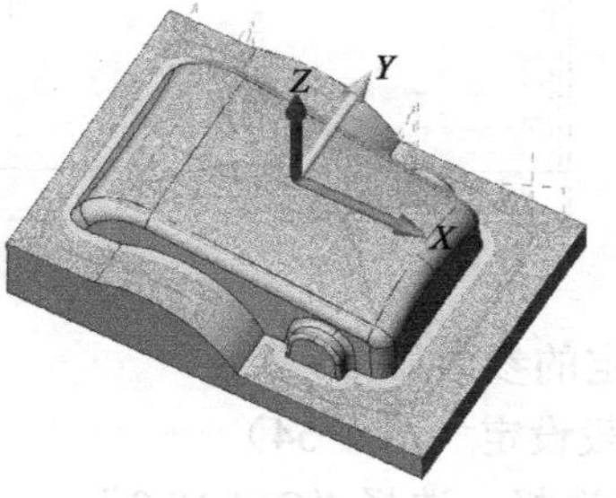

图 4-50

4.7 单刀清角加工

4.7.1 单刀清角加工模型

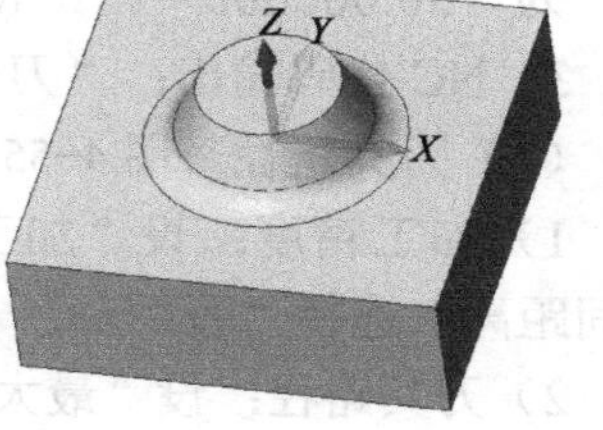

图 4-51

图 4-51 所示为单刀清角加工模型。单刀清角加工沿着刀具与模型的多个接触点创建 3 轴铣削刀具路径。单刀清角轨迹沿着接触点按照定义的角度和斜率生成刀具路径。

4.7.2 准备加工文件

打开 ESPRIT 软件，打开“4-7.esp”文件（扫描前言中的二维码下载）。

4.7.3 创建坐标系

坐标系用模型文件的当前坐标系。

4.7.4 单刀清角加工策略

步骤：依次单击“ ”按钮（铣削模具加工－铣削 5 轴加工）→“ ”按钮（单刀清角加工），如图 4-52 中①、②所示，弹出自由曲面特征编辑器。加工部件：①单击加工部件空白处→②选择 R 角与相邻底面，单击“确定”按钮（图 4-53）。

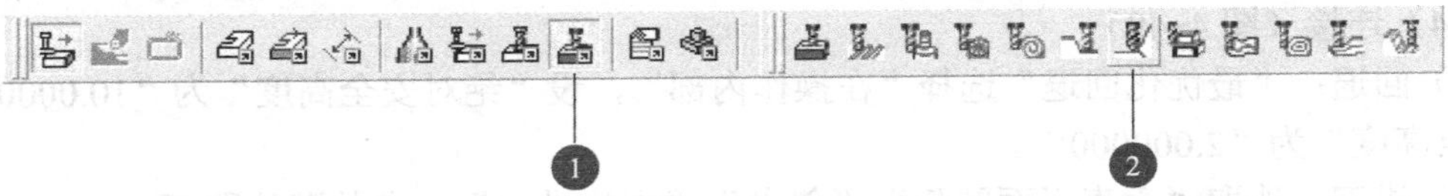

图 4-52

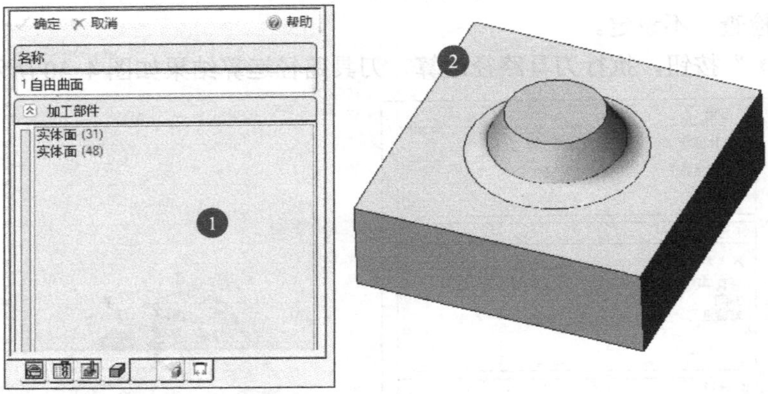

图 4-53

需要设定的参数如下：

（1）一般设定（图 4-54）

1）刀具选择：选择“BM 10.0”。

2）转速及进给：设“加工转速 RPM，SPM”为“4500”，“进给率 PM，PT”为“1000.000000”，“垂直下刀进给率百分比”为“50.000000”，“横向进刀进给率百分比”为“50.000000”，“使用 KBM 进给转速”选择“否”。

3）NC 代码输出：“刀位点输出”选择“刀尖”。

（2）刀具路径（图 4-55）

1）加工精度：设“加工公差”为“0.010000”，“余量”为“0.000000”，“限制点之间距离”选择“否”。

2）刀具路径：设“最大角落夹角”为“130.000000”，“限定斜率角度”选择“否”，“加工方向”选择“顺铣”。

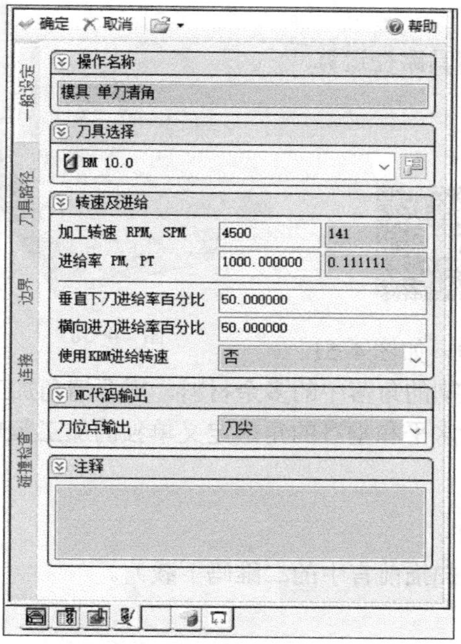

图 4-54

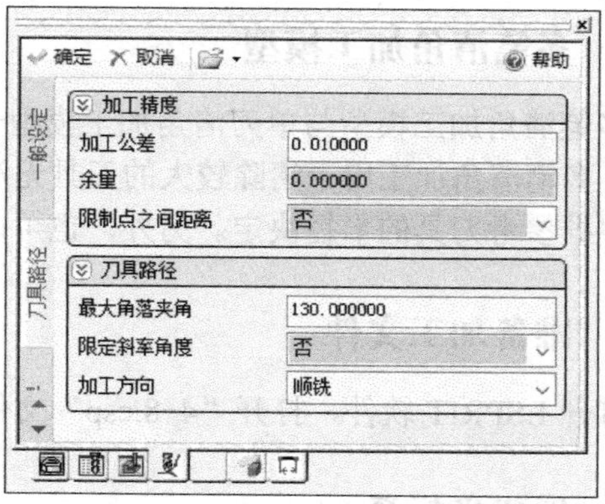

图 4-55

（3）边界（图 4-56）

1）Z 高度限制：“启动 Z 限制”选择“否”。

2）模型边界：“模型限定刀具位置”选择“刀具中心在边界上”。

3）边界：“边界限定刀具位置”选择“内侧”，“在边界内进刀”选择“是”。

（4）连接（图 4-57）

1）回退：“最优化回退”选择“在操作内部”，设“绝对安全高度”为“10.000000”，“安全高度”为“2.000000”。

2）进刀：选取“垂直平面圆弧”“垂直进退刀”。参数默认即可。

3）退刀：选取“垂直平面圆弧”“垂直进退刀”。参数默认即可。

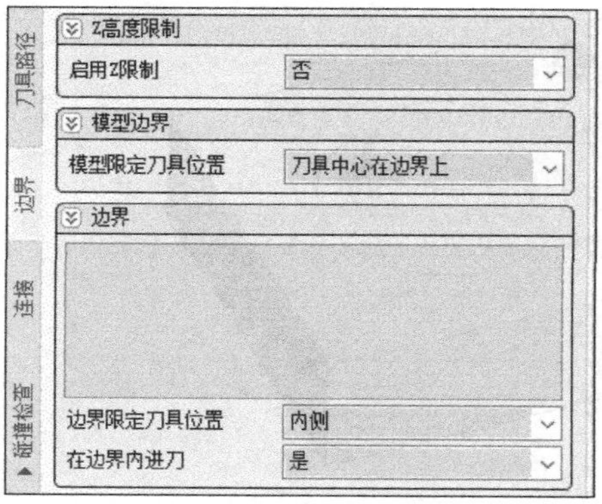

图 4-56

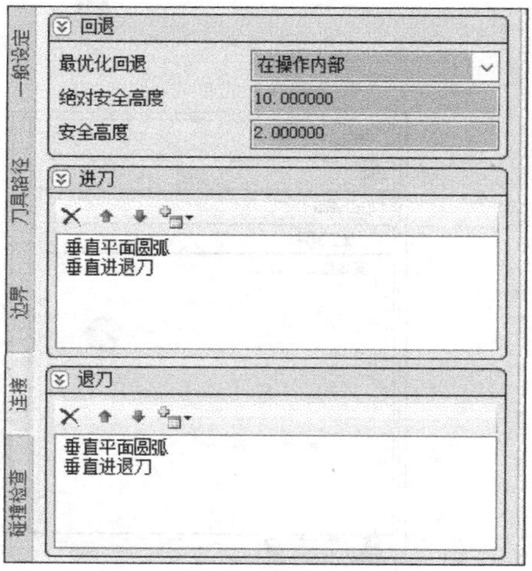

图 4-57

（5）碰撞检查　不设定。

单击“✓确定”按钮，执行刀具路径运算，刀具路径运算结果如图 4-58 所示。

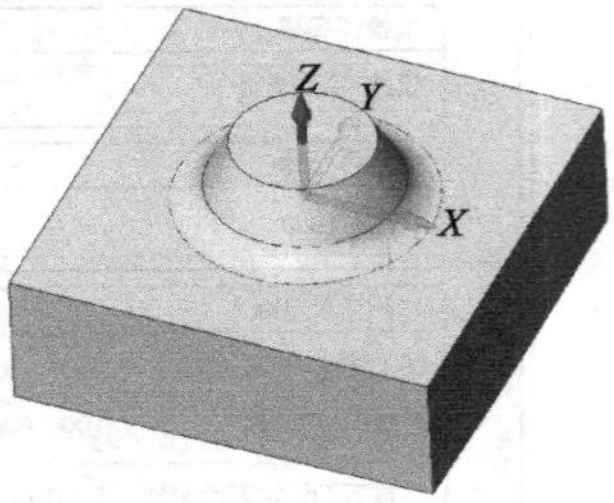

图　4-58

4.8　多笔清角加工

4.8.1　多笔清角加工模型

多笔清角加工模型与单刀清角加工模型一样，如图 4-51 所示，多笔清角加工用于清除较大的刀具无法切割的角落中的多余材料。需要清角加工的区域将根据参考刀具的半径决定。另外，也可以为水平和垂直的角落定义单独的加工策略。

4.8.2　准备加工文件

打开 ESPRIT 软件，打开“4-8.esp”文件（扫描前言中的二维码下载）。

4.8.3　创建坐标系

坐标系用模型文件的当前坐标系。

4.8.4　多笔清角加工策略

步骤：依次单击“ ”按钮（铣削模具加工 - 铣削 5 轴加工）→“ ”按钮（多笔清角加工），如图 4-59 中①、②所示，弹出自由曲面特征编辑器。加工部件：①单击加工部件空白处→②选择实体，单击“✓确定”按钮（图 4-60）。

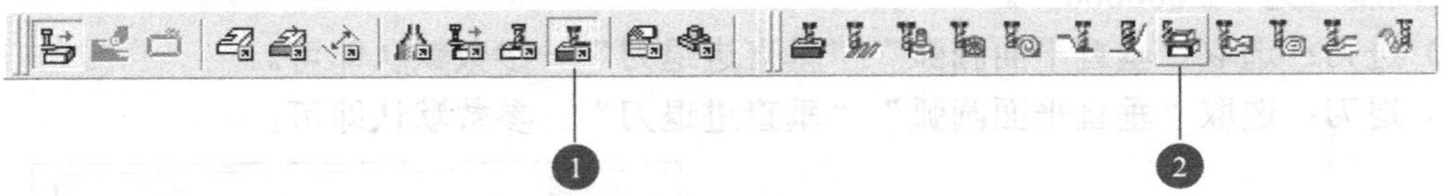

图　4-59

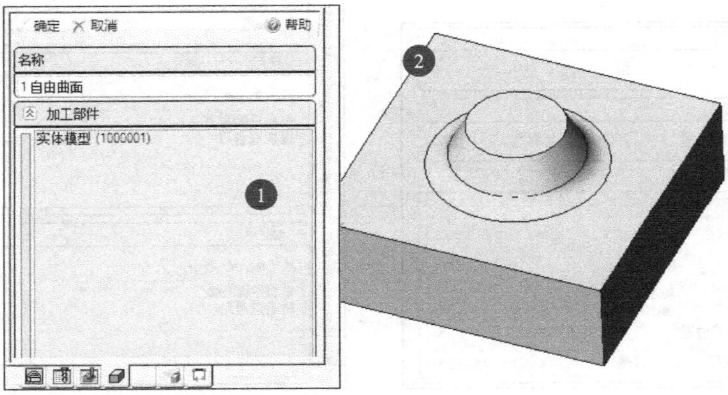

图　4-60

需要设定的参数如下：

（1）一般设定（图 4-61）

1）刀具选择：选择“BM 06.0”。

2）转速及进给：设“加工转速 RPM，SPM”为“4500”，“进给率 PM，PT”为“2000.000000”，“垂直下刀进给率百分比”为“50.000000”，“横向进刀进给率百分比”为“100.000000”，“使用 KBM 进给转速”选择“否”。

3）NC 代码输出：“刀位点输出”选择“刀尖”。

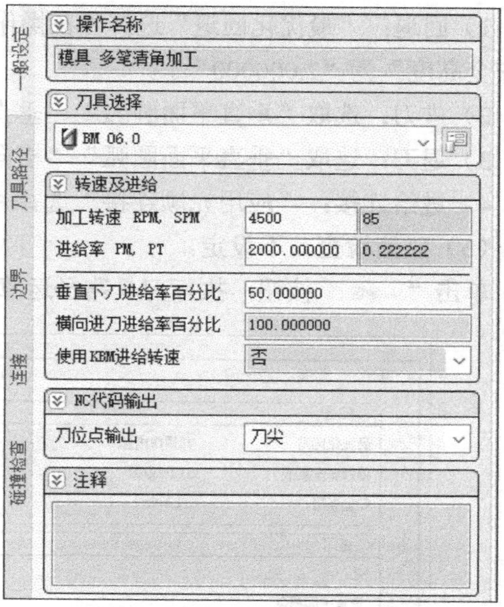

图 4-61

（2）刀具路径（图 4-62）

1）加工精度：设“加工公差”为“0.012000”，“余量”为“0.000000”，“限制点之间距离”选择“否”。

2）刀具路径：设“步距，直径 %”分别为“0.600000”“10”，“使用参考刀具”选择“否”，设“参考刀具半径”为“8.000000”，“最大角落夹角”为“172.000000”，“流线形清角加工”选择“否”。

3）角落定义：设“最小斜率角度”为“0.000000”，“最大斜率角度”为“90.000000”。

4）高速加工：“路径光顺”选择“否”。

（3）边界（图 4-63）

1）Z 高度限制：“启动 Z 限制”选择“否”。

2）模型边界：“模型限定刀具位置”选择“刀具中心在边界上”。

3）边界：“边界限定刀具位置”选择“内侧”，“在边界内进刀”选择“是”。

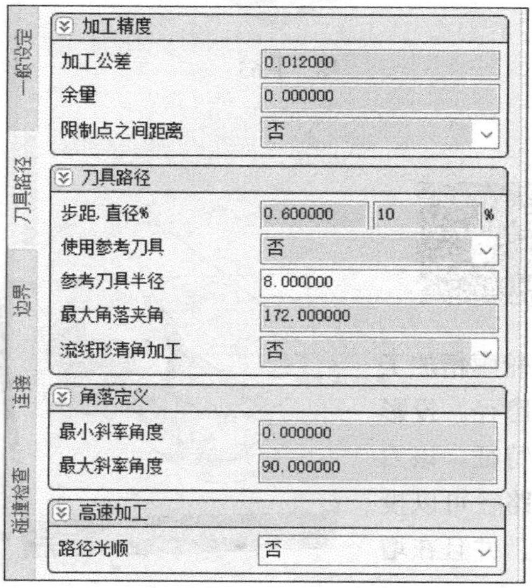

图 4-62

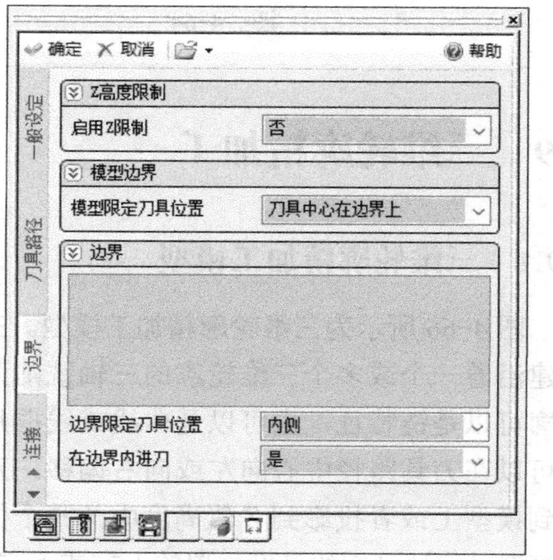

图 4-63

（4）连接（图 4-64）

1）回退：“最优化回退”选择“在操作内部”，设“绝对安全高度”为“20.000000”，“安全高度”为“2.000000”。

2）进刀：选取“垂直平面圆弧”“垂直然后横向”“垂直进退刀”。参数默认即可。

3）退刀：选取“垂直平面圆弧”“横向然后垂直”“垂直进退刀”。参数默认即可。

4）进给连接：“应用光顺连接”选择“是”，设“连接距离”为“1.200000”。

（5）碰撞检查　不设定。

单击“✓确定”按钮，执行刀具路径运算，刀具路径运算结果如图 4-65 所示。

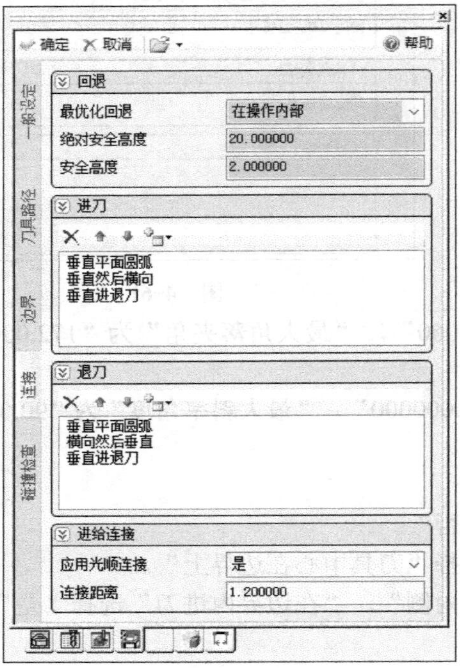

图　4-64

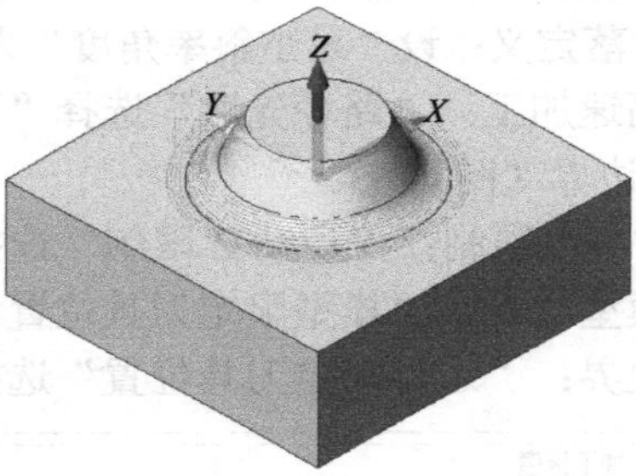

图　4-65

4.9　三维轮廓精加工

4.9.1　三维轮廓精加工模型

图 4-66 所示为三维轮廓精加工模型。三维轮廓精加工创建沿着一个或多个三维轮廓的三轴铣削刀具路径。投影轮廓可以是链特征，也可以是曲线或线框几何特征。该刀具可以在刀具路径中心向左或向右偏移。刀具路径可以投影到模型上或者投影到 Z 值高度中的某个位置，并且在增量深度时偏移到初始高度位置的上方或下方。

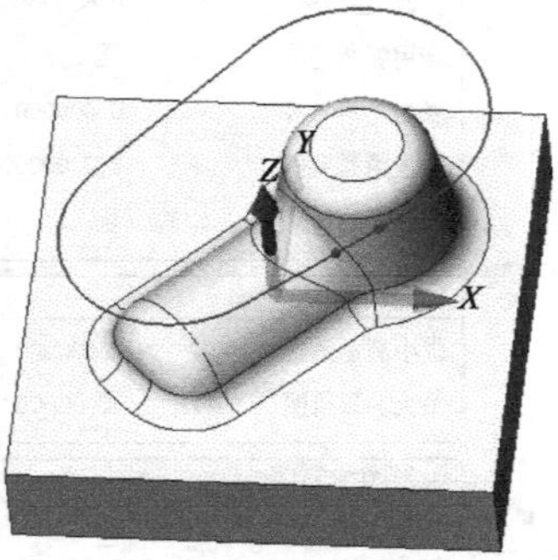

图　4-66

4.9.2 准备加工文件

打开ESPRIT软件，打开“4-9.esp”文件（扫描前言中的二维码下载）。

4.9.3 创建坐标系

坐标系用模型文件的当前坐标系。

4.9.4 三维轮廓精加工策略

步骤：依次单击“ ”按钮（铣削模具加工－铣削5轴加工）→“ ”按钮（三维轮廓精加工），如图4-67所示，弹出自由曲面特征编辑器。加工部件：①单击加工部件空白处→②选择实体，单击“✓确定”按钮（图4-68）。

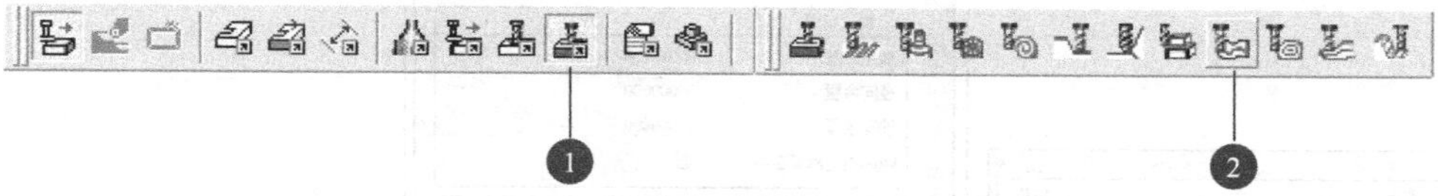

图 4-67

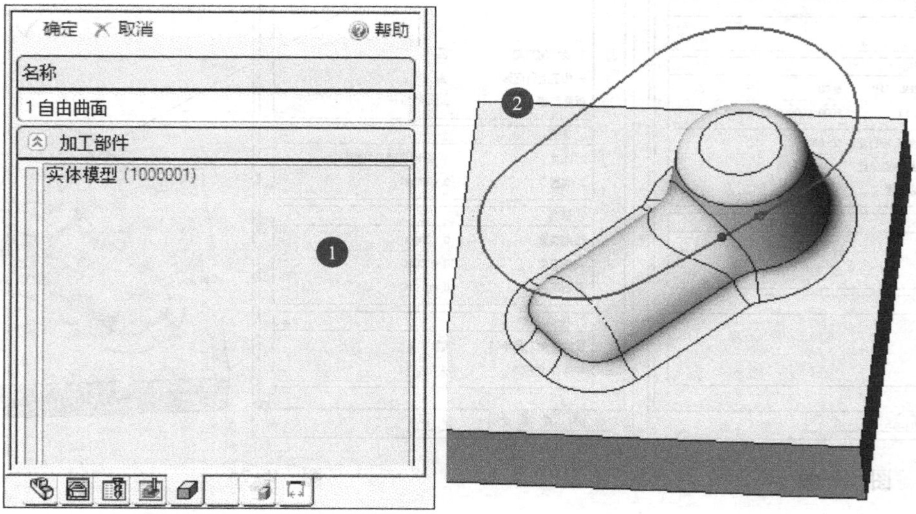

图 4-68

需要设定的参数如下：

（1）一般设定（图4-69）

1）刀具选择：选择“BM 06.0”。

2）转速及进给：设“加工转速RPM，SPM”为“4500”，“进给率PM，PT”为“2000.000000”，“垂直下刀进给率百分比”为“50.000000”，“横向进刀进给率百分比”为“100.000000”，“使用KBM进给转速”选择“否”。

3）NC代码输出：“刀位点输出”选择“刀尖”，“3D刀具补偿”选择“否”。

（2）刀具路径（图 4-70）

1）加工精度：设“加工公差”为“0.012000”，“径向余量”为“0.000000”，“轴向余量”为“0.000000”，“限制点之间距离”选择“否”。

2）轮廓：选取“1Chain（1）”。“变换切削方向”选择“否”，“只加工上升区域”选择“否”，设重叠距离为“0.000000”。

3）深度：“Z 计算”选择“投影到模型及 Z 偏置”，设“Z 偏置”为“0.000000”。

4）深度：设“结束深度”为“0.000000”，“切削深度”为“0.000000”，“开始深度”为“0.000000”。

5）径向补偿：“软件补偿刀具半径”选择“否”，“软件补偿方向”选择“左”。

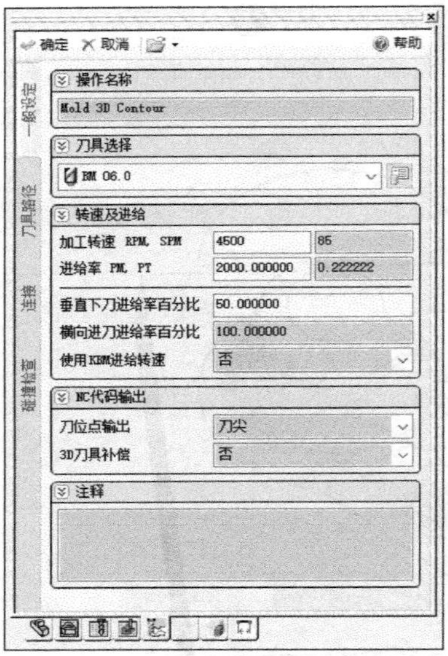

图 4-69

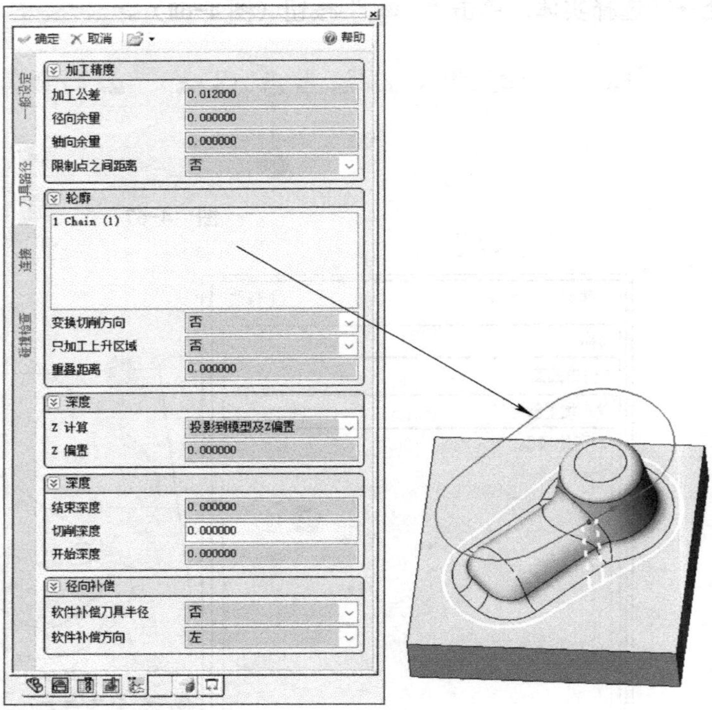

图 4-70

（3）连接（图 4-71）

1）回退：“最优化回退”选择“在操作内部”，设“绝对安全高度”为“20.000000”，“安全高度”为“2.000000”。

2）进刀：选取“垂直平面圆弧”。参数默认即可。

3）退刀：选取“垂直平面圆弧”。参数默认即可。

4）进给连接：选取“光顺圆环”“接触点”。

（4）碰撞检查　不设定。

单击“✓确定”按钮，执行刀具路径运算，刀具路径运算结果如图 4-72 所示。

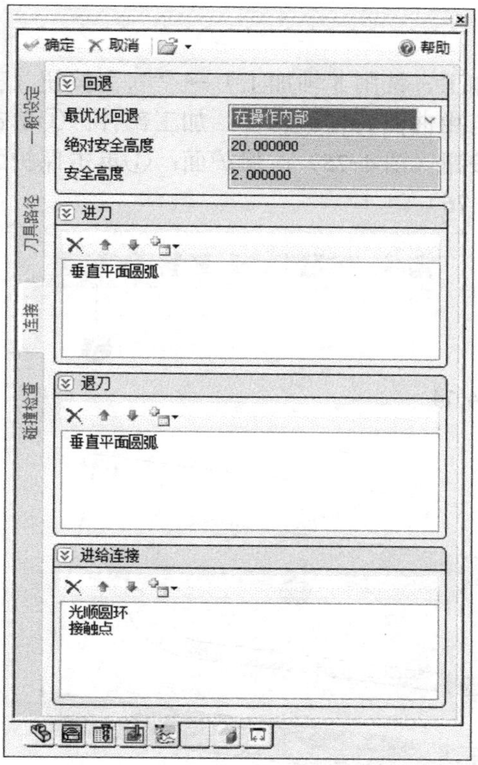

图 4-71

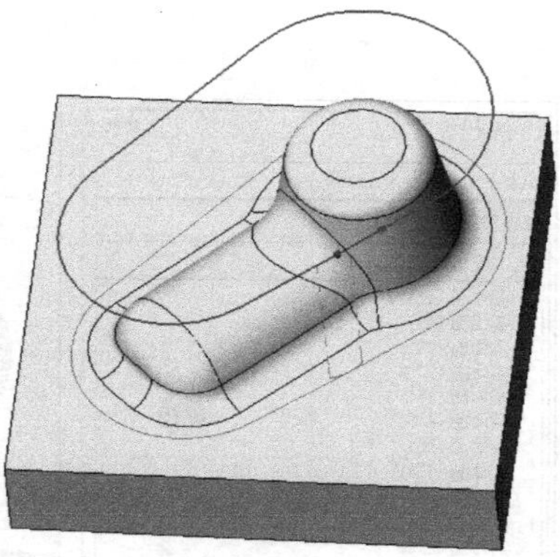

图 4-72

4.10 三维偏置精加工

4.10.1 三维偏置精加工模型

图 4-73 所示为三维偏置精加工模型。三维偏置精加工根据零件的边界或闭合曲线进行渐进偏置而创建 3 轴精加工刀具路径。三维偏置精加工沿模型表面的步距是恒定的，可在垂直面和底面产生良好的粗糙度。

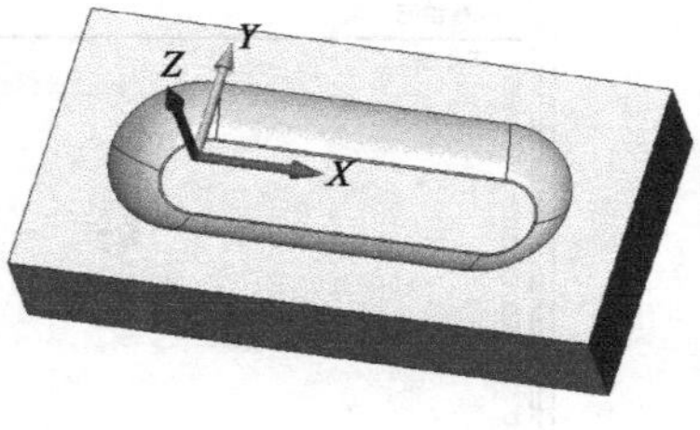

图 4-73

4.10.2 准备加工文件

打开 ESPRIT 软件，打开“4-10.esp”文件（扫描前言中的二维码下载）。

4.10.3 创建坐标系

坐标系用模型文件的当前坐标系。

4.10.4 三维偏置精加工策略

步骤：依次单击“ ”按钮（铣削模具加工 - 铣削 5 轴加工）→“ ”按钮（三维偏置精加工），如图 4-74 中①、②所示，弹出自由曲面特征编辑器。加工部件：①单击加工部件空白处→②选择内曲面，单击“✓确定”按钮（图 4-75）；保护面：①单击保护面空白处→②选择上平面，单击“✓确定”按钮（图 4-76）。

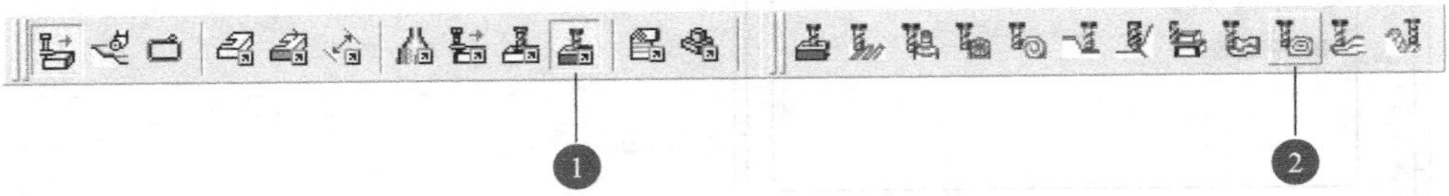

图 4-74

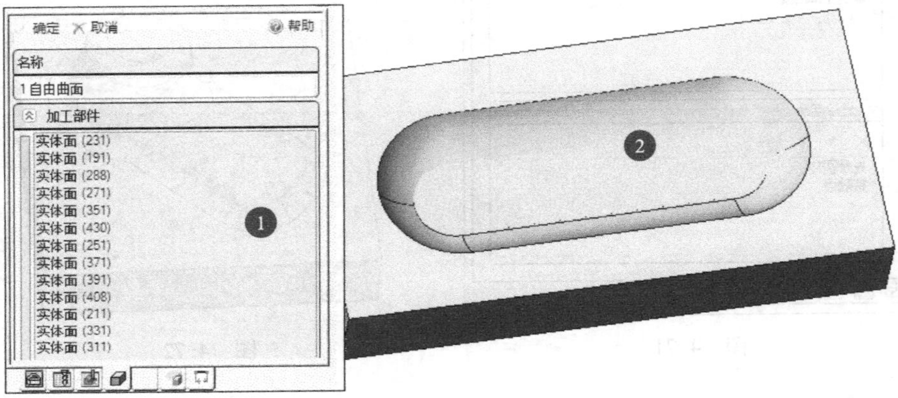

图 4-75

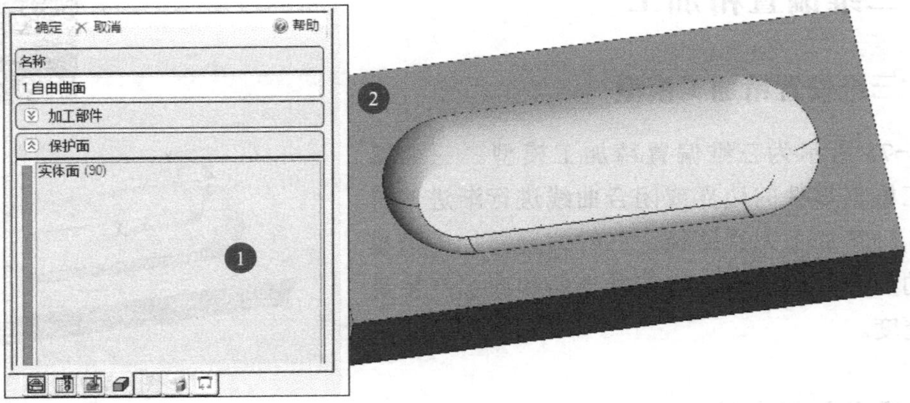

图 4-76

需要设定的参数如下：

（1）一般设定（图 4-77）

1）刀具选择：选择“BM 06.0”。

2）转速及进给：设“加工转速 RPM，SPM”为“4500”，“进给率 PM，PT”为“1000.000000”，“垂直下刀进给率百分比”为“50.000000”，“横向进刀进给率百分比”为“100.000000”，“使用 KBM 进给转速”选择“否”。

3）NC 代码输出：“刀位点输出”选择“刀尖”，“3D 刀具补偿”选择“否”。

（2）刀具路径（图 4-78）

1）加工精度：设“加工公差”为“0.012000”，“径向余量”为“0.000000”，“轴向余量”为“0.000000”，“限制点之间距离”选择“否”。

2）刀具路径：“偏置方式”选择“加工面轮廓”，设“步距，直径 %”分别为“1.000000”“17”，“设置开始点”选择“否”，“偏置方向”选择“左”，“加工方向”选择“由外向内”，“路径顺序”选择“最短距离”，“残留区域补刀”选择“是”。

（3）边界（图 4-79）

1）Z 高度限制：“启动 Z 限制”选择“否”。

2）模型边界：“模型限定刀具位置”选择“刀具中心在边界上”。

3）边界：“边界限定刀具位置”选择“内侧”，“在边界内进刀”选择“是”。

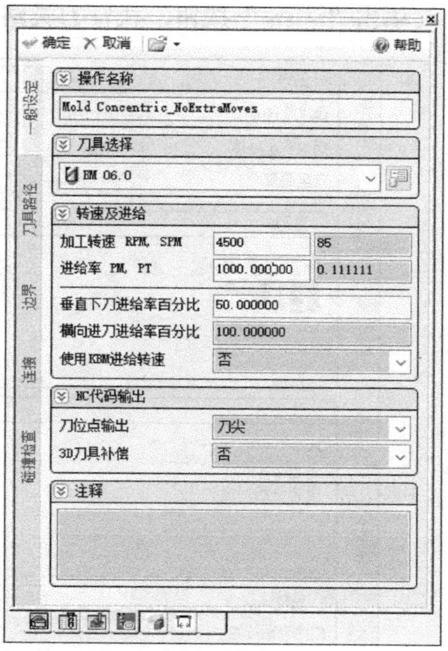

图 4-77

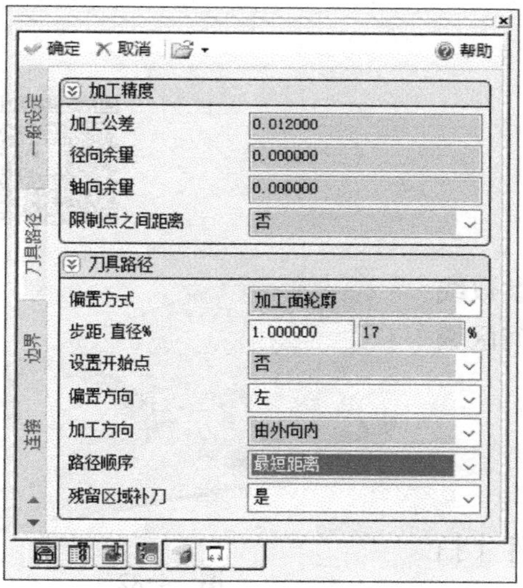

图 4-78

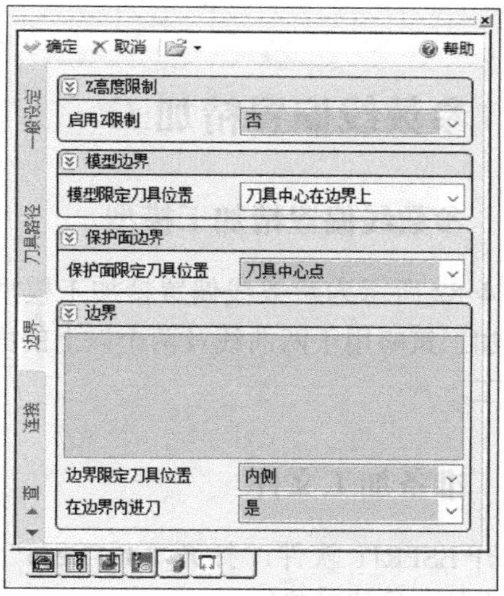

图 4-79

（4）连接（图 4-80）

1）回退：“最优化回退”选择“在操作内部”，设“绝对安全高度”为“10.000000”，“安全高度”为“2.000000”。

2）进刀：选取“垂直平面圆弧”“垂直进退刀”。参数默认即可。

3）退刀：选取“垂直平面圆弧”“垂直进退刀”。参数默认即可。

4）进给连接：“应用光顺连接”选择“否”。

（5）碰撞检查　不设定。

单击“确定”按钮，执行刀具路径运算，刀具路径运算结果如图 4-81 所示。

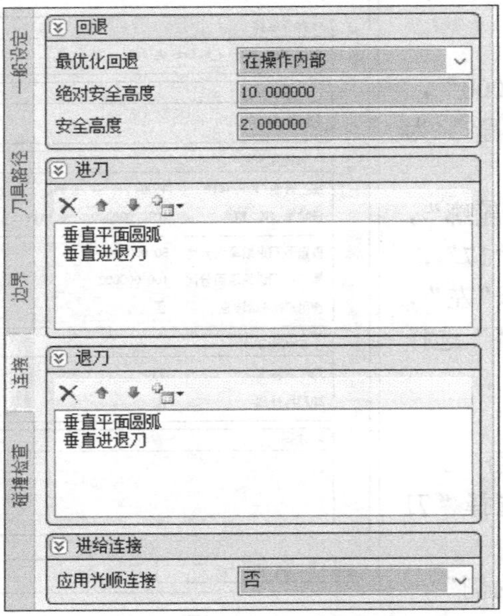

图　4-80

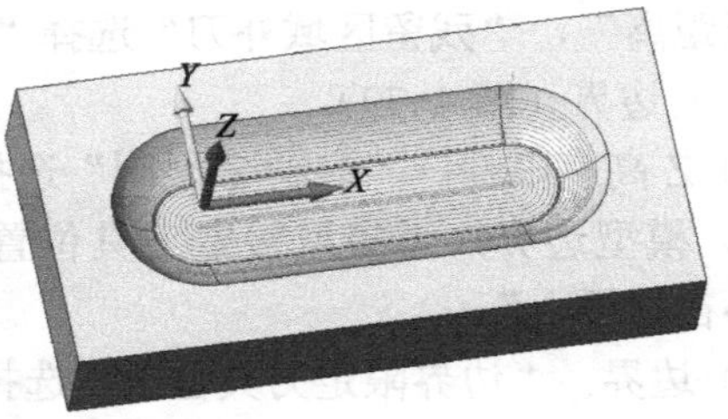

图　4-81

4.11　参数线偏置精加工

4.11.1　参数线偏置精加工模型

图 4-82 所示为参数线偏置精加工模型。参数线偏置精加工策略用于两曲线及两个以上的面之间区域的精加工。

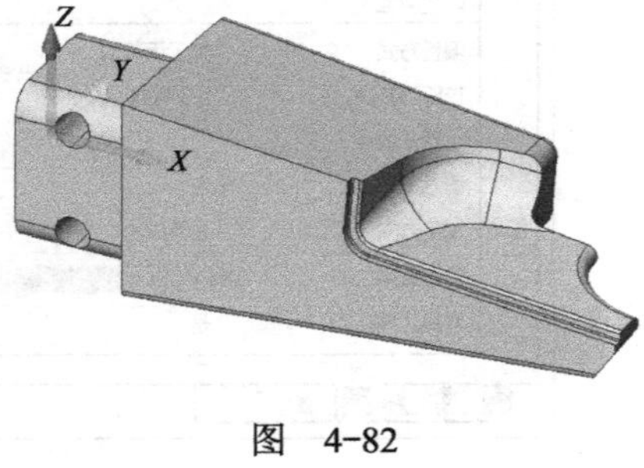

图　4-82

4.11.2　准备加工文件

打开 ESPRIT 软件，打开“4-11.esp”文件（扫描前言中的二维码下载）。

4.11.3　创建坐标系

坐标系用模型文件的当前坐标系。

4.11.4　创建特征

①单击“”按钮（创建特征 - 编辑特征）→②选择第一条对应曲线→③单击“自动

链特征”按钮→④选择第二条对应曲线→⑤单击“自动链特征”按钮，完成两条链特征的创建（图 4-83）。

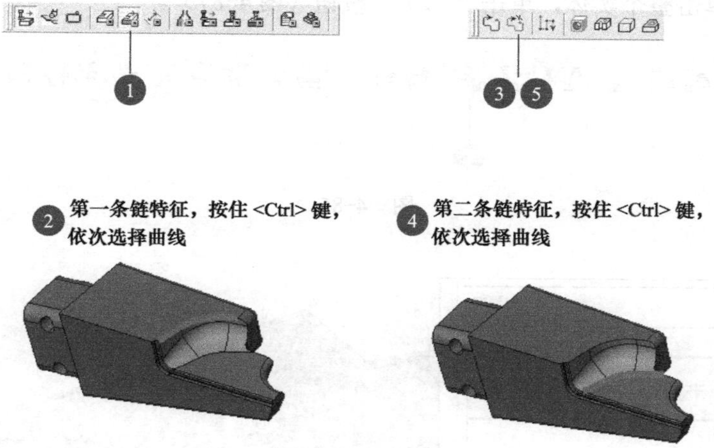

图 4-83

注意两条链特征的方向，①单击“2 链特征”→②单击“反向”按钮（图 4-84）。

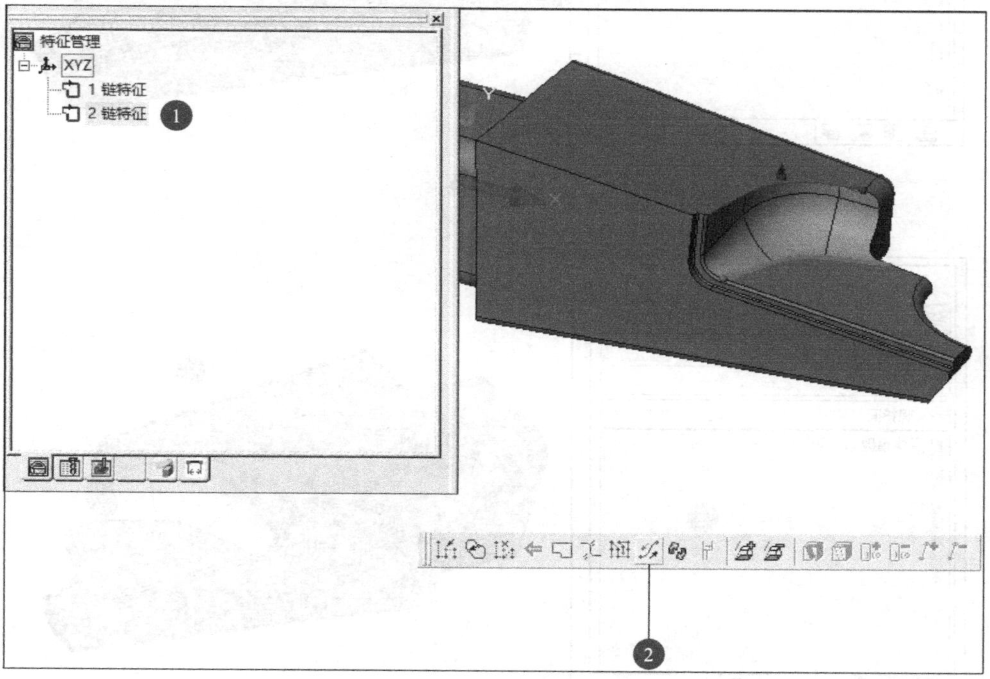

图 4-84

4.11.5 参数线偏置精加工策略

步骤：依次单击“ ”按钮（铣削模具加工－铣削 5 轴加工）→“ ”按钮（参数线

偏置精加工），如图 4-85 中①、②所示，弹出自由曲面特征编辑器。加工部件：①单击加工部件空白处→②单击要加工的曲面，单击“✓确定”按钮（图 4-86）；保护面：①单击保护面空白处→②单击整个实体，单击“✓确定”按钮（图 4-87）。

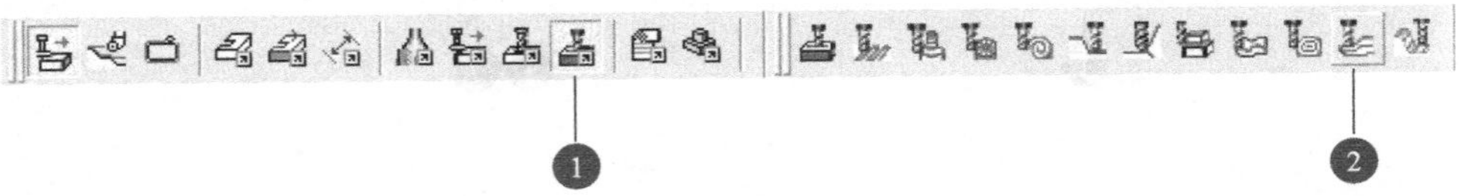

图 4-85

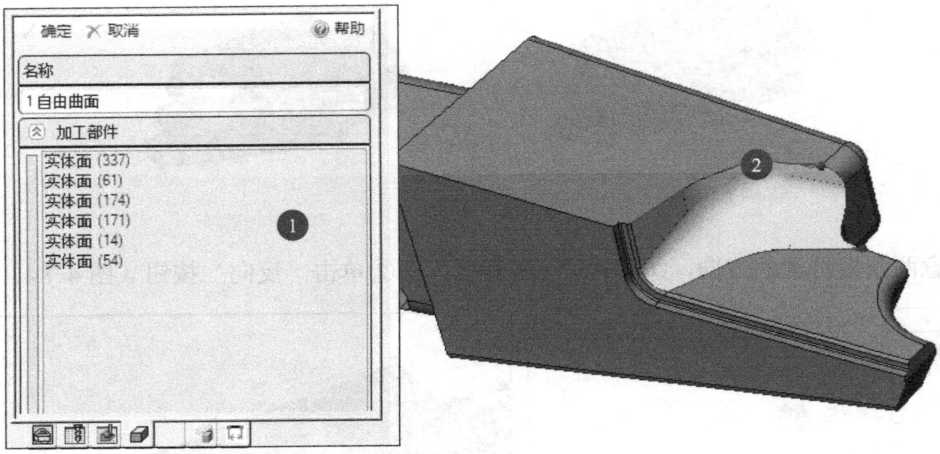

图 4-86

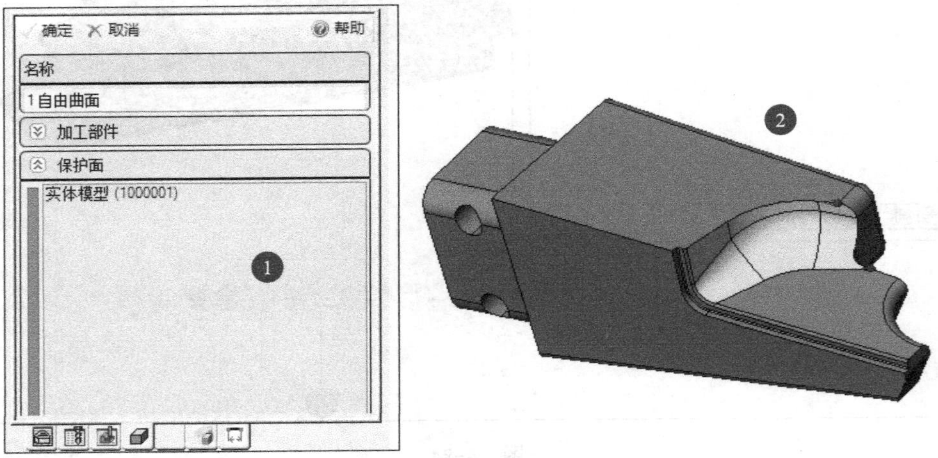

图 4-87

需要设定的参数如下：

（1）一般设定（图 4-88）

1）刀具选择：选择“BM 05.0”。

2）转速及进给：设“加工转速 RPM，SPM”为“4500”，“进给率 PM，PT”为“1500.000000”，“垂直下刀进给率百分比”为“50.000000”，“横向进刀进给率百分比”为“50.000000”，“使用 KBM 进给转速”选择“否”。

3）NC 代码输出：“刀位点输出”选择“刀尖”，“3D 刀具补偿”选择“否”。

（2）刀具路径（图 4-89）

1）加工精度：设“加工公差”为“0.020000”，“余量”为“0.000000”，“限制点之间距离”选择“否”。

2）刀具路径：“输入类型”选择“2 个轮廓”，“开始轮廓”选择“1 链特征（1）”，“结束轮廓”选择“2 链特征（2）”，设“步距，直径 %”分别是“1.000000”“20”，“变换切削方向”选择“是”，“纵向加工”选择“否”，“两侧逼近”选择“否”，设“刀路切向延伸”为“5.000000”。

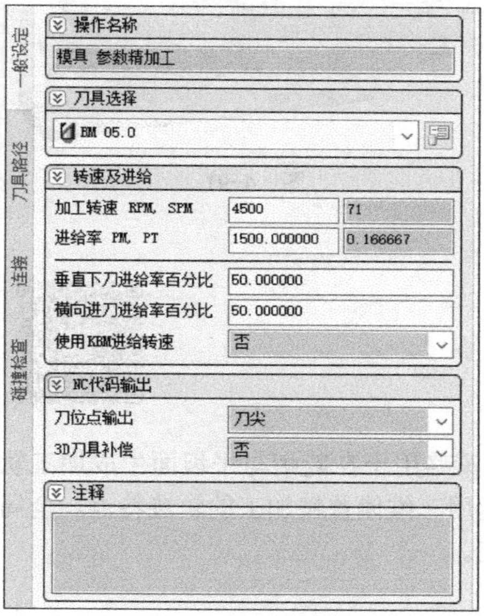

图 4-88

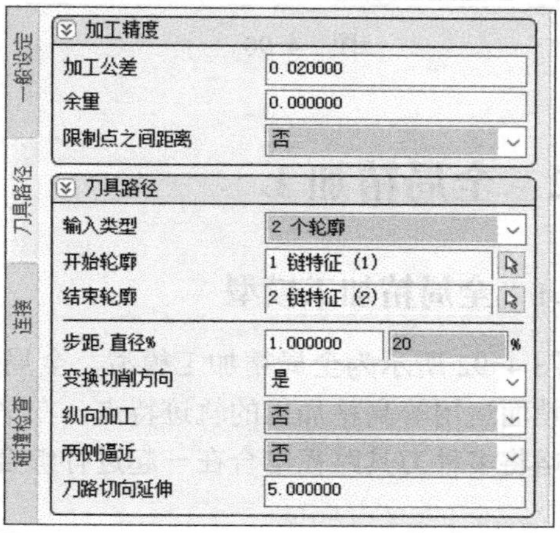

图 4-89

（3）连接（图 4-90）

1）回退：“最优化回退”选择“在操作内部”，设“绝对安全高度”为“50.000000”，“安全高度”为“2.000000”。

2）进刀：选取“垂直平面圆弧”“垂直进退刀”。参数默认即可。

3）退刀：选取“垂直平面圆弧”“垂直进退刀”。参数默认即可。

4）进给连接：选取“光顺圆环”“光顺桥连接”。

（4）碰撞检查　不设定。

单击“✓确定”按钮，执行刀具路径运算，刀具路径运算结果如图 4-91 所示。

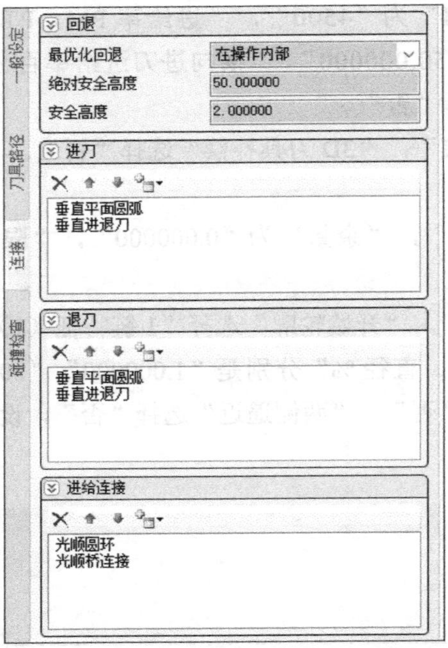

图 4-90

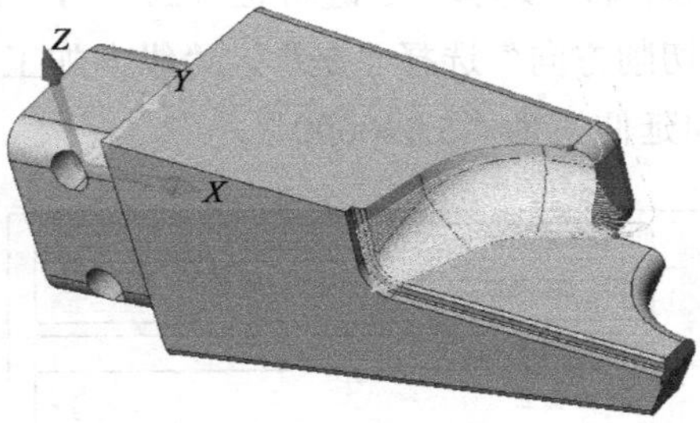

图 4-91

4.12 全局精加工

4.12.1 全局精加工模型

图 4-92 所示为全局精加工模型。全局精加工策略用于在陡峭与平坦面生成加工轨迹，在陡峭面运用等高精加工的轨迹特点，在平坦面运用三维偏置精加工的轨迹特点。全局精加工策略将多种刀具路径结合在一起进行综合精加工。

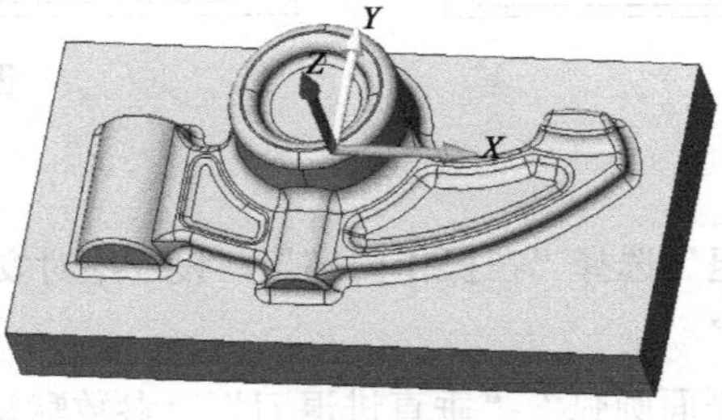

图 4-92

4.12.2 准备加工文件

打开 ESPRIT 软件，打开“4-12.esp”文件（扫描前言中的二维码下载）。

4.12.3 创建坐标系

坐标系用模型文件的当前坐标系。

4.12.4 全局精加工策略

步骤：依次单击""按钮（铣削模具加工－铣削 5 轴加工）→""按钮（全局精加工），如图 4-93 中①、②所示。弹出自由曲面特征编辑器，加工部件：①单击加工部件空白处→②选择整个实体（图 4-94），单击"✓确定"按钮。

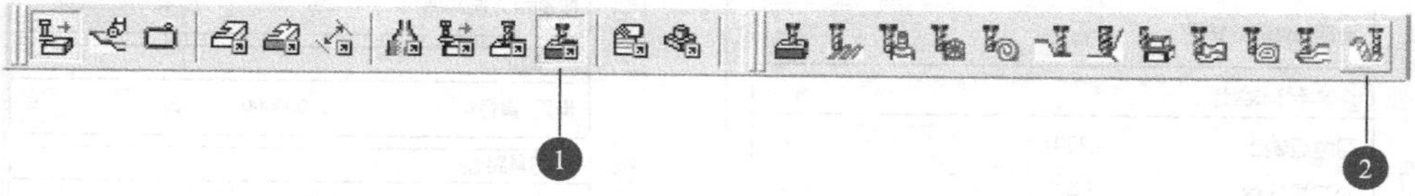

图 4-93

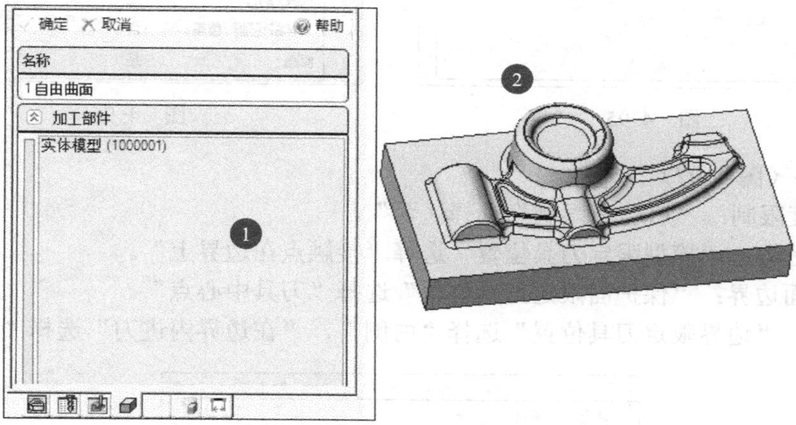

图 4-94

需要设定的参数如下：

（1）一般设定（图 4-95）

1）刀具选择：选择"BM 04.0"。

2）转速及进给：设"加工转速 RPM，SPM"为"6000"，"进给率 PM，PT"为"1000.000000"，"垂直下刀进给率百分比"为"50.000000"，"横向进刀进给率百分比"为"50.000000"，"使用 KBM 进给转速"选择"否"。

3）NC 代码输出："刀位点输出"选择"刀尖"，"3D 刀具补偿"选择"否"。

（2）刀具路径（图 4-96）

1）加工精度：设"加工公差"为"0.012000"，"径向余量"为"0.000000"，"轴向余量"为"0.000000"，"限制点之间距离"选择"否"。

2）步距：设"步距，直径 %"分别为"1.000000""25"。

3）刀具路径："最优化回退"选择"否"，设"斜率角阀值"为"60.000000"，"螺旋切削"选择"是"，"刀具路径随形覆盖"选择"否"，"修圆"选择"是"。

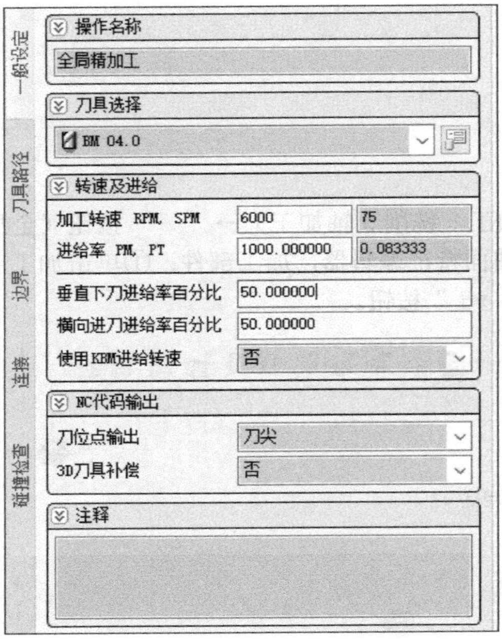

图 4-95

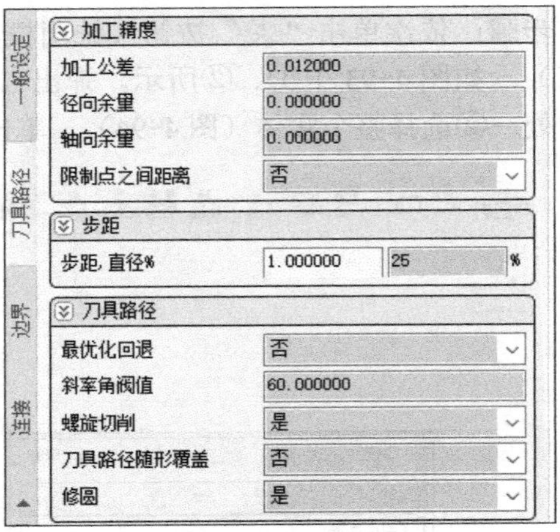

图 4-96

（3）边界（图 4-97）

1）Z 高度限制：“启动 Z 限制”选择“否”。

2）模型边界：“模型限定刀具位置”选择“接触点在边界上”。

3）保护面边界：“保护面限定刀具位置”选择“刀具中心点”。

4）边界：“边界限定刀具位置”选择“内侧”，“在边界内进刀”选择“是”。

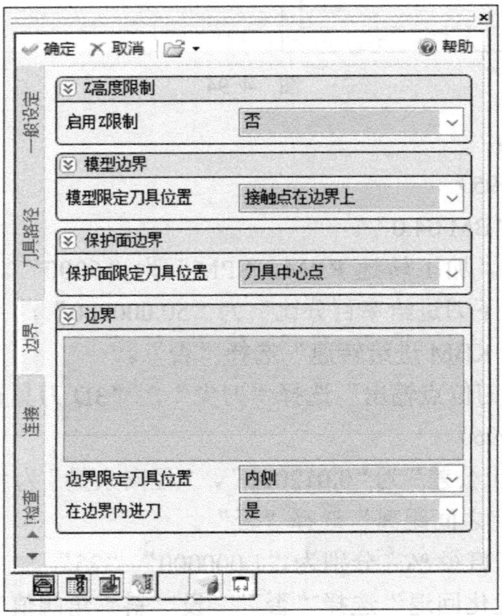

图 4-97

（4）连接（图 4-98）

1）回退：“最优化回退”选择“在操作内部”，“优化”选择“模型”，设“绝对安全高度”为“10.000000”，“安全高度”为“2.000000”。

2）进刀：选取“相切圆弧”“垂直进退刀”。参数默认即可。

3）退刀：选取“相切圆弧”“垂直进退刀”。参数默认即可。

4）进给连接：选取“接触点”。

（5）碰撞检查　不设定。

单击“✓确定”按钮，执行刀具路径运算，刀具路径运算结果如图 4-99 所示。

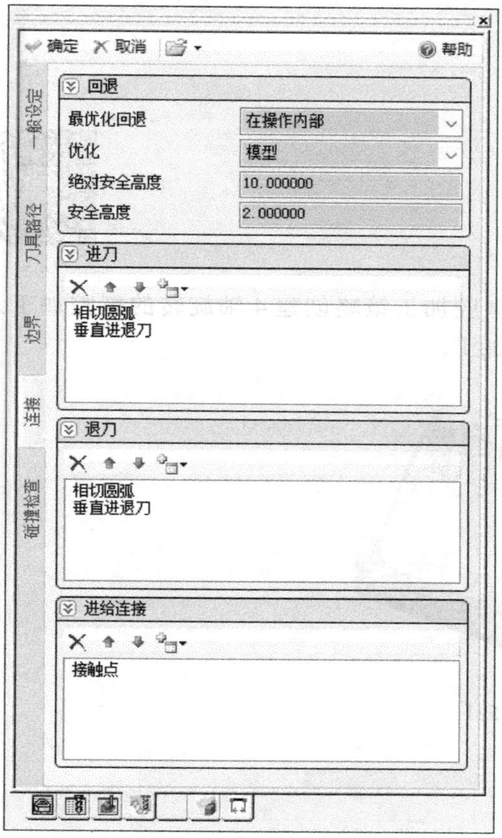

图 4-98

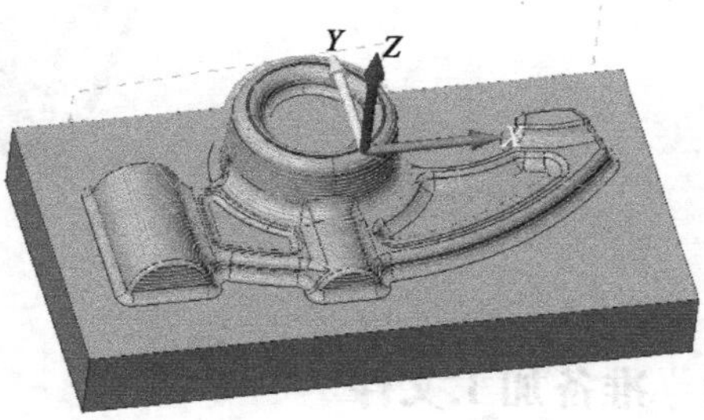

图 4-99

4.13 工程师经验点评

1）平坦面精加工的斜率角度最小、最大值都是 0，只加工与 Z 轴垂直的面。如果要加工斜面或圆弧面，可通过修改斜率角度最小、最大值来实现。

2）对于三维轮廓精加工深度（切到工件内），可通过修改轴向余量来解决。

3）对参数线偏置精加工部分刀路之间抬刀的问题，可通过修改加工公差来解决。

第5章 产品铣削加工策略

5.1 缠绕型腔加工

5.1.1 缠绕型腔加工模型

图 5-1 所示为缠绕型腔加工模型。缠绕型腔加工策略创建 4 轴旋转的型腔加工刀具路径。刀具可以在外圆或内圆的型腔进行旋转加工。

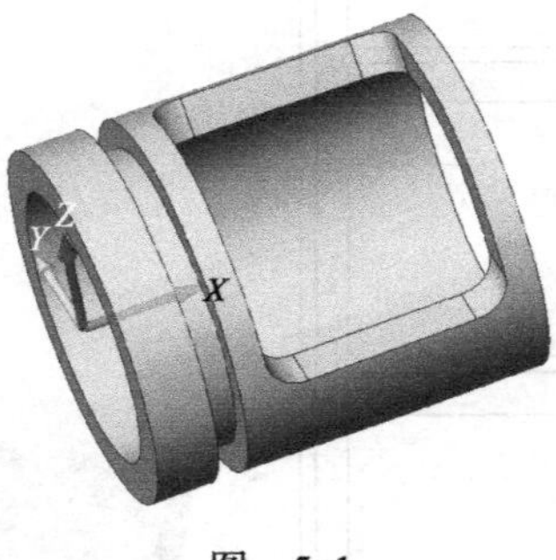

图 5-1

5.1.2 准备加工文件

打开 ESPRIT 软件，打开“5-1.esp”文件（扫描前言中的二维码下载）。

5.1.3 创建坐标系

坐标系用模型文件的当前坐标系。

5.1.4 创建特征

①单击拾取边→②右击切换→③右击切换→④单击确认→⑤单击“ ”按钮（创建特征-编辑特征）→⑥单击“ ”按钮（自动链特征），创建好“1 链特征”（图 5-2）。

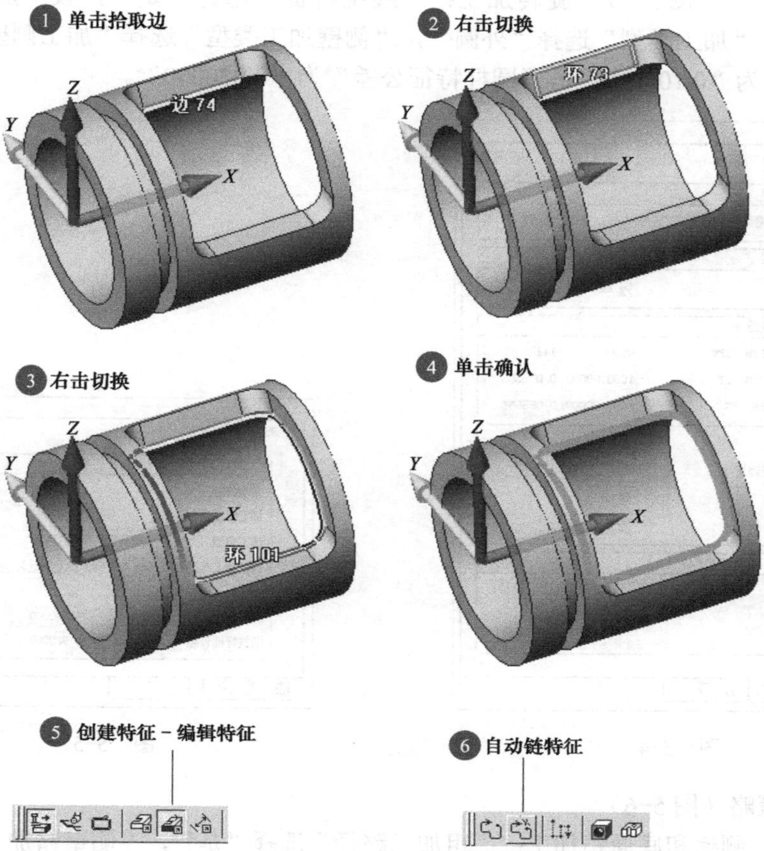

图 5-2

5.1.5 缠绕型腔加工策略

步骤：依次单击“ ”按钮（传统铣削加工－产品铣削加工）→“ ”按钮（缠绕型腔加工），如图 5-3 中①、②所示。

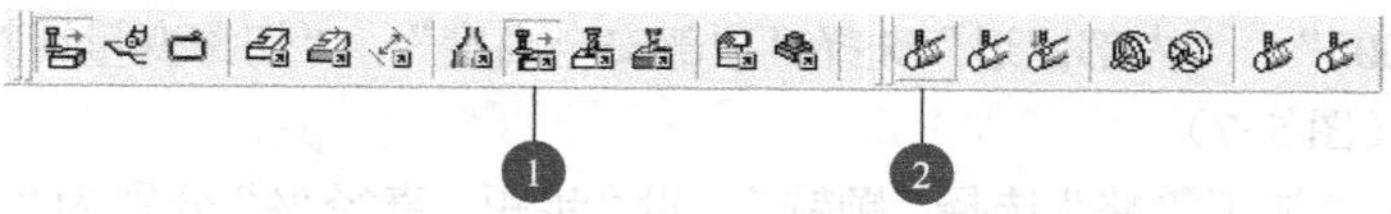

图 5-3

需要设定的参数如下：

（1）一般设定（图 5-4）

1）刀具选择：选择“EM 10.0”。

2）转速及进给：设“加工转速 RPM，SPM”为“4500”，“XY 进给率 PM，PT”为“1000.000000”，“Z 进给率 PM，PT”为“1000.000000”，“进给单位”选择“每分钟”，“恒定去材料除率”选择“否”，“转角减速”选择“是”，“使用 KBM 进给转速”选择“否”。

（2）缠绕加工（图 5-5） 旋转加工：“缠绕特征”选择“是”，设“加工直径”为“30.000000”，“加工类型”选择“外圆”，“侧壁加工类型”选择“加工侧壁沿径向”，设“加工公差”为“0.100000”，“圆柱特征公差”为“0.020000”。

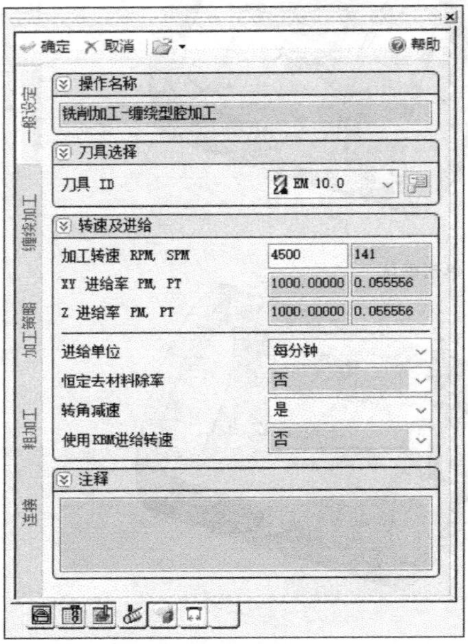

图 5-4

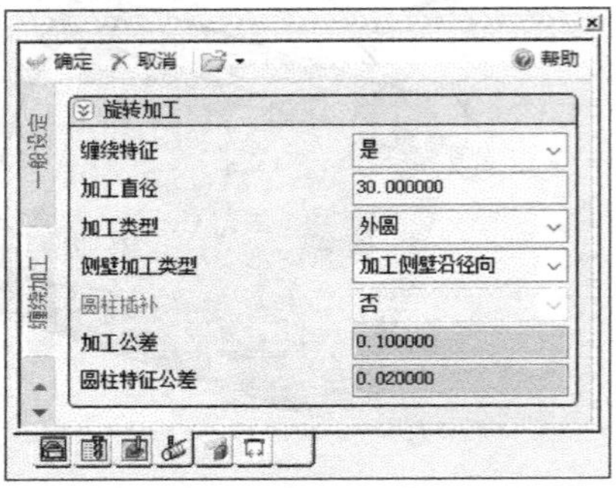

图 5-5

（3）加工策略（图 5-6）

1）粗加工，侧壁和底面精加工：“粗加工路径”选择“是”，“侧壁精加工路径”选择“否”，“底面精加工路径”选择“否”。

2）粗加工和底面精加工：“刀具路径样式”选择“由内向外”，“渐变路径”选择“否”，“螺旋切削”选择“是”，设“加工公差”为“0.100000”，“刀具路径修圆”选择“否”，“残留区域补刀”选择“否”，设“满刀铣削进给率百分比”为“100”。

3）加工余量：设“径向余量”为“0.300000”，“轴向余量”为“0.000000”。

4）加工深度：设“结束深度”为“1.000000”，“切削深度”为“10.000000”，“开始深度”为“-8.000000”，“内部回退”选择“顶部安全高度”，“切深变量计算”选择“常数”。

（4）粗加工（图 5-7）

1）加工策略：“加工策略”选择“顺铣”，设“步距，直径 %”分别为“1.000000”“10”。

2）进刀 / 退刀：“进刀模式”选择“范围内螺旋进刀”，设“最小半径”为“2.500000”，“最大半径”为“3.000000”，“螺旋角度”为“2.000000”，“边缘安全间隙”为“1.000000”，“若下刀失败”选择“掠过”，“退刀模式”选择“向上”。

（5）连接（图 5-8）

1）安全平面：设“绝对安全高度”为“70.000000”，“安全高度”为“1.000000”，“退刀平面”选择“安全高度”，“回退平面”选择“安全高度”。

2）加工顺序：“加工优先级”选择“区域优先”，“快速退刀”选择“是”，“加工顺序”选择“粗加工同时侧壁精加工”。

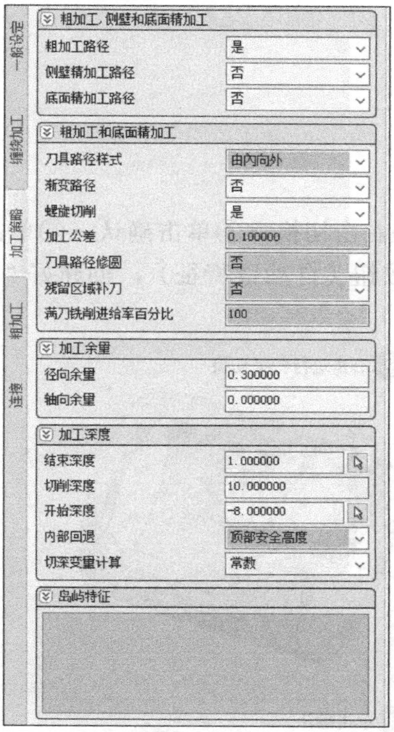

图 5-6

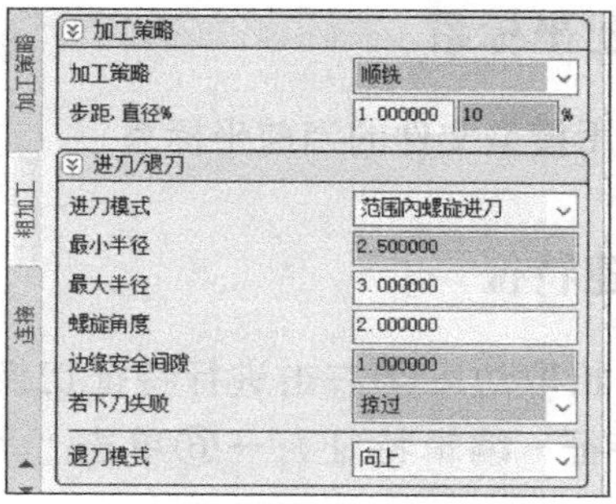

图 5-7

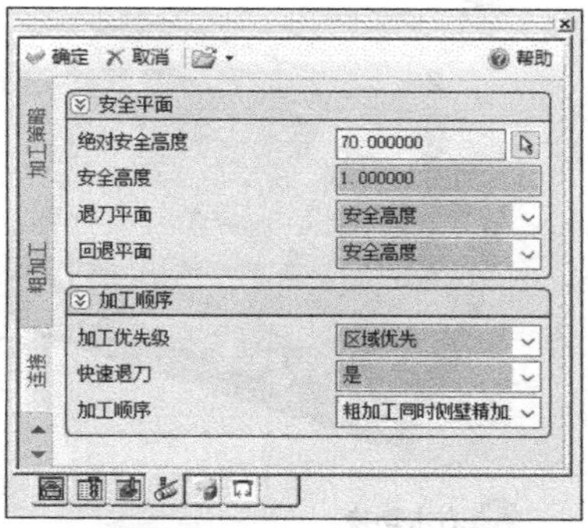

图 5-8

单击“✓确定”按钮，执行刀具路径运算，刀具路径运算结果如图 5-9 所示。

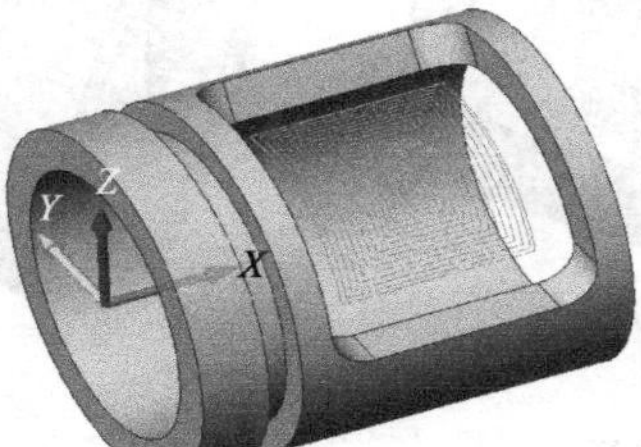

图 5-9

5.2 缠绕轮廓加工

5.2.1 缠绕轮廓加工模型

缠绕轮廓加工模型与缠绕型腔加工模型一样，如图 5-1 所示。缠绕轮廓加工策略是 4 轴旋转轮廓在圆柱或圆锥的加工操作。刀具可以在外圆或内圆进行旋转加工。

5.2.2 准备加工文件

打开 ESPRIT 软件，打开“5-2.esp”文件（扫描前言中的二维码下载）。

5.2.3 创建坐标系

坐标系用模型文件的当前坐标系。

5.2.4 创建特征

①单击拾取边→②右击进行特征切换→③右击切换→④单击确认→⑤单击“”按钮（创建特征－编辑特征）→⑥单击“”按钮（自动链特征），创建好“1 链特征”（图 5-10）。

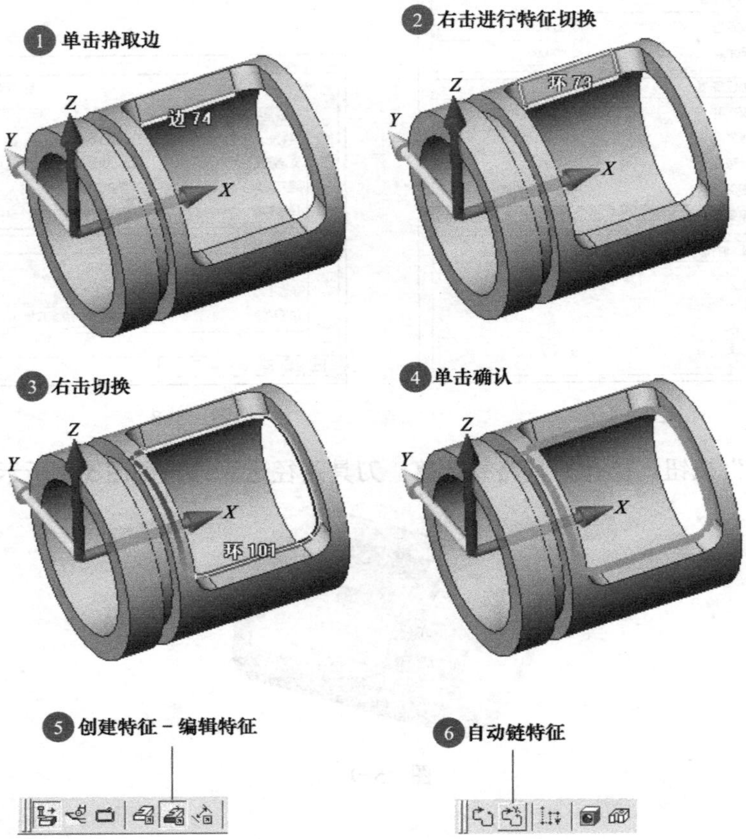

图 5-10

5.2.5 缠绕轮廓加工策略

步骤：依次单击“”按钮（传统铣削加工－产品铣削加工）→“”按钮（缠绕轮廓加工），如图 5-11 中①、②所示。

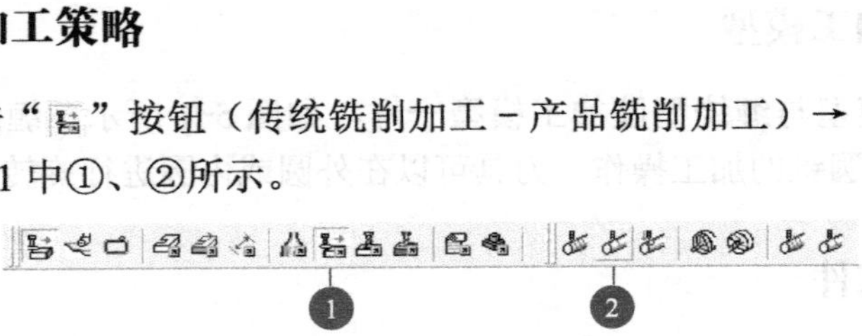

图 5-11

需要设定的参数如下：

（1）一般设定（图5-12）

1）刀具选择：选择“EM 10.0”。

2）转速及进给：设“加工转速RPM，SPM”为“4500”，“XY进给率PM，PT”为“600.000000”，“Z进给率PM，PT”为“600.000000”，“进给单位”选择“每分钟”，“恒定去材料除率”选择“否”，“转角减速”选择“否”，“使用KBM进给转速”选择“否”。

（2）缠绕加工（图5-13）

1）旋转加工：“缠绕特征”选择“是”，设“加工直径”为“30.000000”，“加工类型”选择“外圆”，设“圆柱特征公差”为“0.020000”。

2）横向移动：“加工方式”选择“加工侧壁沿径向”。

图 5-12

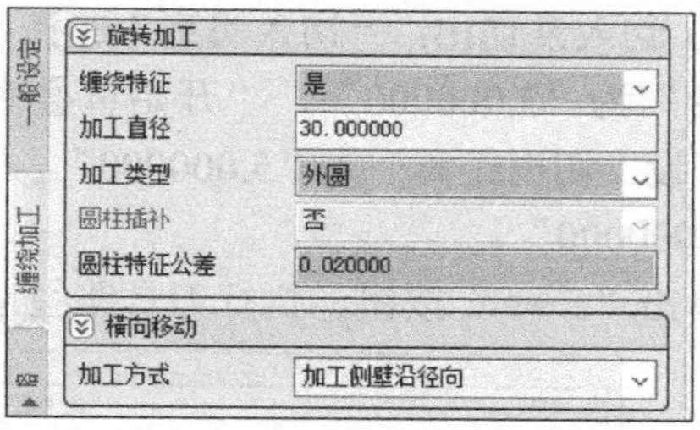

图 5-13

（3）加工策略（图5-14）

1）加工策略：设“加工刀数”为“1”，“加工策略”选择“顺铣”，“加工次序”选择“宽度”，设“加工公差”为“0.100000”。

2）加工余量：设“径向余量”为“0.000000”，“轴向余量”为“0.000000”。

3）加工深度：设“结束深度”为“1.000000”，“切削深度”为“10.000000”，“开始深度”为“0.000000”，“内部回退”选择“顶部安全高度”。

4）刀具补偿：“软件补偿方向”选择“右”，“软件补偿刀具半径”选择“是”。

（4）高级（图5-15）

1）开放轮廓：“变换切削方向”选择“否”，“裁剪”选择“否”。

2）尖角修圆：“尖角圆弧过渡”选择“是”，设“顺时针倒圆半径”为“0.000000”，“逆时针倒圆半径”为“0.000000”。

3）碰撞检查：“转角减速”选择“否”，“岛屿碰撞检测”选择“掠过”，“过切前馈检查”选择“开”。

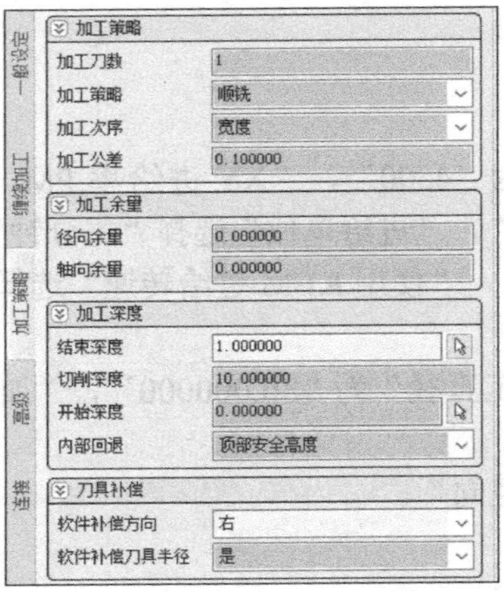

图 5-14

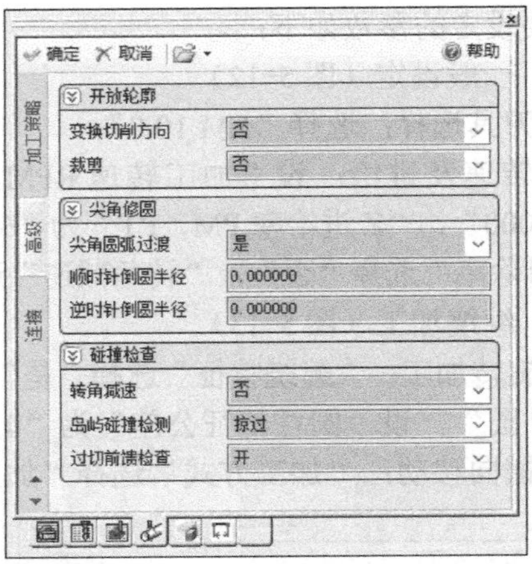

图 5-15

（5）连接（图 5-16）

1）安全平面：设“绝对安全高度”为“40.000000”，“安全高度”为“2.000000”，“退刀平面”选择“绝对安全高度”，“回退平面”选择“绝对安全高度”，“路径之间回退”选择“顶部安全高度”。

2）进刀 / 退刀：“进刀模式”选择“垂直 - 横向进给进刀”，“退刀模式”选择“横向 - 垂直进给退刀”。

3）切入及切出：“切入类型”选择“法向圆弧”，设“切入距离”为“5.000000”，“切入半径”为“3.000000”，“开始重叠率 %”为“2.000000”，“切出类型”选择“法向圆弧”，设“切出距离”为“5.000000”，“切出半径”为“3.000000”，“结束重叠率 % +/–”为“2.000000”。

单击“✓确定”按钮，执行刀具路径运算，刀具路径运算结果如图 5-17 所示。

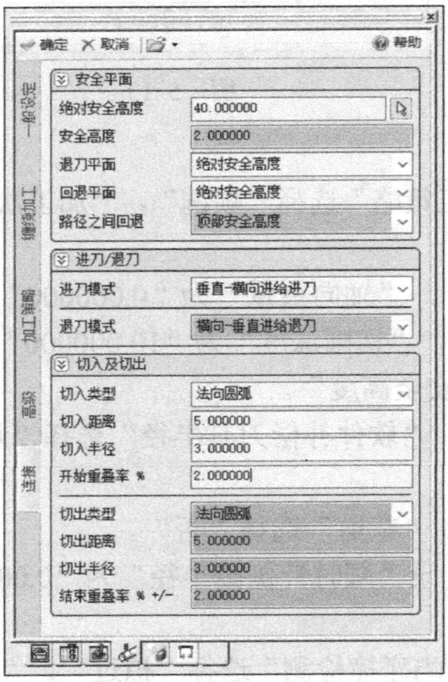

图 5-16

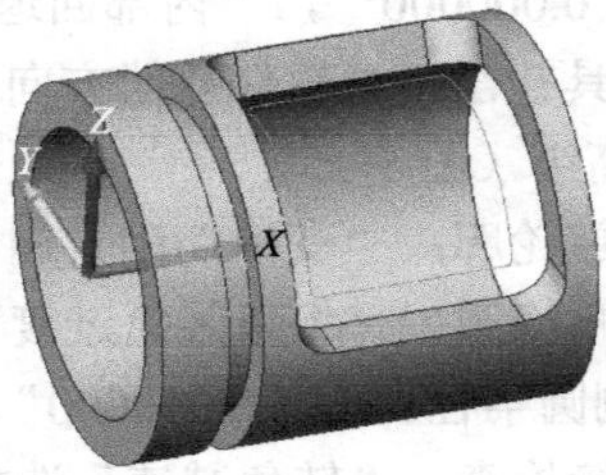

图 5-17

5.3 缠绕钻孔加工

5.3.1 缠绕钻孔加工模型

图 5-18 所示为缠绕钻孔加工模型。缠绕钻孔加工是在圆柱或圆锥的孔上，形成多轴旋转钻孔轨迹。

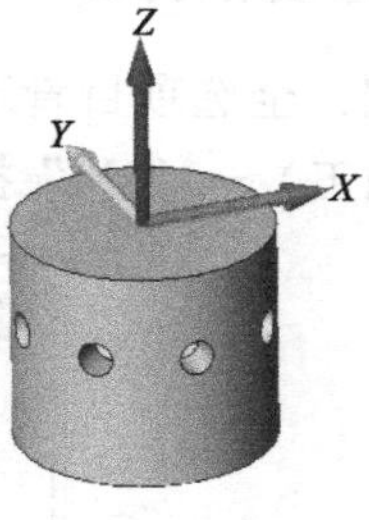

图 5-18

5.3.2 准备加工文件

打开 ESPRIT 软件，打开“5-3.esp”文件（扫描前言中的二维码下载）。

5.3.3 创建坐标系

坐标系用模型文件的当前坐标系。

5.3.4 创建特征

依次单击“ ”按钮（创建特征－编辑特征）→“ ”按钮（孔特征识别），如图 5-19 中①、②所示。弹出项目管理对话框（图 5-20）。①单击实体→②单击确认，单击确认（图 5-21）。

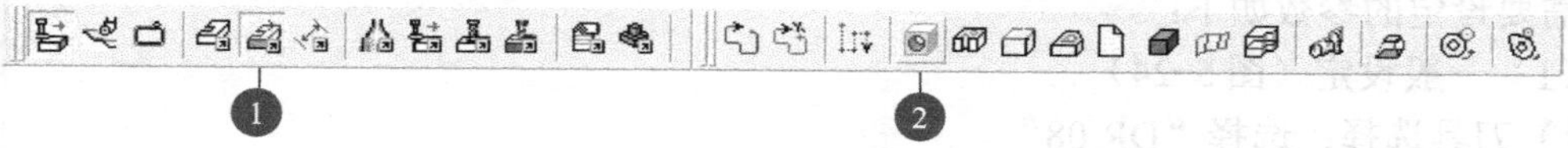

图 5-19

图 5-20

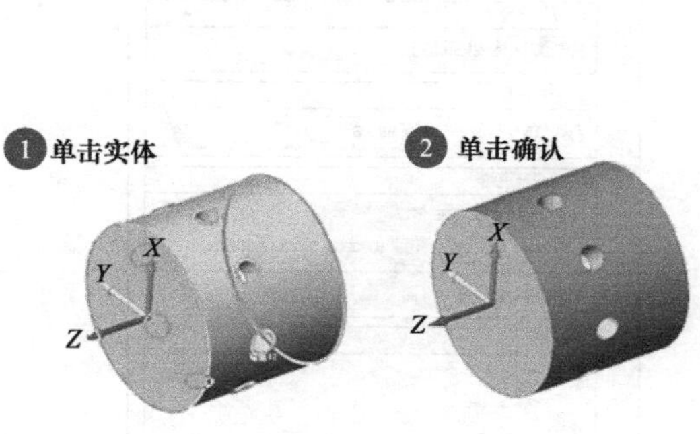

图 5-21

5.3.5 缠绕钻孔加工策略

步骤：全选项目管理器中的孔特征（图 5-22），单击“ ”按钮（传统铣削加工－产品铣削加工）→“ ”按钮（缠绕钻孔加工），如图 5-23 中①、②所示。

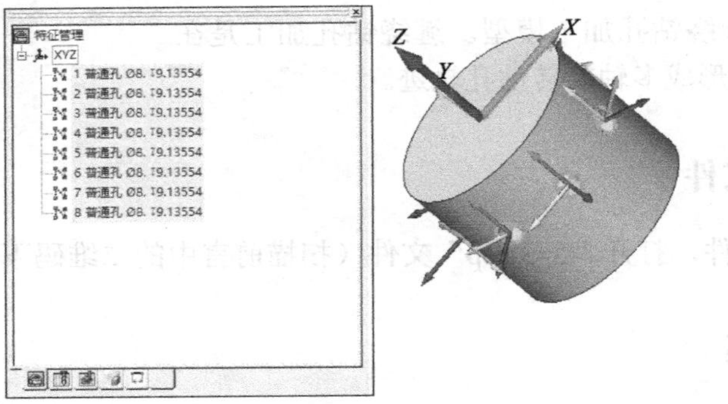

图 5-22

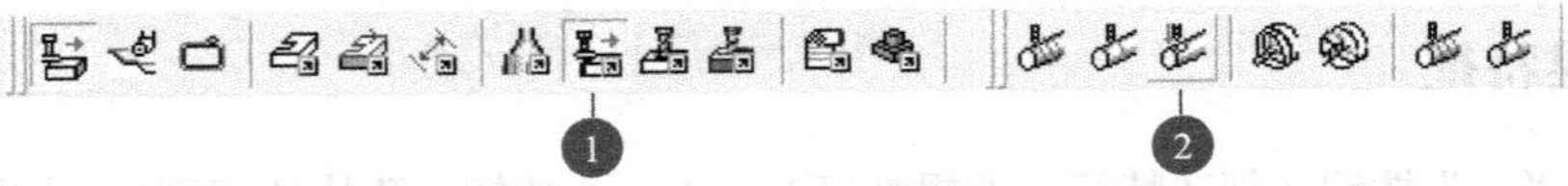

图 5-23

需要设定的参数如下：

（1）一般设定（图 5-24）

1）刀具选择：选择“DR 08”。

2）转速及进给：设“加工转速 RPM，SPM”为“517”，“Z 进给率 PM，PR”为“103.400000”，“使用 KBM 进给转速”选择“否”。

（2）缠绕钻孔（图 5-25）

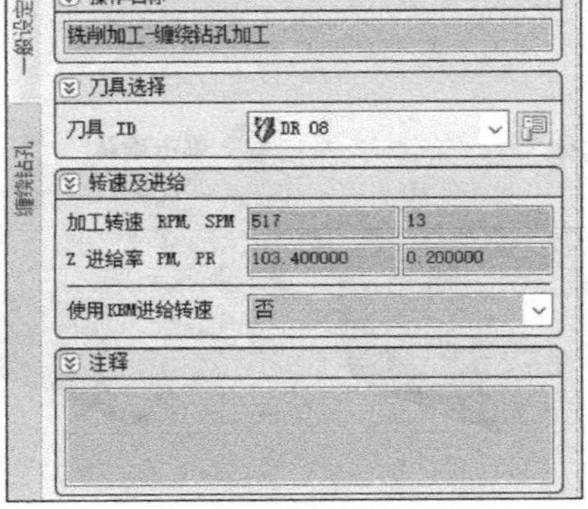

图 5-24

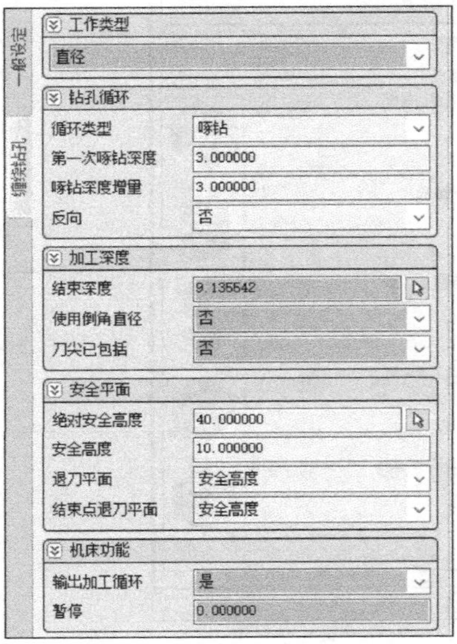

图 5-25

1）工作类型：选择“直径”。

2）钻孔循环：“循环类型”选择“啄钻”，设“第一次啄钻深度”为“3.000000”，“啄钻深度增量”为“3.000000”，“反向”选择“否”。

3）加工深度：设“结束深度”为“9.135542”（默认即可），“使用倒角直径”选择“否”，“刀尖已包括”选择“否”。

4）安全平面：设“绝对安全高度”为“40.000000”，“安全高度”为“10.000000”，“退刀平面”选择“安全高度”，“结束点退刀平面”选择“安全高度”。

5）机床功能：“输出加工循环”选择“是”，设“暂停”为“0.000000”。

单击“✓确定”按钮，执行刀具路径运算，刀具路径运算结果如图 5-26 所示。

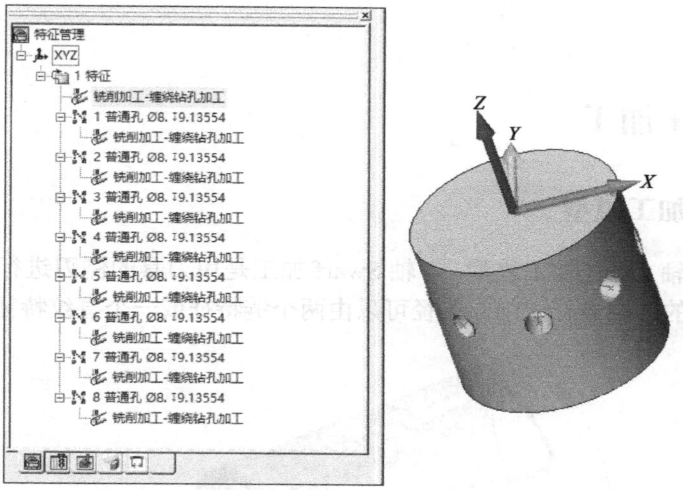

图 5-26

5.4 工程师经验点评

缠绕型腔加工需要注意的是加工类型“外圆”（如果选内圆的话，主轴就在工件内，从而发生碰撞），侧壁加工类型“加工侧壁沿径向”（选择加工侧壁沿径向，加工余量比较均匀，方便后期的精加工）。

缠绕型腔加工的侧壁加工类型选择“加工侧壁沿径向”，否则会出现加工不到位的情况。

第6章

5 轴铣削加工策略

6.1　5 轴 Swarf 加工

6.1.1　5 轴 Swarf 加工模型

图 6-1 所示为 5 轴 Swarf 加工模型。5 轴 Swarf 加工是用刀具的侧刃进行切削，刀具沿着上下轮廓之间同步的路径进行切削，路径可以由两个链特征或一个直纹特征定义。

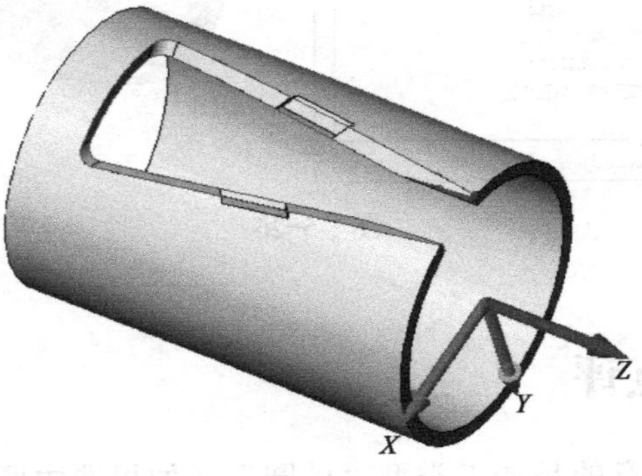

图　6-1

6.1.2　准备加工文件

打开 ESPRIT 软件，打开“6-1.esp”文件（扫描前言中的二维码下载）。

6.1.3　创建坐标系

坐标系用模型文件的当前坐标系。

6.1.4　5 轴 Swarf 加工策略

步骤：依次单击“ ”按钮（铣削模具加工 - 铣削 5 轴加工）→“ ”按钮（5 轴

Swarf 加工），如图 6-2 中①、②所示，弹出自由曲面特征编辑器。加工部件：①单击加工部件空白处→②依次按照图中所选，单击“✓确定”按钮（图 6-3）；保护面：①单击保护面空白处→②选择整个实体，单击“✓确定”按钮（图 6-4）。

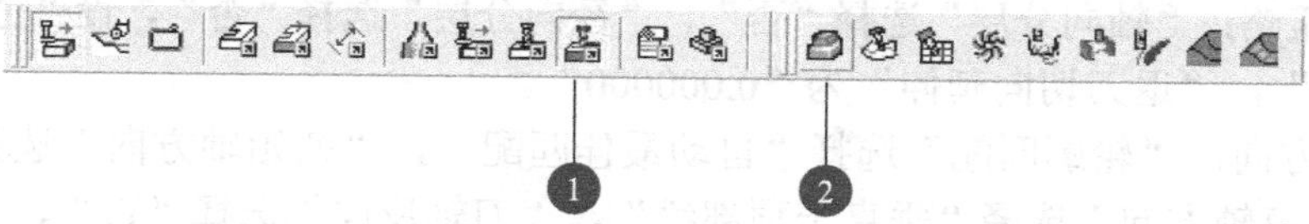

图 6-2

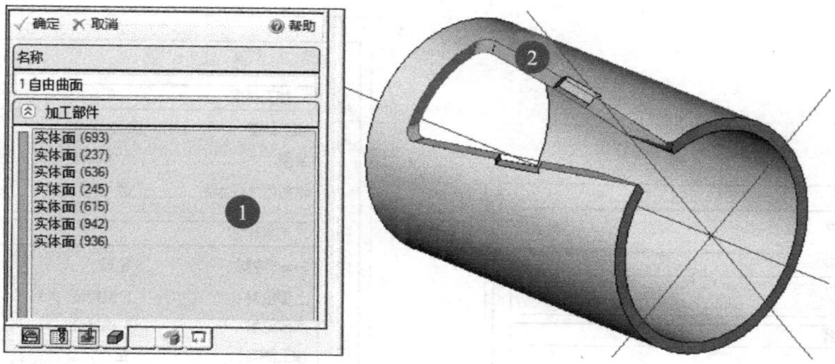

图 6-3

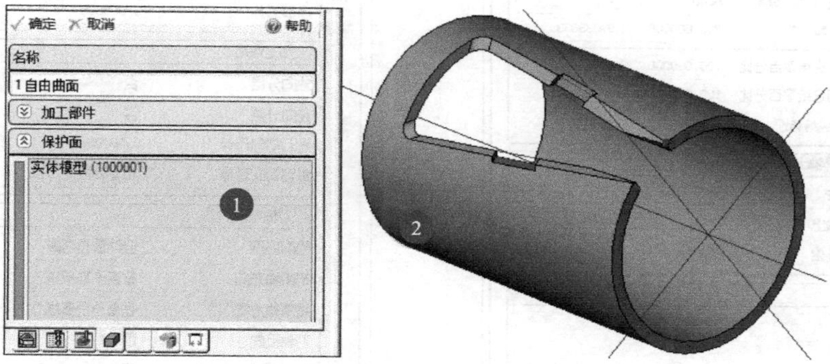

图 6-4

需要设定的参数如下：

（1）一般设定（图 6-5）

1）刀具选择：选择“EM 06.0”。

2）转速及进给：设“加工转速 RPM，SPM”为“6000”，“进给率 PM，PT”为“800.000000”，“垂直下刀进给率百分比”为“100.000000”，“横向进刀进给率百分比”为“100.000000”，“使用 KBM 进给转速”选择“否”。

3）NC 代码输出：“开启 RTCP”选择“是”，“刀位点输出”选择“刀尖”，“3D 刀具补偿”选择“否”。

（2）刀具路径（图 6-6）

1）加工精度：设“加工公差”为“0.010000”，“余量”为“0.000000”，“限制点之间距离”选择“否”。

2）刀具位置：“Swarf 控制”选择“轮廓”，“上部轮廓”选择“1 链特征（1）”，“底部轮廓”选择“2 链特征（2）”，“加工侧向”选择“左”，“忽略侧壁”选择“否”，“底部停止”选择“上部轮廓线”，设“底部延伸”为“5.000000”。

3）加工策略：“轴向分层”选择“否”，“径向分层”选择“否”，设“进刀切向延伸”为“0.000000”，“退刀切向延伸”为“0.000000”。

4）刀轴方向：“轮廓匹配”选择“自动最佳匹配”，“初始轴方向”选择“垂直于顶部线”，“结束轴方向”选择“垂直于顶部线”，“刀轴反向”选择“否”，“刀轴光顺”选择“否”。

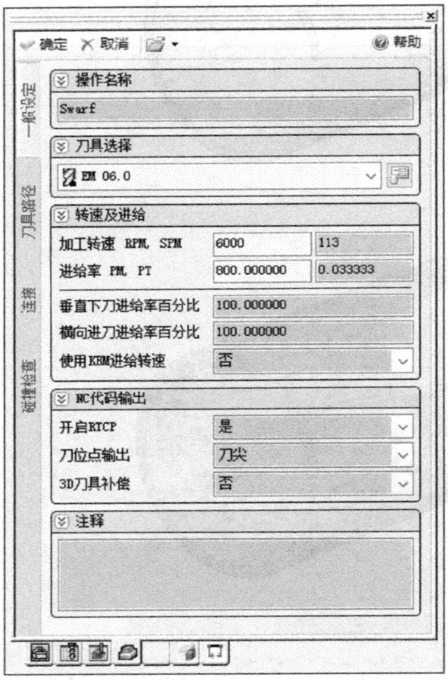

图 6-5

图 6-6

（3）连接（图 6-7）

1）回退：“最优化回退”选择“在操作内部”，设“绝对安全高度”为“100.000000”，“安全高度”为“2.000000”。

2）进刀：选取“径向平面圆弧”。

3）退刀：选取“径向平面圆弧”。

4）快进连接：无。

（4）碰撞检查　不设定。

单击“✓确定”按钮，执行刀具路径运算，刀具路径运算结果如图 6-8 所示。

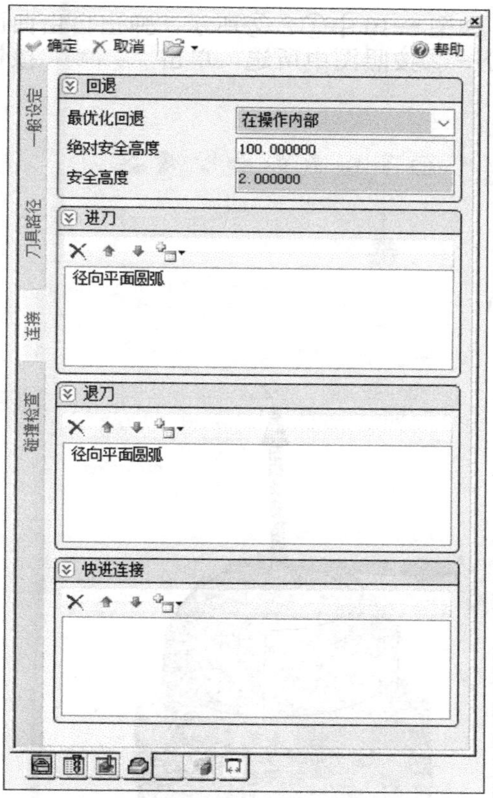

图 6-7

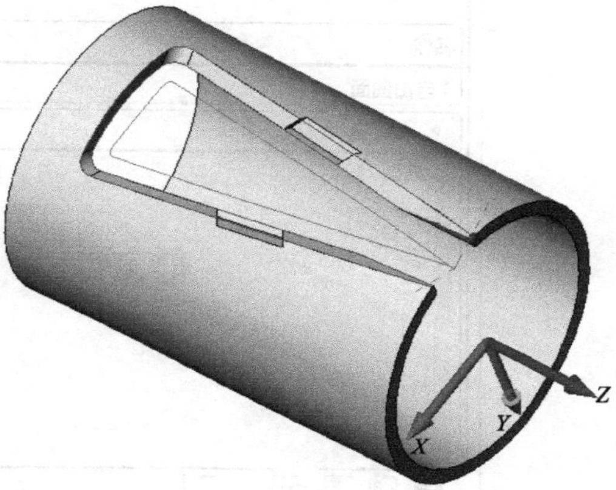

图 6-8

6.2 5 轴轮廓加工

6.2.1 5 轴轮廓加工模型

图 6-9 所示为 5 轴轮廓加工模型。5 轴轮廓加工铣削操作是沿着一个或多个轮廓特征生成刀具路径。

6.2.2 准备加工文件

打开 ESPRIT 软件，打开“6-2.esp”文件（扫描前言中的二维码下载）。

6.2.3 创建坐标系

坐标系用模型文件的当前坐标系。

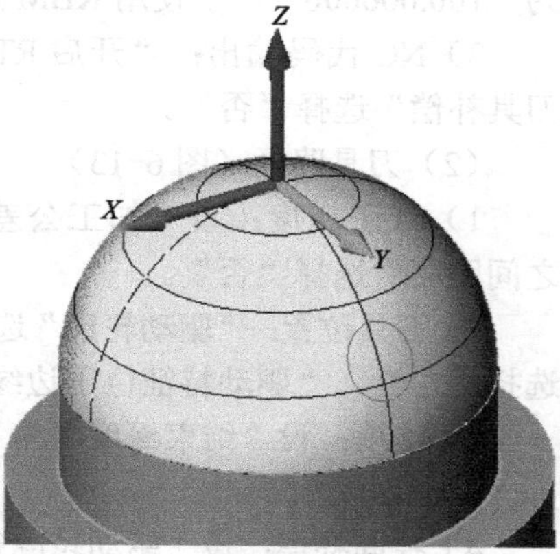

图 6-9

6.2.4 5 轴轮廓加工策略

步骤：依次单击“ ”按钮（铣削模具加工 - 铣

削5轴加工）→“”按钮（5轴轮廓加工），如图6-10中①、②所示，弹出自由曲面特征编辑器。加工部件：①单击加工部件空白处→②按照图中所选，单击“√确定”按钮（图6-11）。

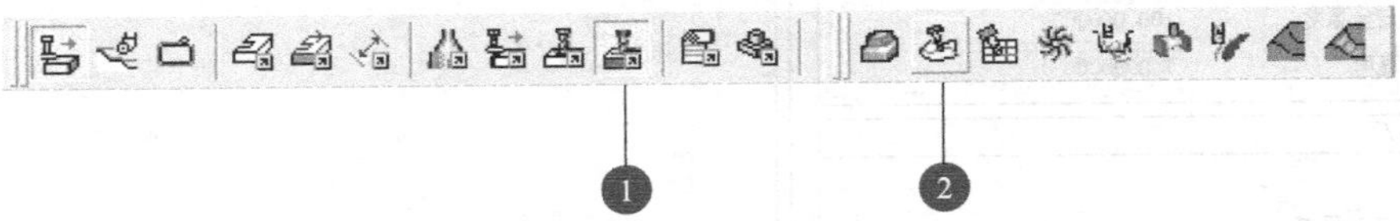

图 6-10

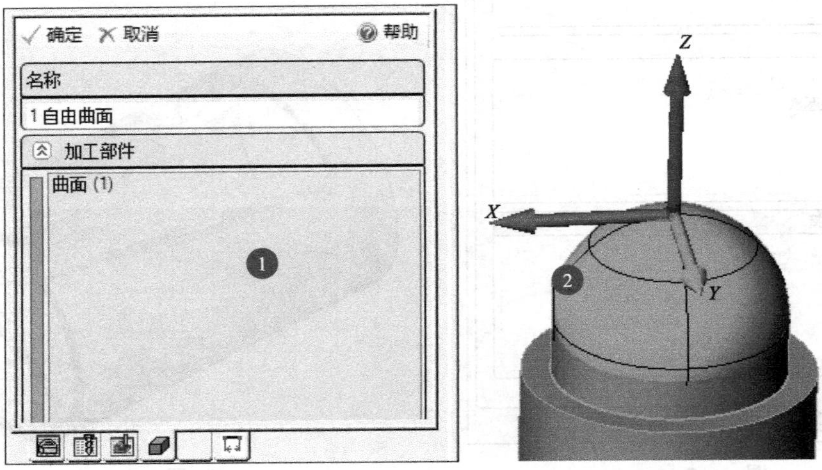

图 6-11

需要设定的参数如下：

（1）一般设定（图6-12）

1）刀具选择：选择“Chmafer EM”。

2）转速及进给：设“加工转速RPM，SPM”为“9000”，“进给率PM，PT”为“600.000000”，“垂直下刀进给率百分比”为“100.000000”，“横向进刀进给率百分比”为“100.000000”，“使用KBM进给转速”选择“否”。

3）NC代码输出：“开启RTCP”选择“是”，“刀位点输出”选择“刀尖”，“3D刀具补偿”选择“否”。

（2）刀具路径（图6-13）

1）加工精度：设“加工公差”为“0.010000”，“余量”为“0.000000”，“限制点之间距离”选择“否”。

2）刀具位置：“驱动轮廓”选择“曲线”，“加工策略”选择“轮廓加工”，“加工侧向”选择“左”，“驱动特征位于边缘”选择“否”。

3）深度：设“结束深度”为“0.100000”，“切削深度”为“2.000000”，“开始深度”为“0.000000”。

4）径向补偿：设“驱动轮廓径向偏移”为“0.000000”，“径向步距”为“0.000000”，“起始径向偏置”为“0.000000”，“变换切削方向”选择“否”。

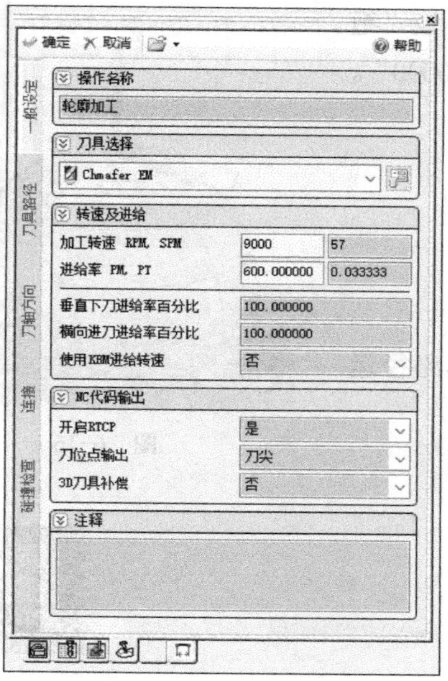

图 6-12

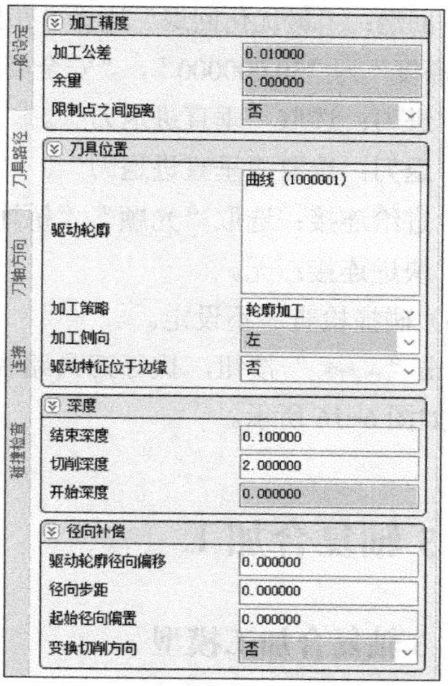

图 6-13

（3）刀轴方向（图 6-14） 刀轴方向："刀轴反向"选择"否"，设"前倾角"为"0.000000"，"侧倾角"为"0.000000"，"角度限制"选择"无限制"。

（4）连接（图 6-15）

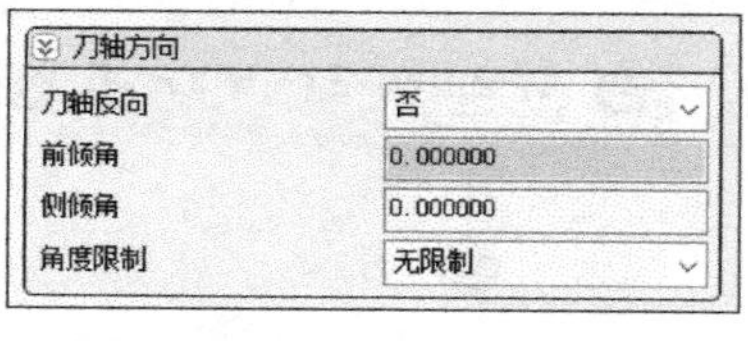

图 6-14

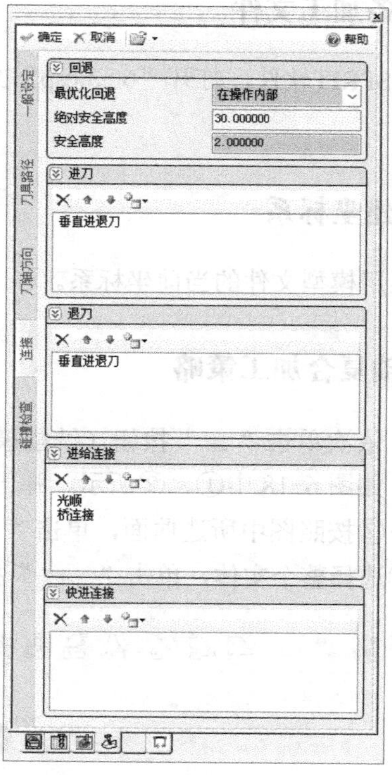

图 6-15

1）回退：“最优化回退”选择“在操作内部”，设“绝对安全高度”为“30.000000”，“安全高度”为“2.000000”。

2）进刀：选取“垂直进退刀”。

3）退刀：选取“垂直进退刀”。

4）进给连接：选取“光顺”“桥连接”。

5）快进连接：无。

（5）碰撞检查　不设定。

单击“✓确定”按钮，执行刀具路径运算，刀具路径运算结果如图 6-16 所示。

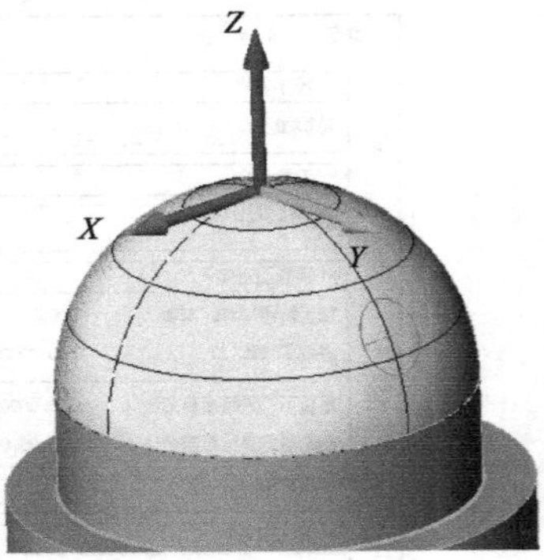

图　6-16

6.3　5 轴复合加工

6.3.1　5 轴复合加工模型

图 6-17 所示为 5 轴复合加工模型。由用户自定义的刀具轨迹模式和刀具轴定向组合创建多轴铣削操作，包含六种加工模式和五种刀具轴定向策略。

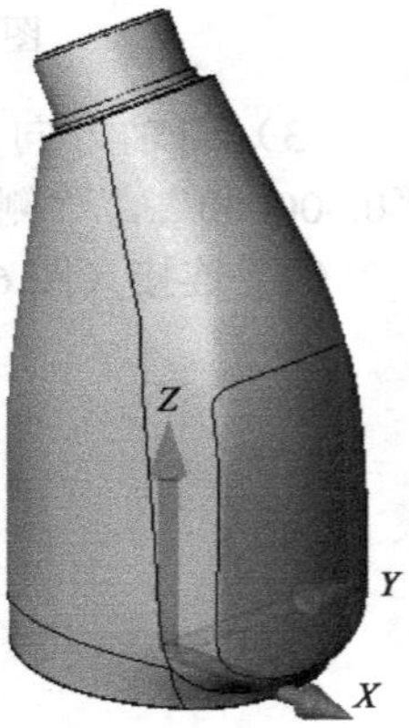

图　6-17

6.3.2　准备加工文件

打开 ESPRIT软件，打开“6 -3.esp”文件（扫描前言中的二维码下载）。

6.3.3　创建坐标系

坐标系用模型文件的当前坐标系。

6.3.4　5 轴复合加工策略

步骤：依次单击“ ”按钮（铣削模具加工 - 铣削 5 轴加工）→“ ”按钮（5 轴复合加工），如图 6-18 中①、②所示，弹出自由曲面特征编辑器。加工部件：①单击加工部件空白处→②按照图中所选曲面，单击“✓确定”按钮（图 6-19），保护面：①单击保护面空白处→②选择整个实体，单击“✓确定”按钮（图 6-20）。

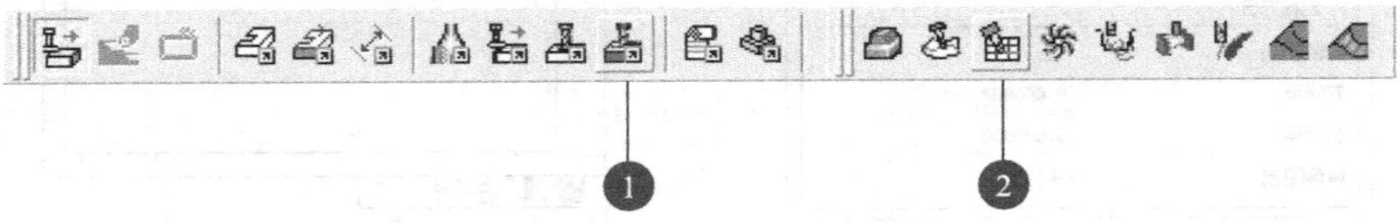

图　6-18

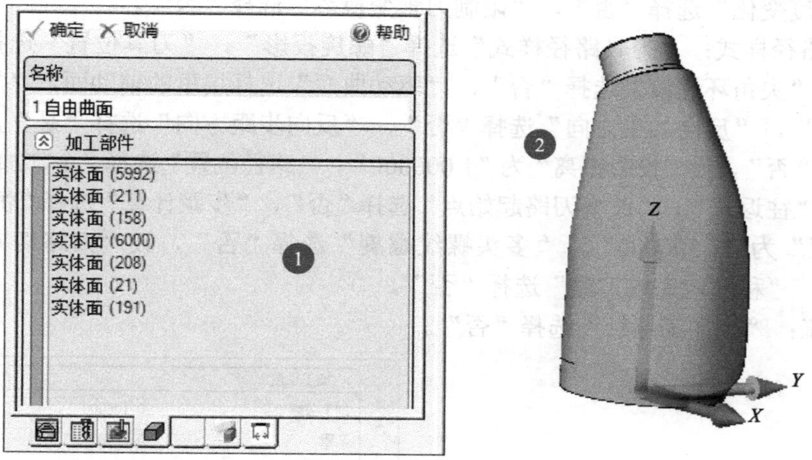

图 6-19

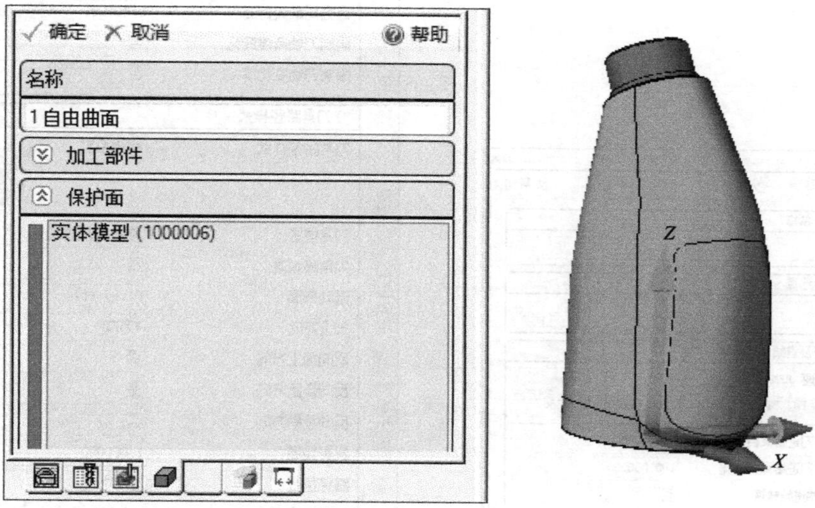

图 6-20

需要设定的参数如下：

（1）一般设定（图 6-21）

1）刀具选择：选择“R3”。

2）转速及进给：设“加工转速 RPM，SPM”为“9000”，“进给率 PM，PT”为“1200.000000”，“垂直下刀进给率百分比”为“100.000000”，“横向进刀进给率百分比”为“100.000000”，“使用 KBM 进给转速”选择“否”。

3）NC 代码输出：“开启 RTCP”选择“是”，“刀位点输出”选择“刀尖”，“3D 刀具补偿”选择“否”。

（2）刀具路径（图 6-22）

1）加工精度：设“加工公差”为“0.100000”，“余量”为“0.000000”。

2）点分布：“限制点之间距离”选择“是”，设“点之间最大距离”为“0.400000”，“限制刀轴角度变化”选择“否”，“限制刀轴变换率”选择“否”。

3）刀具路径样式：“刀具路径样式”选择“螺旋投影”，“刀具位置”选择“接触点在曲线上”，“尖角环过渡”选择“否”，“驱动曲面”选择层里的辅助面，“加工方向”选择“V 方向”，“反向加工方向”选择“否”，“反向步距方向”选择“是”，“反向投影方向”选择“否”，设“投影距离”为“1.000000”，“路径位置”选择“全部加工”，“走刀方式”选择“往返式”，“改变刀路起始点”选择“否”，“步距计算”选择“恒定步距”，设“加工步距”为“1.500000”，“多头螺纹螺旋”选择“否”，设“刀路切向延伸”为“0.000000”，“移除未完成刀路”选择“否”。

4）粗加工：“粗加工路径”选择“否”。

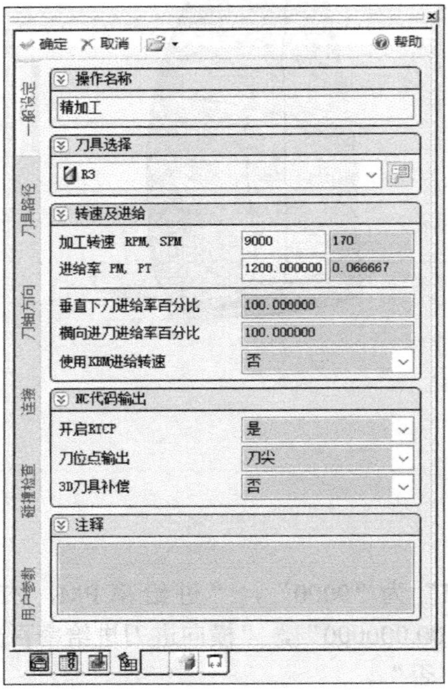

图 6-21

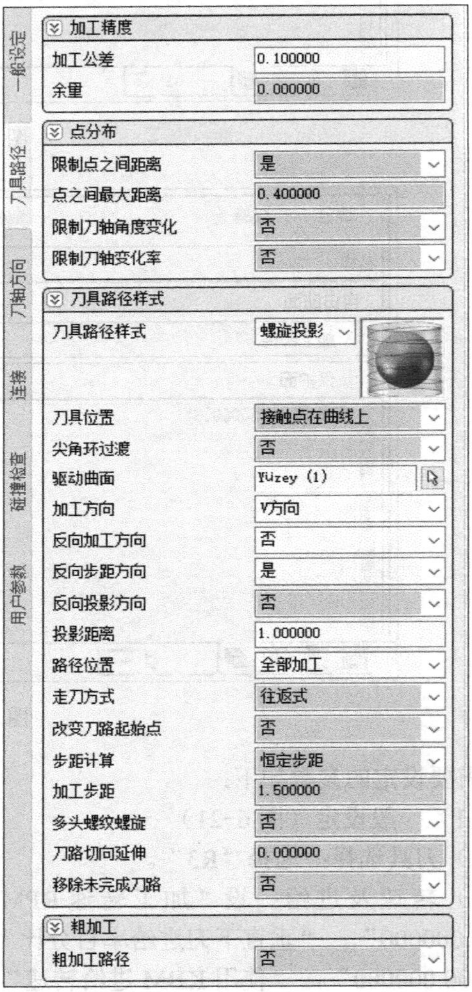

图 6-22

（3）刀轴方向（图 6-23）

1）刀轴方向：“刀轴控制方式”选择“加工曲面法向”，设“前倾角”为“0.000000”，“侧倾角”为“0.000000”，“角度限制”选择“限制角度”，“基准轴”选择“Z 轴”，设“最小角度”为“0.000000”、最大角度”为“90.000000”。

2）碰撞检查：“刀杆间隙”为“0.000000”，“刀柄间隙”为“0.000000”。

3）自动避让：“自动避让”选择“否”。

（4）连接（图 6-24）

1）回退：“最优化回退”选择“在操作内部”，设“绝对安全高度”为“50.000000”，“安全高度”为“2.000000”。

2）进刀：选取“圆弧进刀”“垂直进退刀”。

3）退刀：选取“圆弧进刀”“垂直进退刀”。

4）进给连接：选取“光顺”“桥连接”。

5）快进连接：选取“绕 Z 轴径向”。

（5）碰撞检查　不设定。

单击“✓确定”按钮，执行刀具路径运算，刀具路径运算结果如图 6-25 所示。

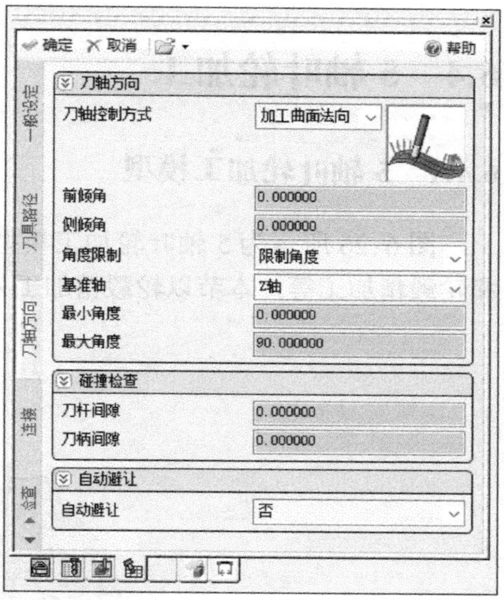

图　6-23

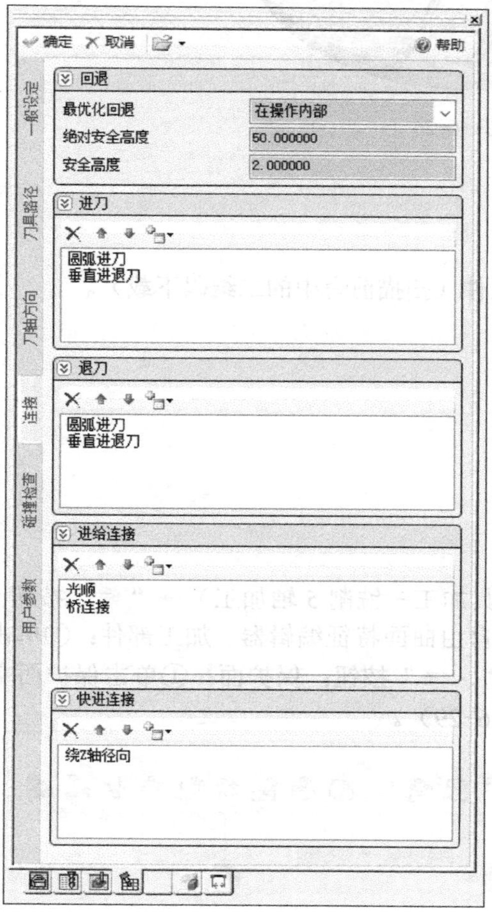

图　6-24

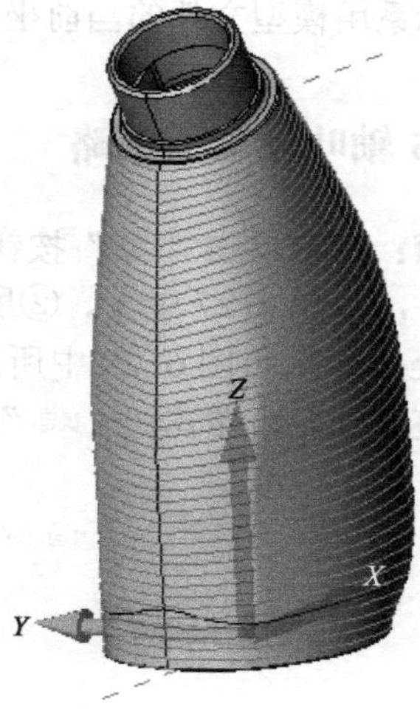

图　6-25

6.4 5轴叶轮加工

6.4.1 5轴叶轮加工模型

图6-26所示为5轴叶轮加工模型。5轴叶轮铣削操作分为：叶轮粗加工、叶片精加工和轮毂精加工等，本节以轮毂精加工为例进行讲解。

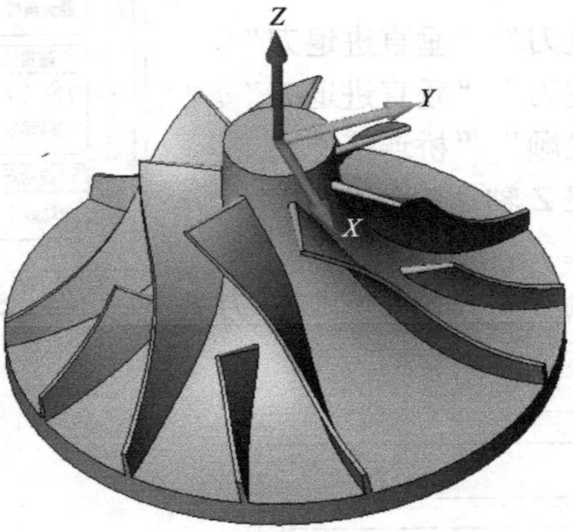

图 6-26

6.4.2 准备加工文件

打开ESPRIT软件，打开“6-4.esp”文件（扫描前言中的二维码下载）。

6.4.3 创建坐标系

坐标系用模型文件的当前坐标系。

6.4.4 5轴叶轮加工策略

步骤：依次单击“ ”按钮（铣削模具加工－铣削5轴加工）→“ ”按钮（5轴叶轮加工），如图6-27中①、②所示，弹出自由曲面特征编辑器。加工部件：①单击加工部件空白处→②按照图6-28中所选，单击“✓确定”按钮；保护面：①单击保护面空白处→②选择整个叶轮，单击“✓确定”按钮（图6-29）。

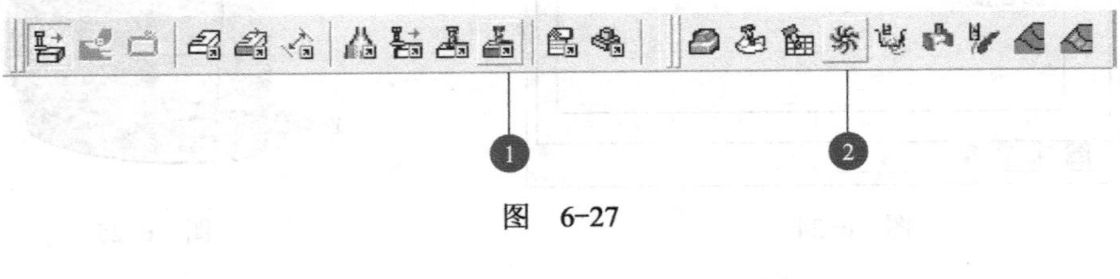

图 6-27

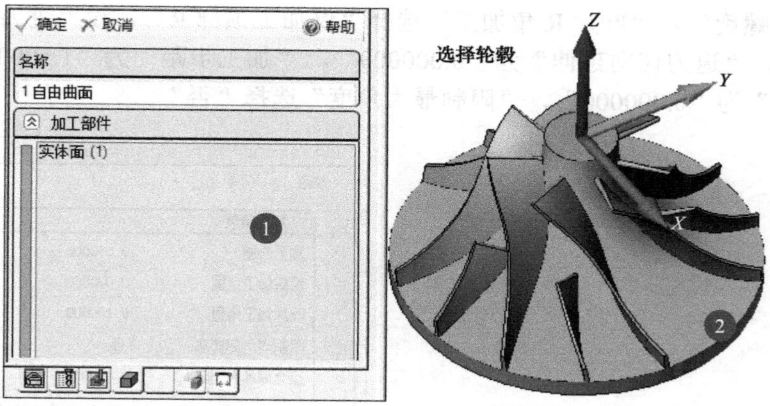

图 6-28

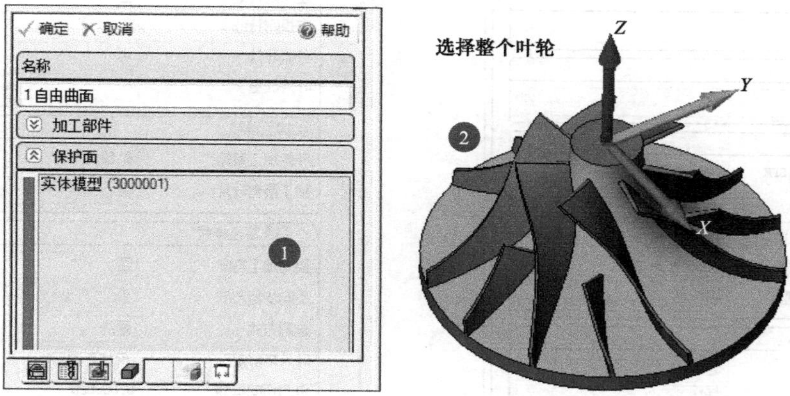

图 6-29

需要设定的参数如下：

（1）一般设定（图 6-30）

1）刀具选择：选择“R1.5TA3”。

2）转速及进给：设“加工转速 RPM，SPM”为“6000”，“进给率 PM，PT”为“600.000000”，“垂直下刀进给率百分比”为“100.000000”，“横向进刀进给率百分比”为“100.000000”，“使用 KBM 进给转速”选择“否”。

3）NC 代码输出：“开启 RTCP”选择“是”，“刀位点输出”选择“刀尖”。

（2）刀具路径（图 6-31）

1）加工精度：设“加工公差”为“0.050000”，“轮毂加工余量”为“0.000000”，“叶片加工余量”为“0.100000”，“限制点之间距离”选择“是”，设“点之间最大距离”为“0.400000”。

2）几何：“基准轴”选择“Z 轴”，“左规则特征”选择“左（18）”，“右规则特征”选择“右（17）”，“分流叶片”选择“否”，设“叶片数量”为“7”。

3）加工策略：“叶轮加工策略”选择“轮毂精加工”，“加工所有叶片”选择“否”。

4）刀具路径样式：“反向加工方向”选择“否”，“反向步距方向”选择“否”，“走刀方式”选择“螺旋”，“叶片 R 角加工”选择“仅加工顶部 R”，设“进刀切向延伸”为“0.000000”，“退刀切向延伸”为“0.000000”，“加工步距”为“1.500000”，“与参考轴最小夹角”为“0.000000”，“限制最大角度”选择“否”。

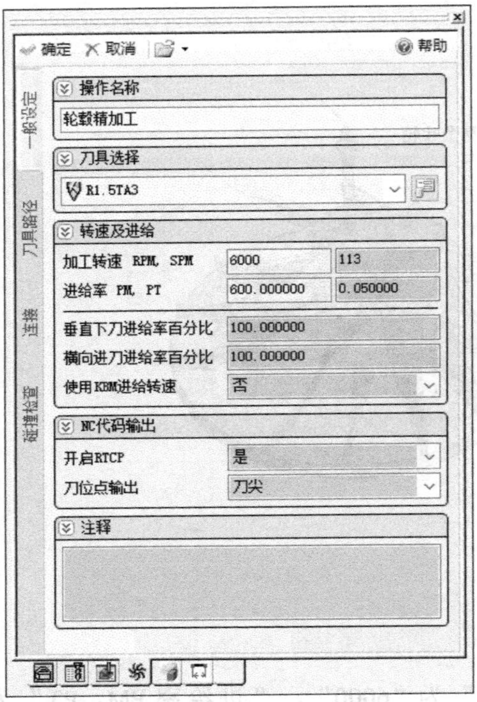

图 6-30

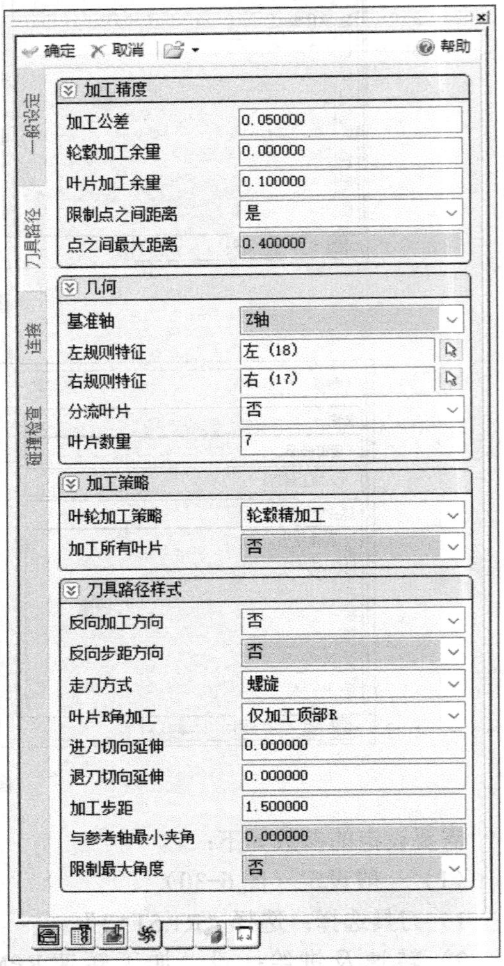

图 6-31

（3）连接（图 6-32）

1）回退：“最优化回退”选择“在操作内部”，设“绝对安全高度”为“50.000000”，“安全高度”为“2.000000”。

2）进刀：选取“垂直进退刀”。

3）退刀：选取“垂直进退刀”。

4）进给连接：选取“光顺”“桥连接”，设“最大连接距离”为“80.000000”，其他默认即可。

5）快进连接：无。

（4）碰撞检查 不设定。

单击“✓确定”按钮，执行刀具路径运算，刀具路径运算结果如图 6-33 所示。

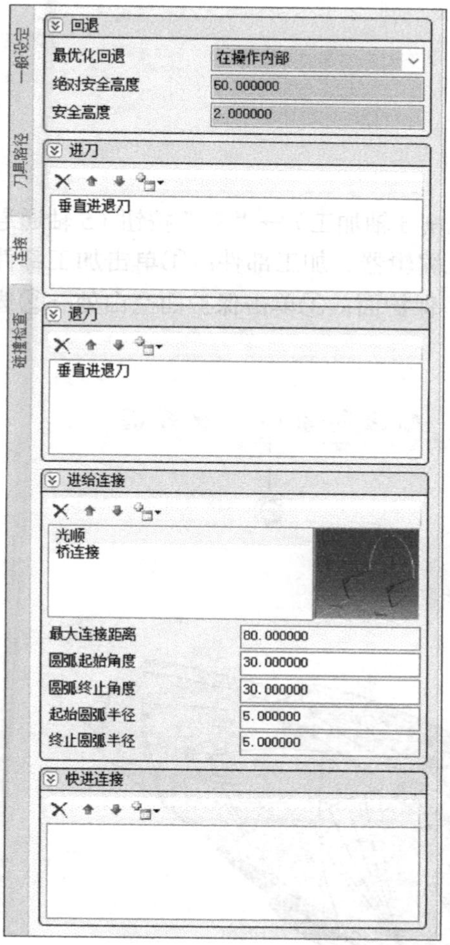

图 6-32

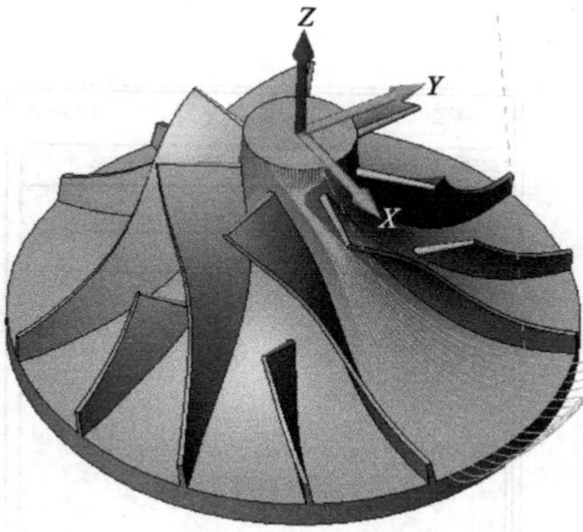

图 6-33

6.5 5 轴通道加工

6.5.1 5 轴通道加工模型

图 6-34 所示为 5 轴通道加工模型。5 轴通道铣削加工删除材料内的通道，此通道由定义的两个侧壁限制。刀具运动为摆线式，从而保持恒定的刀具负荷，以便更快地粗加工通道。

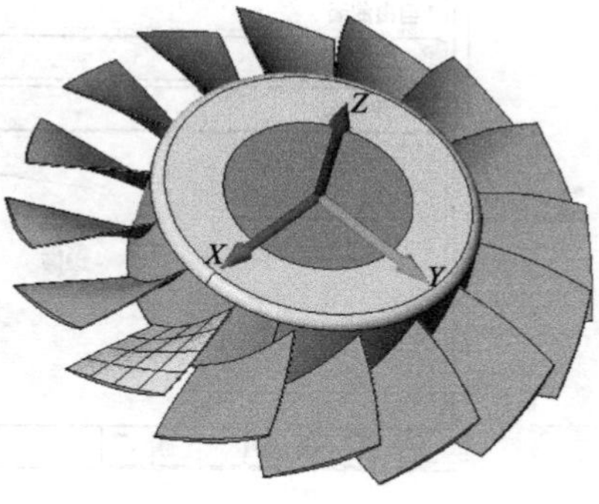

图 6-34

6.5.2 准备加工文件

打开 ESPRIT 软件，打开“6-5.esp”文件（扫描前言中的二维码下载）。

6.5.3 创建坐标系

坐标系用模型文件的当前坐标系。

6.5.4 5轴通道加工策略

步骤： 依次单击" "按钮（铣削模具加工－铣削5轴加工）→" "按钮（5轴通道加工），如图6-35中①、②所示，弹出自由曲面特征编辑器。加工部件：①单击加工部件空白处→②按照图6-36中所选，单击"确定"按钮；保护面：①单击保护面空白处→②选择整个叶轮，单击"确定"按钮（图6-37）。

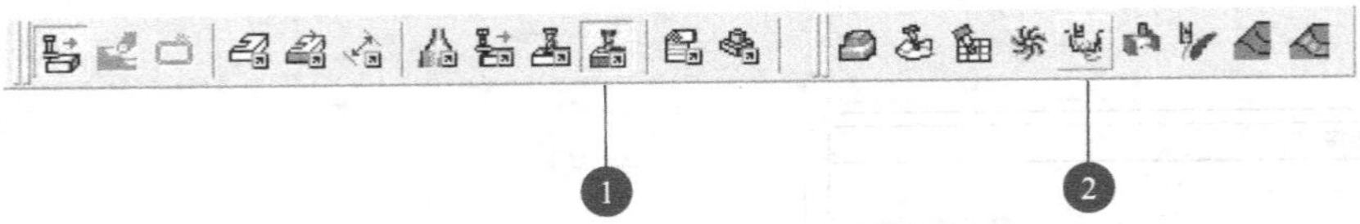

图 6-35

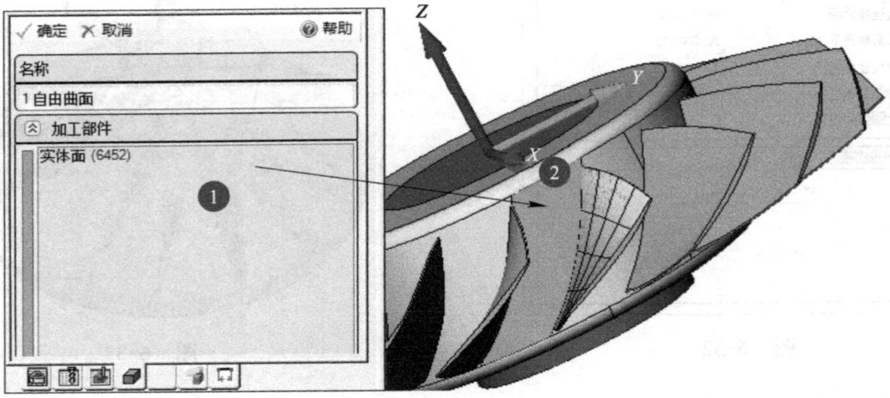

图 6-36

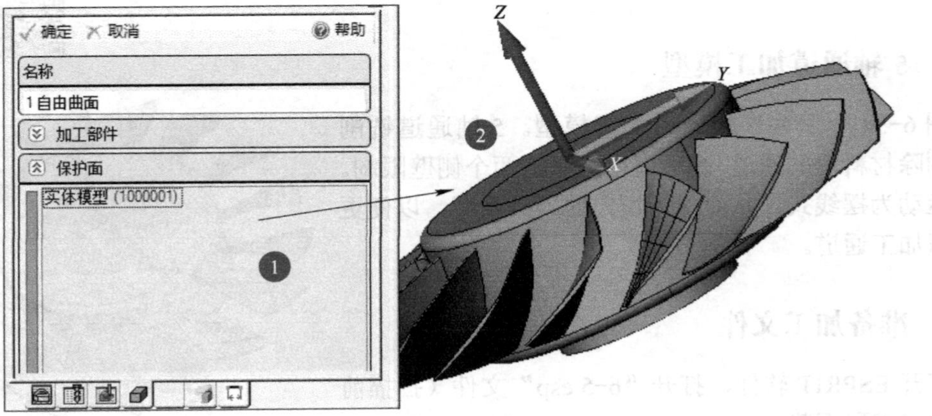

图 6-37

需要设定的参数如下：

（1）一般设定（图 6-38）

1）刀具选择：选择“D12R0.5”。

2）转速及进给：设“加工转速 RPM，SPM”为“6000”，“进给率 PM，PT”为“1500.000000”，“垂直下刀进给率百分比”为“100.000000”，“横向进刀进给率百分比”为“100.000000”，“使用 KBM 进给转速”选择“否”。

3）NC 代码输出：“开启 RTCP”选择“是”，“刀位点输出”选择“刀尖”。

（2）刀具路径（图 6-39）

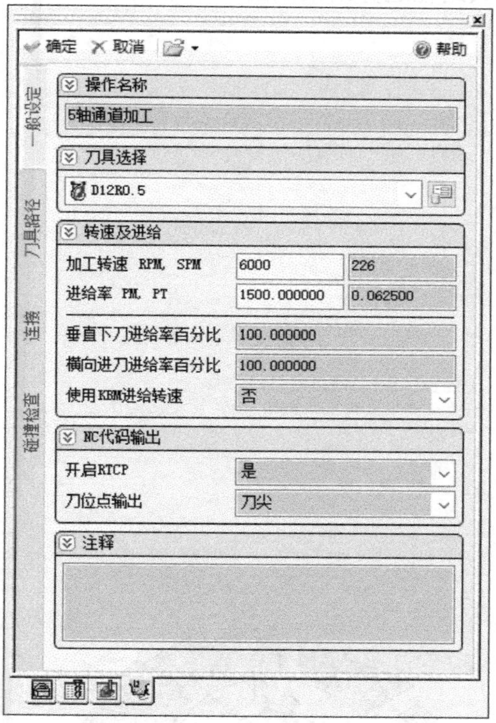

图 6-38

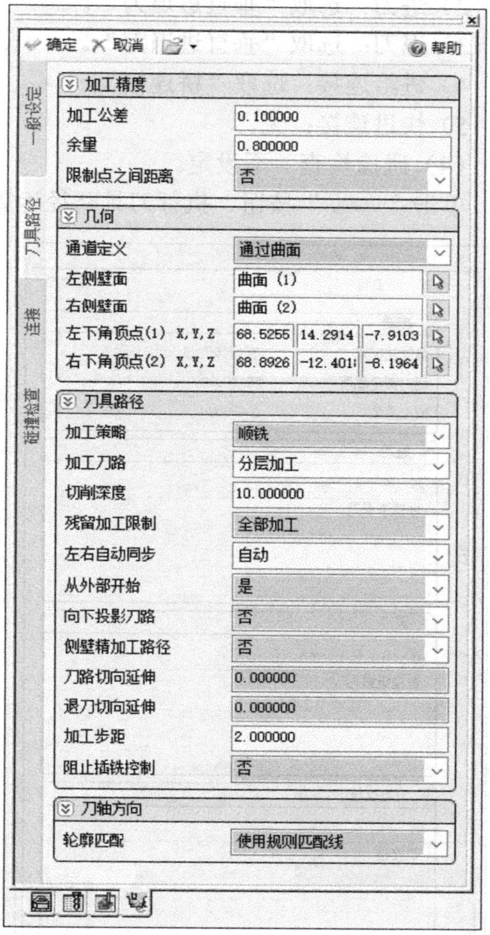

图 6-39

1）加工精度：设“加工公差”为“0.100000”，“余量”为“0.800000”，“限制点之间距离”选择“否”。

2）几何：“通道定义”选择“通过曲面”，“左侧壁面”选择“曲面（1）”，“右侧壁面”选择“曲面（2）”，“左下角顶点（1）X，Y，Z”为“68.5255”“14.2914”“−7.9103”，“右下角顶点（2）X，Y，Z”为“68.8926”“−12.4018”“−8.1964”。

3）刀具路径：“加工策略”选择“顺铣”，“加工刀路”选择“分层加工”，设“切削深度”为“10.000000”，“残留加工限制”选择“全部加工”，“左右自动同步”选择“自动”，“从外部开始”选择“是”，“向下投影刀路”选择“否”，“侧壁精加工路径”选择“否”，设“刀路切向延伸”为“0.000000”，“退刀切向延伸”为“0.000000”，“加工步距”为“2.000000”，“阻止插铣控制”选择“否”。

4）刀轴方向：“轮廓匹配”选择“使用规则匹配线”。

（3）连接（图 6-40）

1）回退：“最优化回退”选择“在操作内部”，设“绝对安全高度”为“50.000000”，“安全高度”为“2.000000”。

2）进刀：选取“垂直进退刀”。

3）退刀：选取“垂直进退刀”。

4）进给连接：选取“桥连接”。

5）快进连接：无。

（4）碰撞检查　不设定。

单击“✓确定”按钮，执行刀具路径运算，刀具路径运算结果如图 6-41 所示。

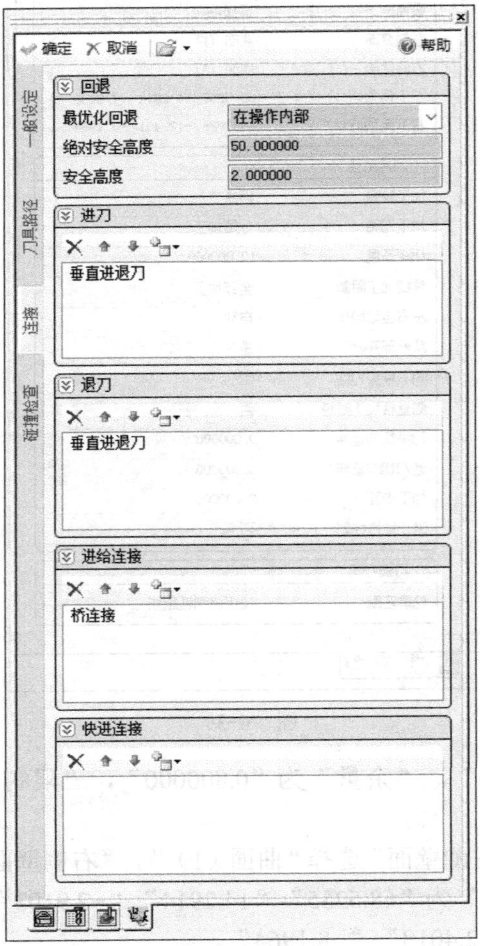

图 6-40

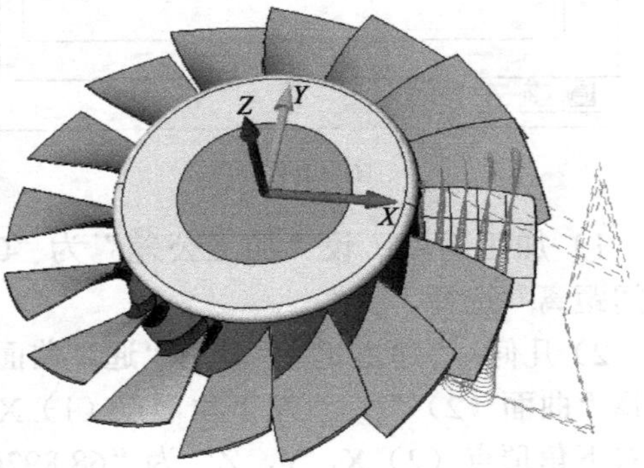

图 6-41

6.6 5 轴螺旋粗加工

6.6.1 5 轴螺旋粗加工模型

图 6-42 所示为 5 轴螺旋粗加工模型。5 轴螺旋粗加工操作可用于单叶片粗加工，具有很高的切屑去除率。在加工过程中，刀具垂直于旋转轴（4 轴加工）平面，以提高机床的刚度。

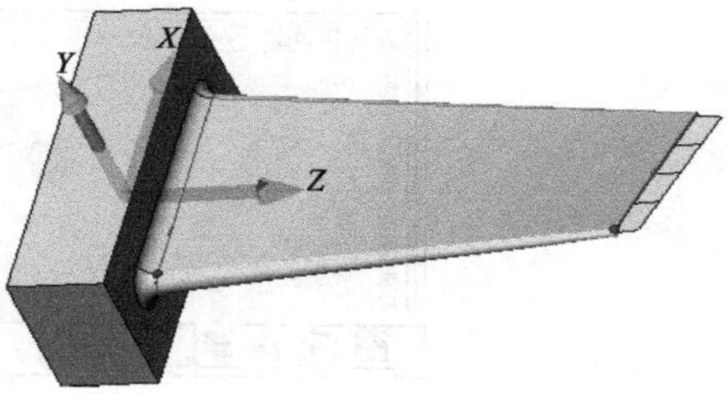

图 6-42

6.6.2 准备加工文件

打开 ESPRIT 软件，打开“6-6.esp”文件（扫描前言中的二维码下载）。

6.6.3 创建坐标系

坐标系用模型文件的当前坐标系。

6.6.4 5 轴螺旋粗加工策略

步骤：依次单击“ ”按钮（铣削模具加工－铣削 5 轴加工）→“ ”按钮（5 轴螺旋粗加工），如图 6-43 中①、②所示，弹出自由曲面特征编辑器。加工部件：①单击加工部件空白处→②选取曲面（图 6-44），单击“确定”按钮；保护面：①单击保护面空白处→②选择整个实体模型（图 6-45），单击“确定”按钮；毛坯：①在绘图区域按下 <F11> 键→②调出“层”对话框→③将“毛坯”层显示出来→④单击毛坯空白处→⑤选择毛坯（图 6-46），单击“确定”按钮。

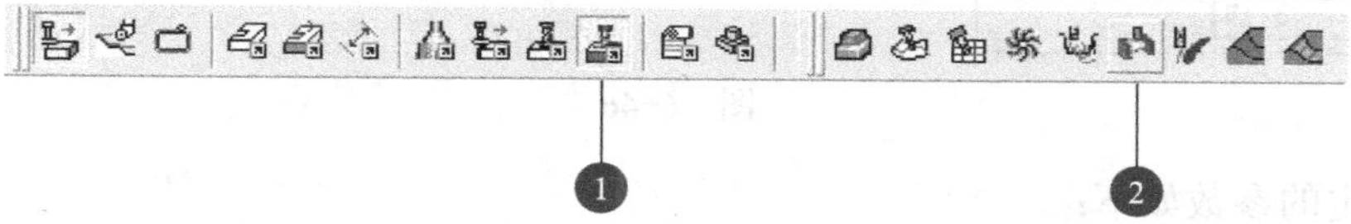

图 6-43

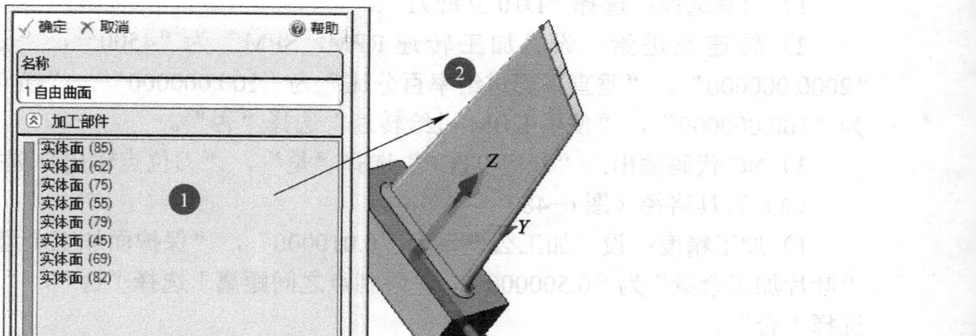

图 6-44

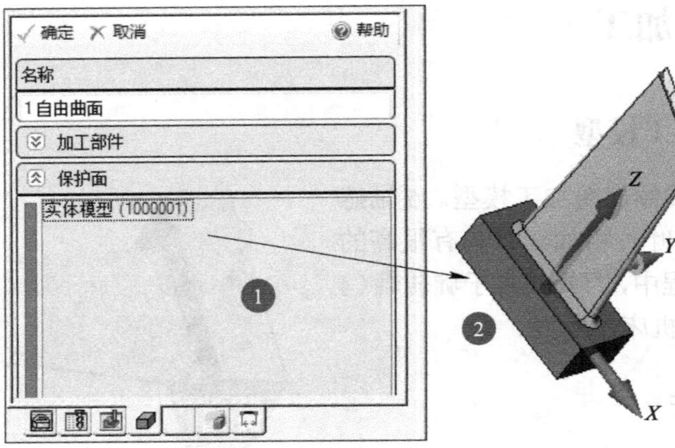

图 6-45

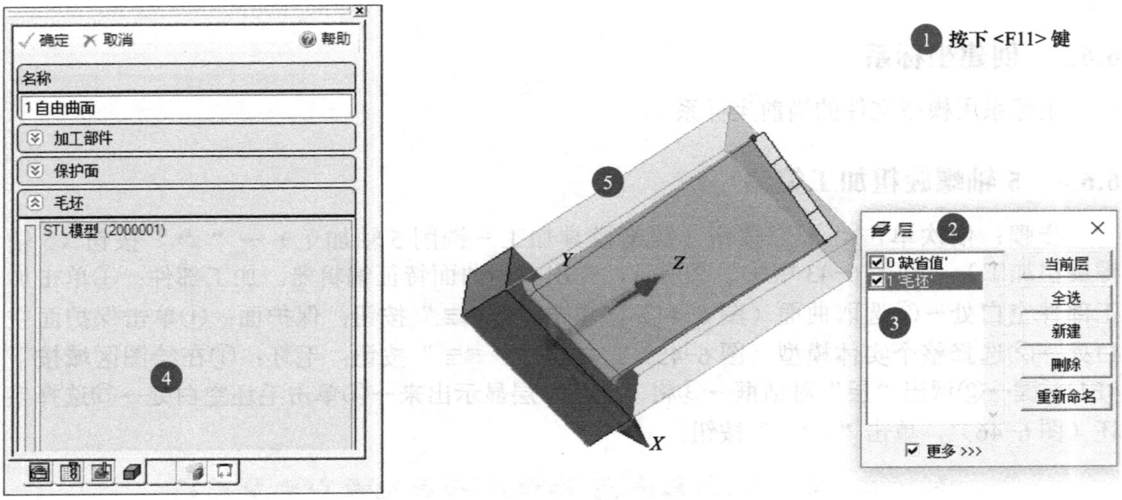

图 6-46

需要设定的参数如下：

（1）一般设定（图 6-47）

1）刀具选择：选择“D10 立铣刀”。

2）转速及进给：设“加工转速 RPM，SPM”为“4500”，“进给率 PM，PT”为“2000.000000”，“垂直下刀进给率百分比”为“100.000000”，“横向进刀进给率百分比”为“100.000000”，“使用 KBM 进给转速”选择“否”。

3）NC 代码输出：“开启 RTCP”选择“是”，“刀位点输出”选择“刀尖”。

（2）刀具路径（图 6-48）

1）加工精度：设“加工公差”为“0.010000”，“保护面加工余量”为“0.500000”，“叶片加工余量”为“0.500000”，“限制点之间距离”选择“否”，“限制刀轴角度变化”选择“否”。

2）旋转轴：“加工基准轴”选择“Z 轴负方向”，“基准轴旋转方向”选择“顺时针”，“点 / 轴定义开始面”选择图中所指的点，设“前倾角”为“0.000000”。

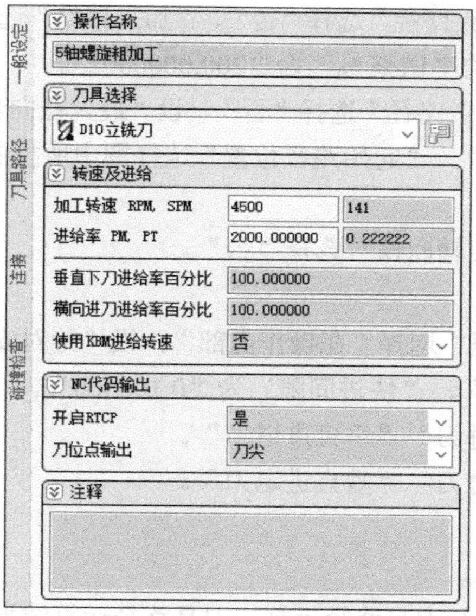
一般设定
刀具路径
连接
碰撞检查
操作名称
5轴螺旋粗加工
刀具选择
D10立铣刀
转速及进给
加工转速 RPM, SPM
4500
141
进给率 PM, PT
2000.000000
0.222222
垂直下刀进给率百分比
100.000000
横向进刀进给率百分比
100.000000
使用KBM进给转速
否
NC代码输出
开启RTCP
是
刀位点输出
刀尖
注释

图 6-47

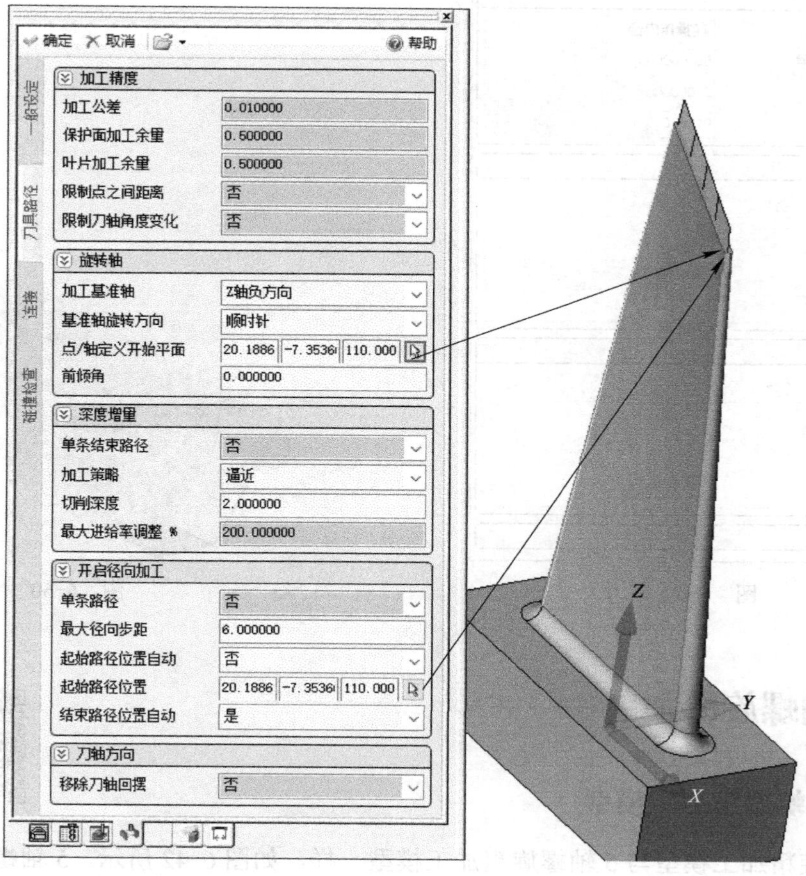
确定
取消
帮助
一般设定
刀具路径
连接
碰撞检查
加工精度
加工公差
0.010000
保护面加工余量
0.500000
叶片加工余量
0.500000
限制点之间距离
否
限制刀轴角度变化
否
旋转轴
加工基准轴
Z轴负方向
基准轴旋转方向
顺时针
点/轴定义开始平面
20.1886
-7.3536
110.000
前倾角
0.000000
深度增量
单条结束路径
否
加工策略
逼近
切削深度
2.000000
最大进给率调整 %
200.000000
开启径向加工
单条路径
否
最大径向步距
6.000000
起始路径位置自动
否
起始路径位置
20.1886
-7.3536
110.000
结束路径位置自动
是
刀轴方向
移除刀轴回摆
否
Z
Y
X

图 6-48

3）深度增量：“单条结束路径”选择“否”，“加工策略”选择“逼近”，设“切削深度”为“2.000000”，“最大进给率调整 %”为“200.000000”。

4）开启径向加工：“单条路径”选择“否”，设“最大径向步距”为“6.000000”，“起始路径位置自动”选择“否”，“起始路径位置”选择图中所指的点，“结束路径位置自动”选择“是”。

5）刀轴方向：“移除刀轴回摆”选择“否”。

（3）连接（图 6-49）

1）回退：“最优化回退”选择“在操作内部”，设“绝对安全高度”为“50.000000”，“安全高度”为“2.000000”，“快进间隙”为“0.100000”。

2）进刀：选取“圆弧进刀”“垂直进退刀”。

3）退刀：选取“圆弧进刀”“垂直进退刀”。

4）进给连接：无。

（4）碰撞检查　不设定。

单击“✓确定”按钮，执行刀具路径运算，刀具路径运算结果如图 6-50 所示。

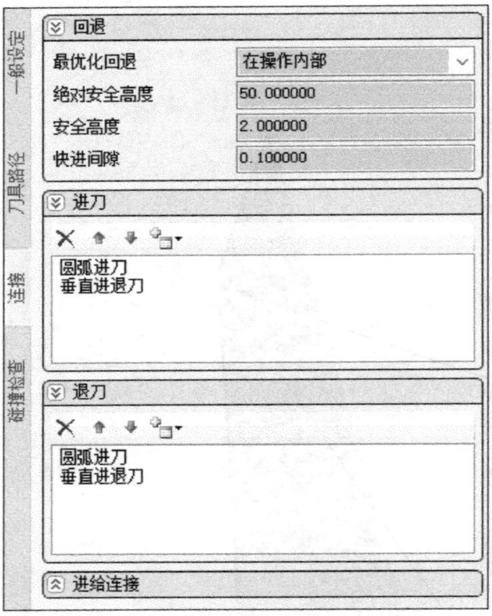

图　6-49

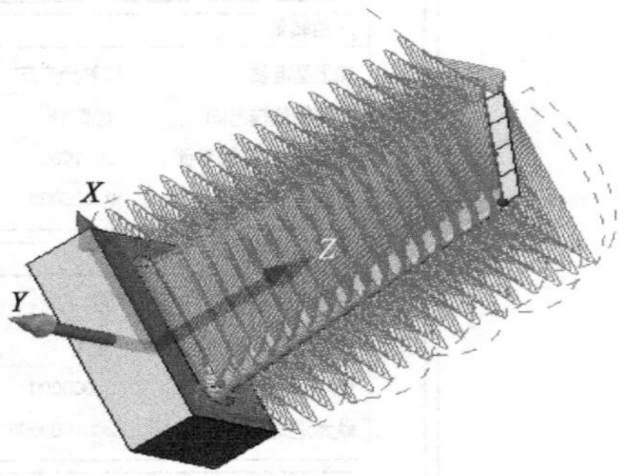

图　6-50

6.7　5 轴螺旋精加工

6.7.1　5 轴螺旋精加工模型

5 轴螺旋精加工模型与 5 轴螺旋粗加工模型一样，如图 6-42 所示。5 轴螺旋精加工创建 5 轴铣削操作的单一刀片精加工。切削轨迹是连续的，并且始终与材料接触。

6.7.2 准备加工文件

打开 ESPRIT 软件，打开“6-7.esp”文件（扫描前言中的二维码下载）。

6.7.3 创建坐标系

坐标系用模型文件的当前坐标系。

6.7.4 5 轴螺旋精加工策略

步骤：依次单击“ ”按钮（铣削模具加工－铣削 5 轴加工）→“ ”按钮（5 轴螺旋精加工），如图 6-51 中①、②所示，弹出自由曲面特征编辑器。加工部件：①单击加工部件空白处→②选取曲面（图 6-52），单击“ 确定 ”按钮；保护面：①单击保护面空白处→②选择整个实体模型（图 6-53），单击“ 确定 ”按钮；毛坯：①在绘图区域按下 <F11> 键→②调出“层”对话框→③将“毛坯”层显示出来→④单击毛坯空白处→⑤选择毛坯（图 6-54），单击“ 确定 ”按钮。

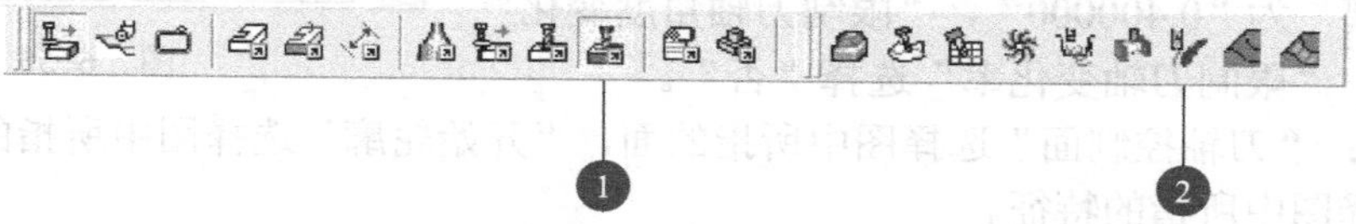

图 6-51

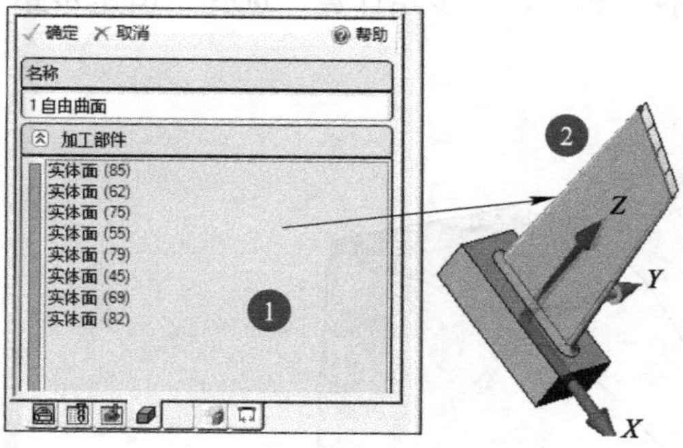

图 6-52

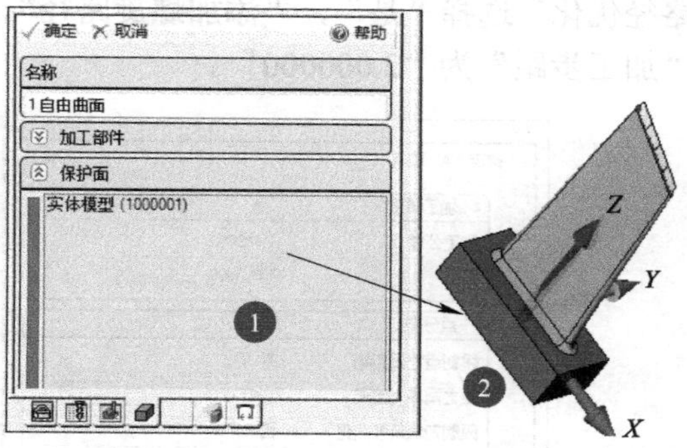

图 6-53

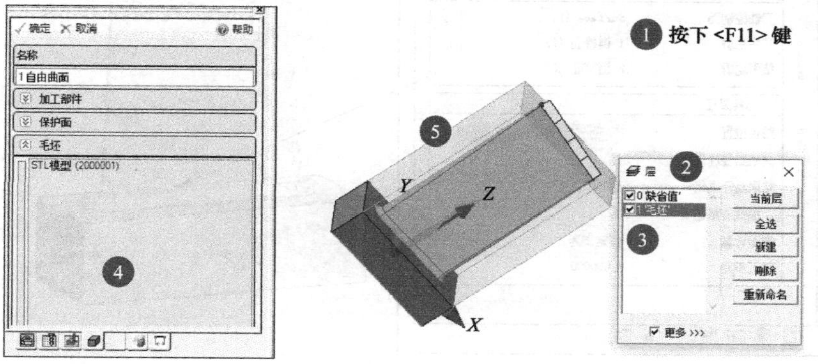

图 6-54

需要设定的参数如下：

（1）一般设定（图 6-55）

1）刀具选择：选择“BM 06.0”。

2）转速及进给：设“加工转速 RPM，SPM”为“8000”，“进给率 PM，PT”为“1500.000000”，“垂直下刀进给率百分比”为“100.000000”，“横向进刀进给率百分比”为“100.000000”，“使用 KBM 进给转速”选择“否”。

3）NC 代码输出：“开启 RTCP”选择“是”，“刀位点输出”选择“刀尖”，“3D 刀具补偿”选择“否”。

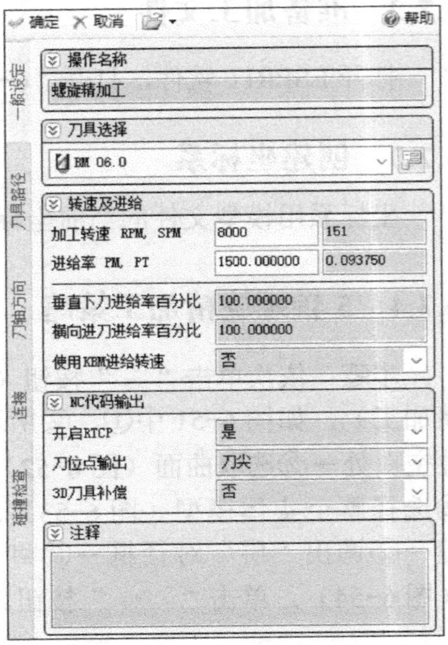

图 6-55

（2）刀具路径（图 6-56）

1）加工精度：设“加工公差”为“0.010000”，“余量”为“0.000000”。

2）点分布：“限制点之间距离”选择“是”，设“点之间最大距离”为“0.400000”，“限制刀轴角度变化”选择“否”，“限制刀轴变化率”选择“否”。

3）几何：“刀轴控制面”选择图中所指的面，“开始轮廓”选择图中所指的特征，“结束轮廓”选择图中所指的特征。

4）刀具路径：“路径位置”选择“全部加工”，“起始路径优化”选择“是”，“结束路径优化”选择“是”，“添加螺旋路径”选择“否”，“步距计算”选择“恒定步距”，设“加工步距”为“2.000000”。

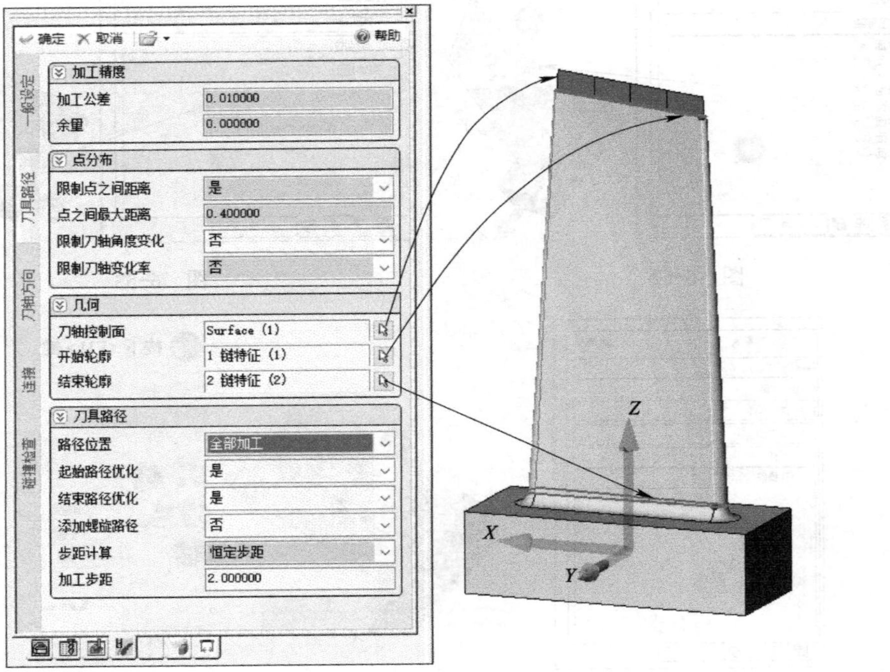

图 6-56

（3）刀轴方向（图 6-57）

1）刀轴方向："朝向刀轴控制面"选择"是"，"刀轴加速控制"选择"是"，设"刀轴平滑运动 [0；1]"为"0.600000"，"刀轴减速控制 [0；3]"为"1.000000"，"防止刀轴回摆"选择"否"，"工件曲面光顺"选择"否"，设"前倾角"为"0.000000"、"侧倾角"为"20.000000"，"角度限制"选择"无限制"。

2）碰撞检查：设"刀杆间隙"为"0.000000"，"刀柄间隙"为"0.000000"。

3）自动避让："自动避让"选择"否"。

（4）连接（图 6-58）

1）回退："最优化回退"选择"在操作内部"，设"绝对安全高度"为"50.000000"，"安全高度"为"2.000000"。

2）进刀：选取"圆弧进刀""垂直进退刀"。

3）退刀：选取"圆弧进刀""垂直进退刀"。

4）进给连接：选取"光顺""桥连接"。

5）快进连接：无。

（5）碰撞检查　不设定。

单击"✓确定"按钮，执行刀具路径运算，刀具路径运算结果如图 6-59 所示。

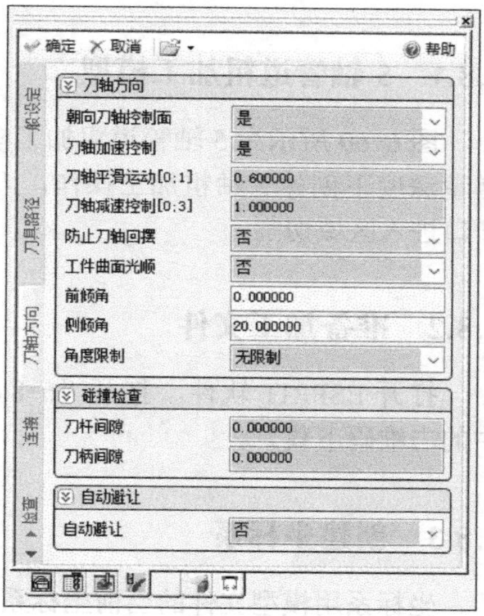

图　6-57

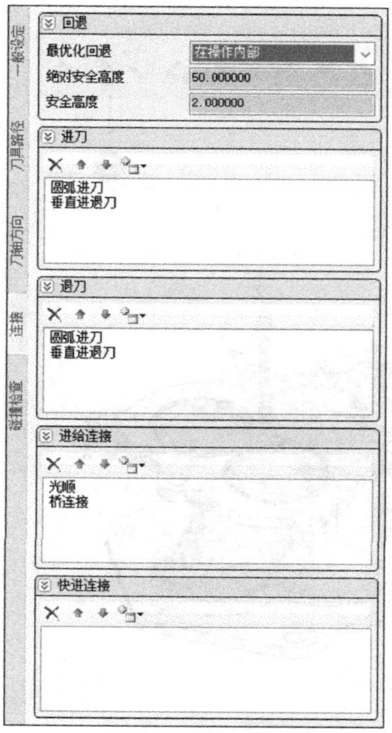

图　6-58

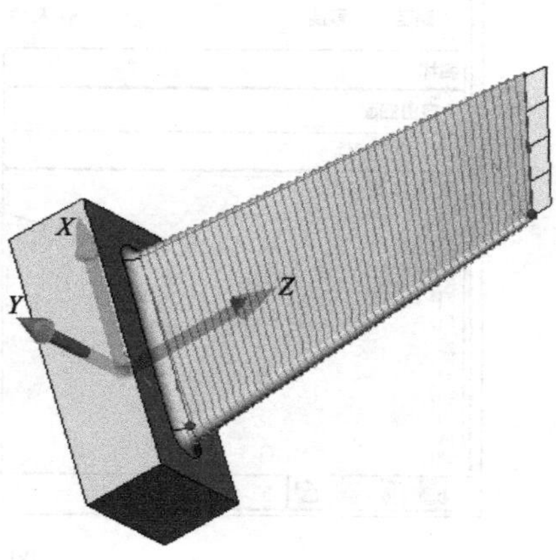

图　6-59

6.8 5轴管道粗加工

6.8.1 5轴管道粗加工模型

图6-60所示为5轴管道粗加工模型。管道粗加工是在增量深度下创建5轴粗加工操作，刀具必须通过受限制的开口进入区域切削。

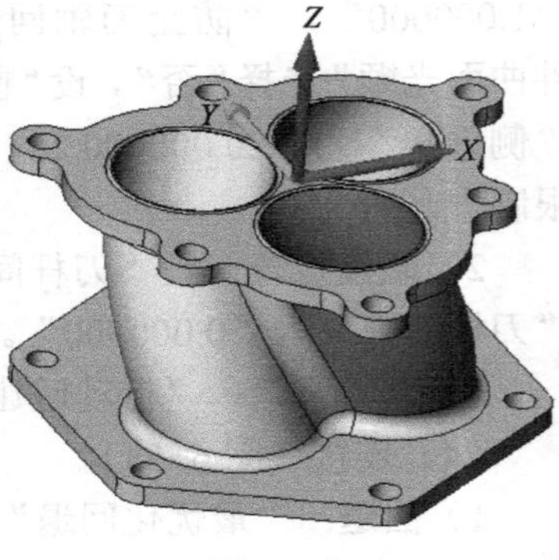

图 6-60

6.8.2 准备加工文件

打开ESPRIT软件，打开“6-8.esp”文件（扫描前言中的二维码下载）。

6.8.3 创建坐标系

坐标系用模型文件的当前坐标系。

6.8.4 5轴管道粗加工策略

步骤：依次单击“ ”按钮（铣削模具加工－铣削5轴加工）→“ ”（5轴管道粗加工），如图6-61中①、②所示，弹出自由曲面特征编辑器。加工部件：①单击加工部件空白处→②按照图6-62中所选，单击“ 确定”按钮；保护面：①单击保护面空白处→②选择整个实体，单击“ 确定”按钮（图6-63）。

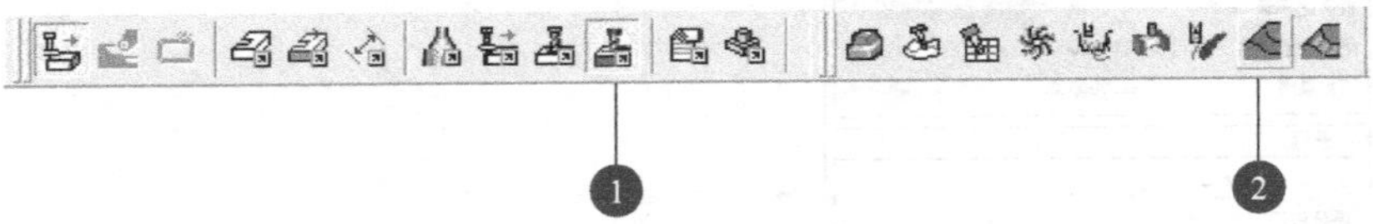

图 6-61

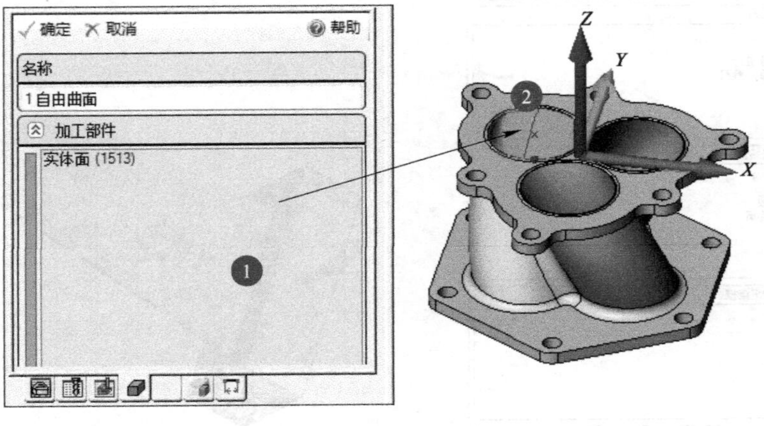

图 6-62

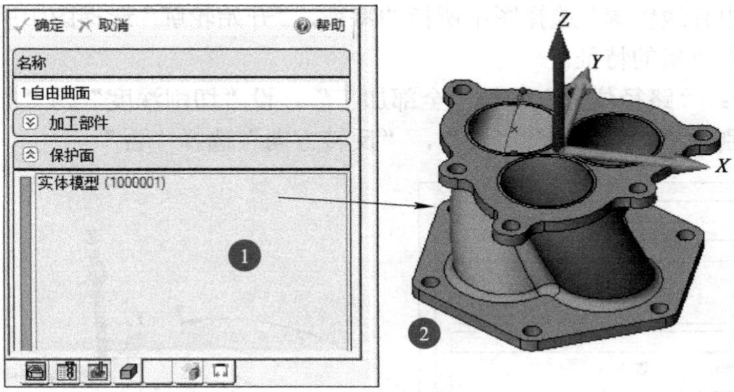

图 6-63

需要设定的参数如下：

（1）一般设定（图 6-64）

1）刀具选择：选择“BM25”。

2）转速及进给：设“加工转速 RPM，SPM”为“6000”，“进给率 PM，PT”为“1200.000000”，“垂直下刀进给率百分比”为“50.000000”，“横向进刀进给率百分比”为“100.000000”，“使用 KBM 进给转速”选择“否”。

3）NC 代码输出：“开启 RTCP”选择“是”，“刀位点输出”选择“刀尖”。

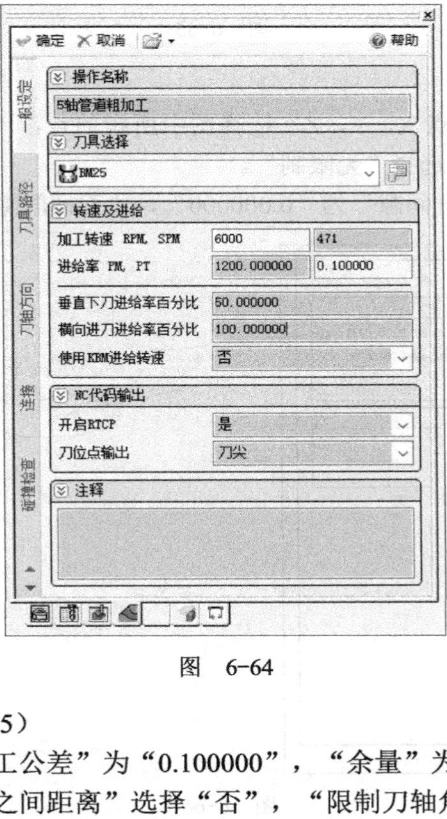

图 6-64

（2）刀具路径（图 6-65）

1）加工精度：设“加工公差”为“0.100000”，“余量”为“0.300000”。

2）点分布：“限制点之间距离”选择“否”，“限制刀轴角度变化”选择“否”。

3）几何：“中脊线轮廓”选择图中所指的特征，“开始轮廓”选择图中所指的特征，“结束轮廓”选择图中所指的特征。

4）刀具路径：“路径位置”选择“全部加工”，设“切削深度”为“2.000000”，“步距，直径 %”分别为“3.000000”“12”，“反转方向”选择“否”。

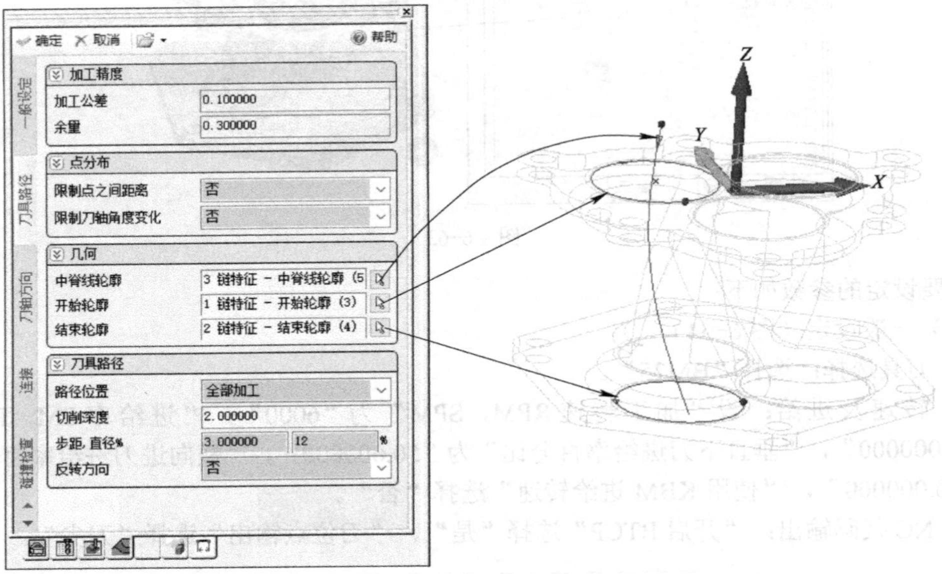

图　6-65

（3）轴方向（图 6-66）

1）刀轴方向：“起始点 X，Y，Z”选择图中所指的点，“结束点 X，Y，Z”选择图中所指的点，“角度限制”选择“无限制”。

2）碰撞检查：设“刀杆间隙”为“0.000000”，“刀柄间隙”为“0.000000”。

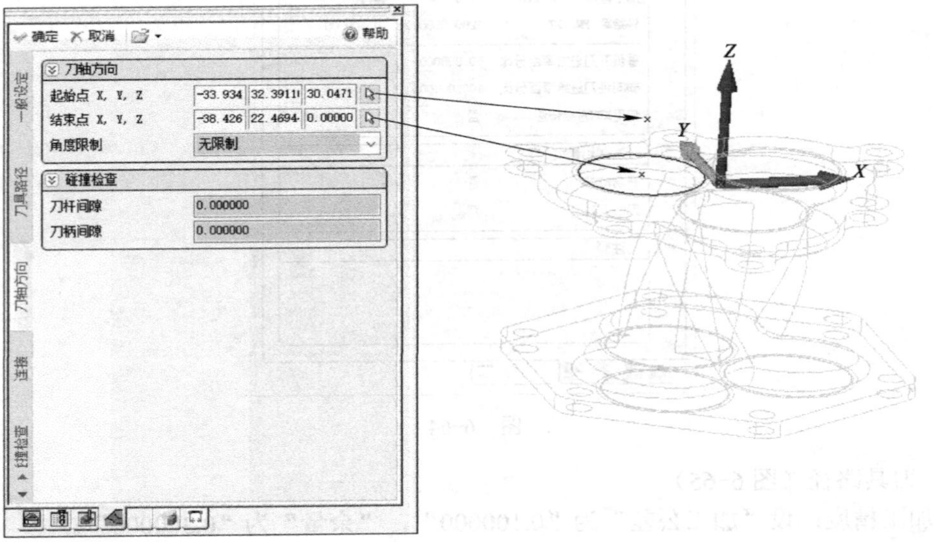

图　6-66

（4）连接（图 6-67）

1）回退：“最优化回退”选择“在操作内部”，设“绝对安全高度”为“50.000000”，“安全高度”为“2.000000”。

2）进刀：选取“自驱动曲线圆弧”。

3）退刀：选取“朝向驱动曲线”。

（5）碰撞检查　不设定。

单击“✓确定”按钮，执行刀具路径运算，刀具路径运算结果如图 6-68 所示。

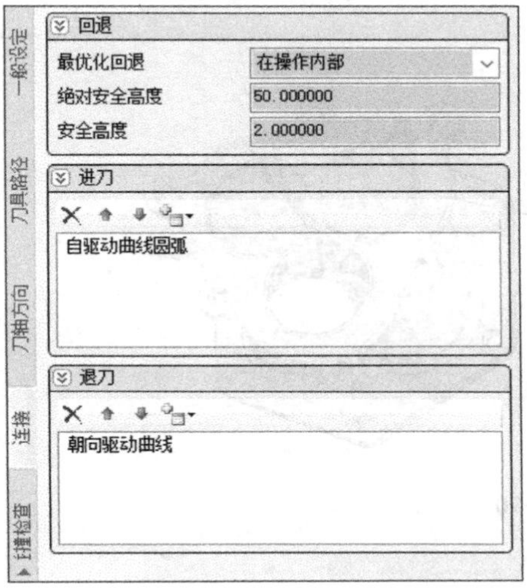

图　6-67

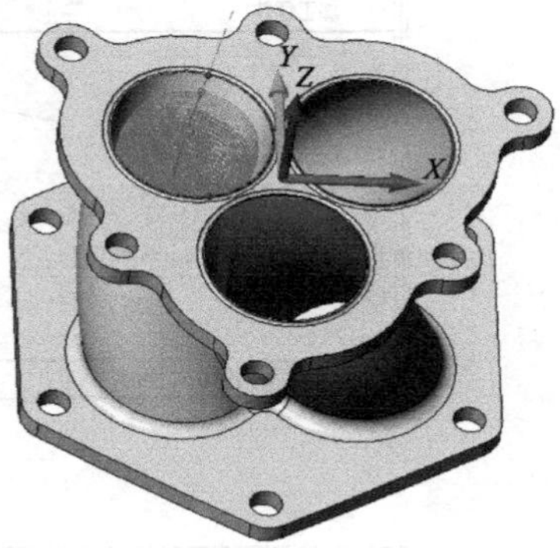

图　6-68

6.9　5 轴管道精加工

6.9.1　5 轴管道精加工模型

5 轴管道精加工模型与 5 轴管道粗加工模型一样如图 6-60。5 轴管道精加工操作的刀具在加工表面内通过一个限制性的区域进行切削加工。

6.9.2　准备加工文件

打开 ESPRIT 软件，打开“6-9.esp”文件（扫描前言中的二维码下载）。

6.9.3　创建坐标系

坐标系用模型文件的当前坐标系。

6.9.4　5 轴管道精加工策略

步骤：依次单击“ ”按钮（铣削模具加工 - 铣削 5 轴加工）→“ ”按钮（5 轴管道精加工），如图 6-69 中①、②所示，弹出自由曲面特征编辑器。加工部件：①单击加工部件空白处→②按照图 6-70 中所选，单击“✔确定”按钮；保护面：①单击保护面空白处→②选择整个实体，单击“✔确定”按钮（图 6-71）。

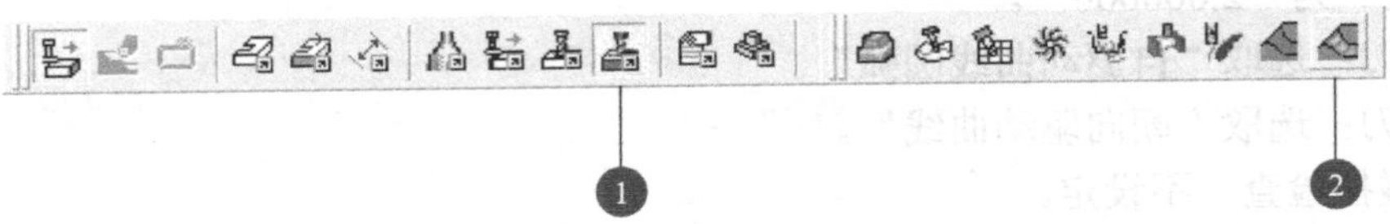

图 6-69

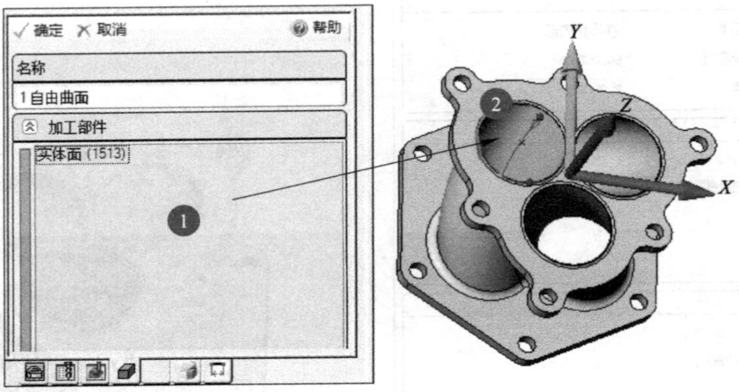

图 6-70

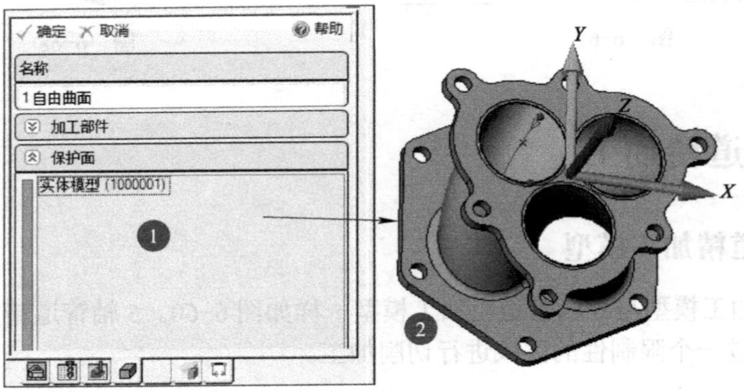

图 6-71

需要设定的参数如下：

（1）一般设定（图 6-72）

1）刀具选择：选择“BM25”。

2）转速及进给：设“加工转速 RPM，SPM”为“8000”，“进给率 PM，PT”为“800.000000”，“垂直下刀进给率百分比”为“100.000000”，“横向进刀进给率百分比”为“100.000000”，“使用 KBM 进给转速”选择“否”。

3）NC 代码输出：“开启 RTCP”选择“是”，“刀位点输出”选择“刀尖”，“3D 刀具补偿”选择“否”。

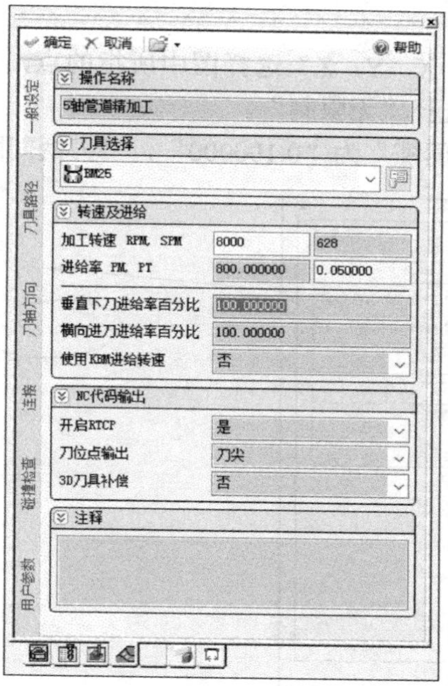

图 6-72

（2）刀具路径（图 6-73）

1）加工精度：设“加工公差”为“0.010000”，“余量”为“0.000000”。

2）点分布：“限制点之间距离”选择“否”，“限制刀轴角度变化”选择“否”。

3）几何：“中脊线轮廓”选择图中所指的特征，“开始轮廓”选择图中所指的特征，“结束轮廓”选择图中所指的特征。

4）刀具路径：“刀具位置”选择“接触点在曲线上”，“路径位置”选择“全部加工”，“添加螺旋路径”选择“否”，“加工步距”为“1.000000”，“反转方向”选择“是”。

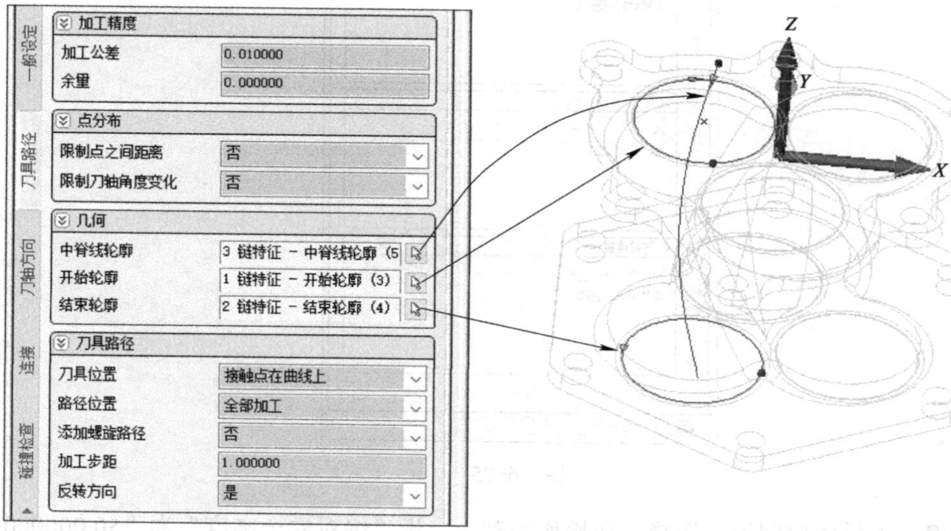

图 6-73

（3）刀轴方向（图 6-74）

1）刀轴方向：“起始点 X，Y，Z”选择图中所指的点，“结束点 X，Y，Z”选择图中所指的点，“角度限制”选择“无限制”。

2）碰撞检查：设“刀杆间隙”为“0.100000”，“刀柄间隙”为“2.000000”。

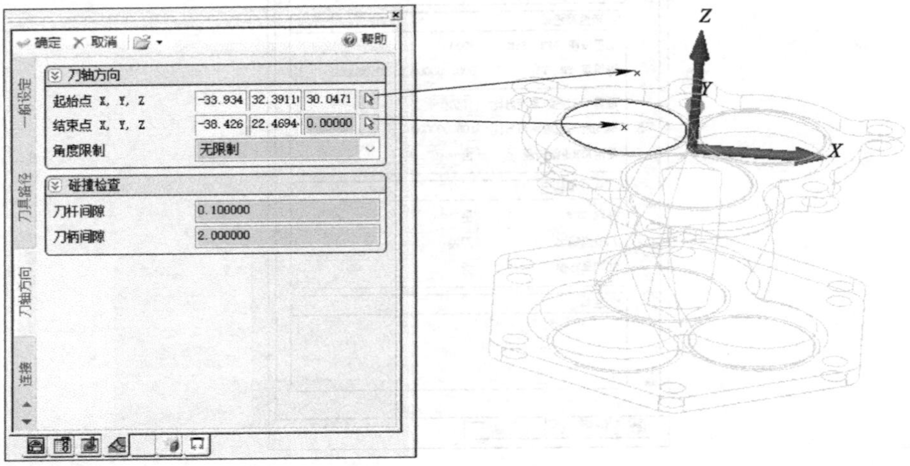

图 6-74

（4）连接（图 6-75）

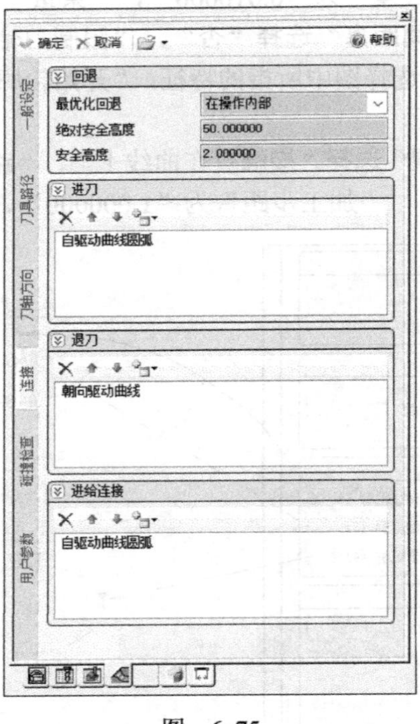

图 6-75

1）回退：“最优化回退”选择“在操作内部”，设“绝对安全高度”为“50.000000”、“安全高度”为“2.000000”。

2）进刀：选取“自驱动曲线圆弧”。

3）退刀：选取“朝向驱动曲线”。

4）进给连接：选取“自驱动曲线圆弧”。

（5）碰撞检查　不设定。

单击“确定”按钮，执行刀具路径运算，刀具路径运算结果如图 6-76 所示。

图　6-76

6.10　工程师经验点评

1）在 5 轴 Swarf 加工时，做链特征要提前在两个开口处画辅助线将线的断点连接起来。

2）在 5 轴轮廓加工时，刀轴方向一定要注意不要设置错，否则刀具跟工件会发生碰撞。

3）在 5 轴叶轮加工时，书中只做了轮毂精加工，叶轮加工策略中选择“轮廓精加工”，如果想做粗加工可以在叶轮加工策略中选择“5 轴粗加工”。试完一个叶轮加工没有问题后，可在加工所有叶片中选择“是”即可。

4）在 5 轴螺旋精加工时，刀轴方向中的倾斜角要设置一定度数，从而避免叶片根部蹭刀杆和瞬间切削量过大。

第 7 章 多轴铣削加工实例：八骏图笔筒

7.1 基本设定

7.1.1 八骏图笔筒模型

图 7-1 所示为八骏图笔筒模型，主要介绍 5 轴加工 -5 轴复合加工命令的使用。在这个例子中使用实体模型来进行刀路的编制。

图 7-1

7.1.2 工艺方案

八骏图笔筒模型的加工工艺方案见表 7-1。此类零件装夹比较简单，利用自定心卡盘夹持即可。

表 7-1

工 序 号	加 工 内 容	加 工 方 式	机 床	刀 具
1	4 轴粗加工笔筒	5 轴螺旋粗加工	5 轴机床	BM 04（ϕ4mm 球头铣刀）
2	4 轴精加工笔筒	5 轴复合加工	5 轴机床	Tool 5（ϕ1mm 锥形球头铣刀）

7.1.3 准备加工文件

打开 ESPRIT 软件，打开“7- 八骏图笔筒 .esp”文件（扫描前言中的二维码下载）。

7.1.4 创建坐标系

坐标系用模型文件的当前坐标系。

7.2 编程详细操作步骤

7.2.1 4 轴粗加工笔筒

步骤：依次单击“ ”按钮（铣削模具加工 - 铣削 5 轴加工）→“ ”按钮（5 轴螺旋

粗加工），如图 7-2 中①、②所示，弹出自由曲面特征编辑器。加工部件：①单击加工部件空白处→②选取实体模型（图 7-3），单击“确定”按钮；保护面：①单击保护面空白处→②选择圆柱面（图 7-4），单击“确定”按钮；毛坯：①在绘图区域按下 <F11> 键→②调出“层”对话框→③将“毛坯”层显示出来→④单击毛坯空白处→⑤选择毛坯（图 7-5），单击“确定”按钮。

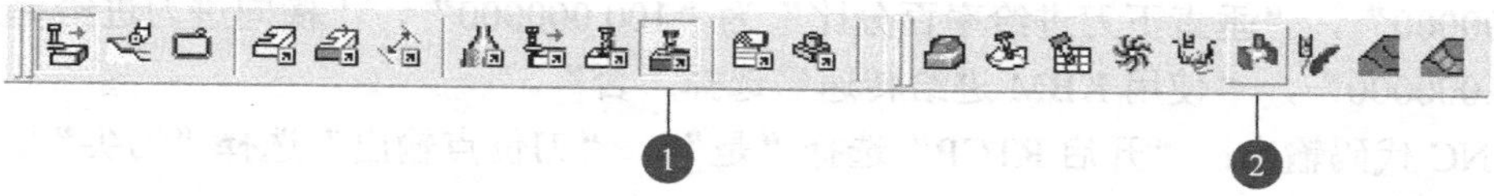

图 7-2

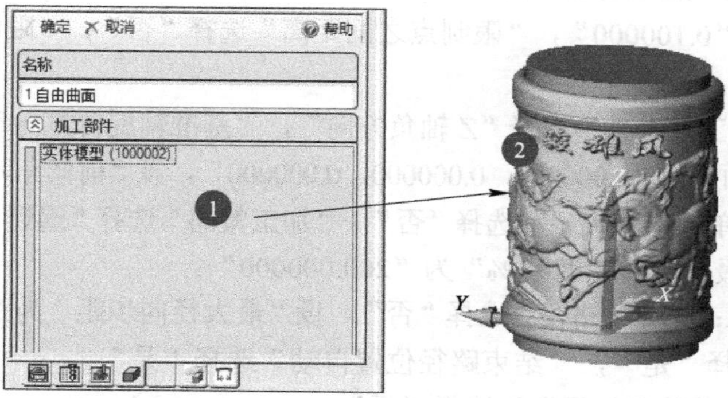

图 7-3

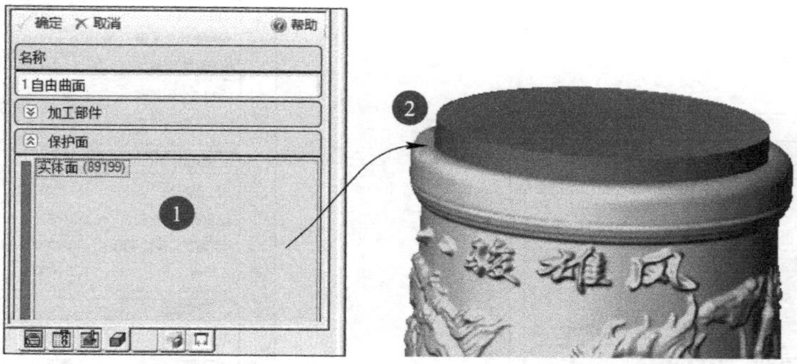

图 7-4

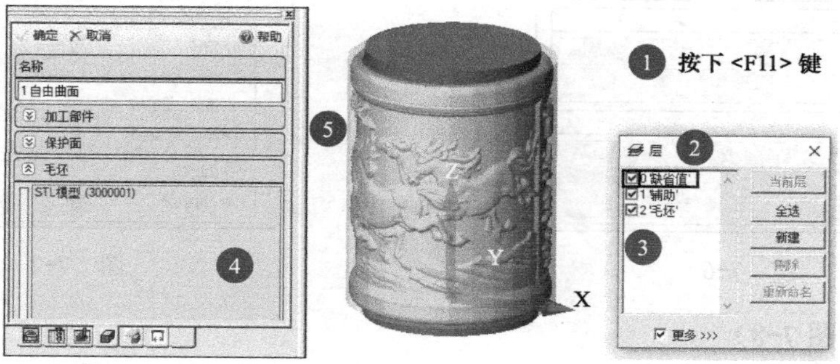

图 7-5

需要设定的参数如下：

（1）一般设定（图 7-6）

1）操作名称：名称为“四轴开粗笔筒”。

2）刀具选择：选择“BM 04.0”。

3）转速及进给：设“加工转速 RPM，SPM”为“8000”，“进给率 PM，PT”为“2000.000000”，“垂直下刀进给率百分比”为“100.000000”，“横向进刀进给率百分比”为“100.000000”，“使用 KBM 进给转速”选择“否”。

4）NC 代码输出：“开启 RTCP”选择“是”，“刀位点输出”选择“刀尖”。

（2）刀具路径（图 7-7）

1）加工精度：设“加工公差”为“0.010000”，“保护面加工余量”为“0.100000”，“叶片加工余量”为“0.100000”，“限制点之间距离”选择“否”，“限制刀轴角度变化”选择“否”。

2）旋转轴：“加工基准轴”选择“Z 轴负方向”，“基准轴旋转方向”选择“顺时针”，“点 / 轴定义开始平面”为“0.000000，0.000000，0.000000”，设“前倾角”为“0.000000”。

3）深度增量：“单条结束路径”选择“否”，“加工策略”选择“逼近”，设“切削深度”为“1.000000”，“最大进给率调整 %”为“200.000000”。

4）开启径向加工：“单条路径”选择“否”，设“最大径向步距”为“1.000000”，“起始路径位置自动”选择“是”，“结束路径位置自动”选择“是”。

5）刀轴方向：“移除刀轴回摆”选择“否”。

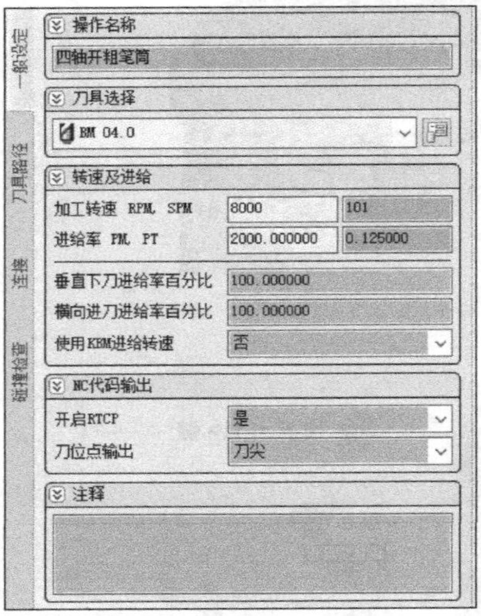

图 7-6

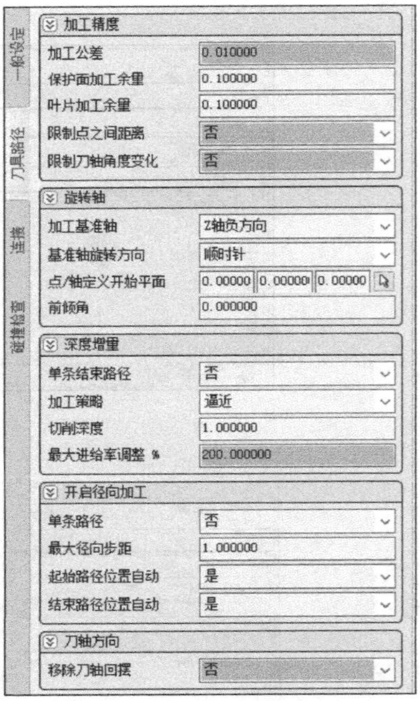

图 7-7

（3）连接（图 7-8）

1）回退：“最优化回退”选择“在操作内部”，设“绝对安全高度”为“120.000000”，

“安全高度”为“2.000000”，“快进间隙”为“0.100000”。

2）进刀：选取“圆弧进刀”“垂直进退刀”。

3）退刀：选取“圆弧进刀”“垂直进退刀”。

（4）碰撞检查　不设定。

单击“✓确定”按钮，执行刀具路径运算，刀具路径运算结果如图 7-9 所示。

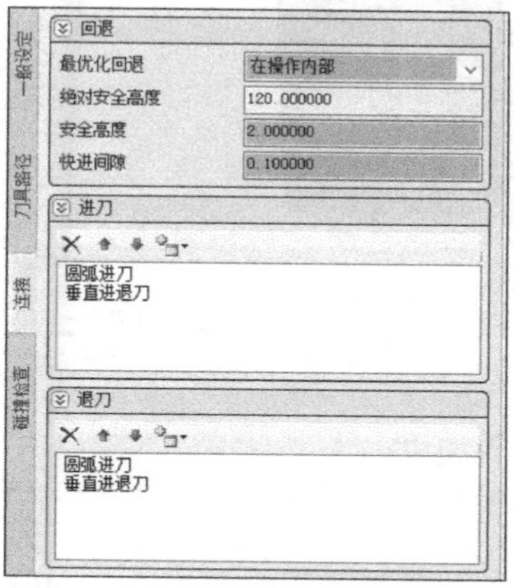

图　7-8

图　7-9

7.2.2　4 轴精加工笔筒

步骤：依次单击“”按钮（铣削模具加工－铣削 5 轴加工）→“”按钮（5 轴复合加工），如图 7-10 中①、②所示，弹出自由曲面特征编辑器。加工部件：①单击加工部件空白处→②按照图中所选，单击“确定”按钮（图 7-11）；保护面：①单击保护面空白处→②选择整个实体，单击“✓确定”按钮（图 7-12）。

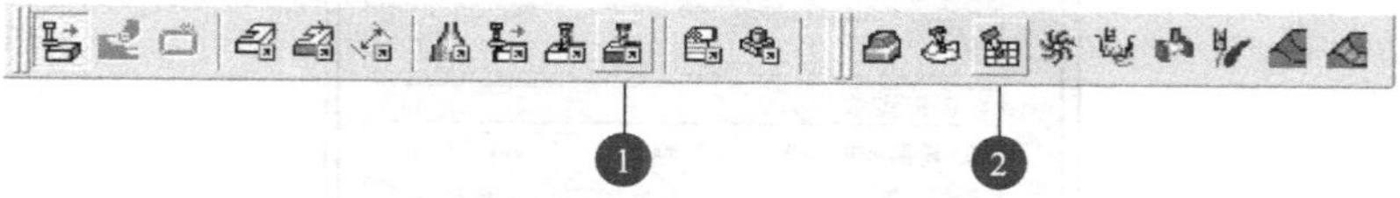

图　7-10

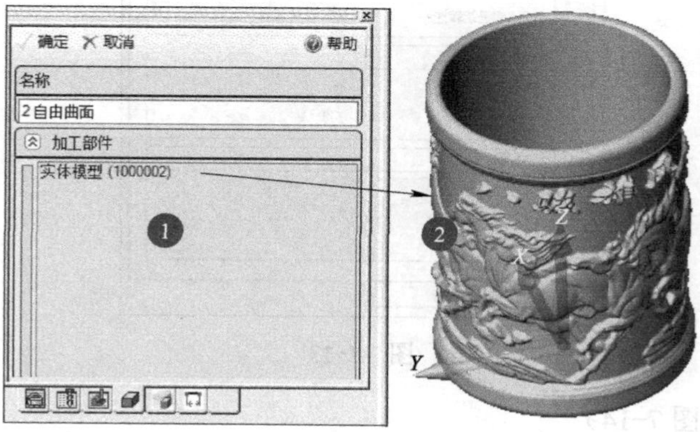

图　7-11

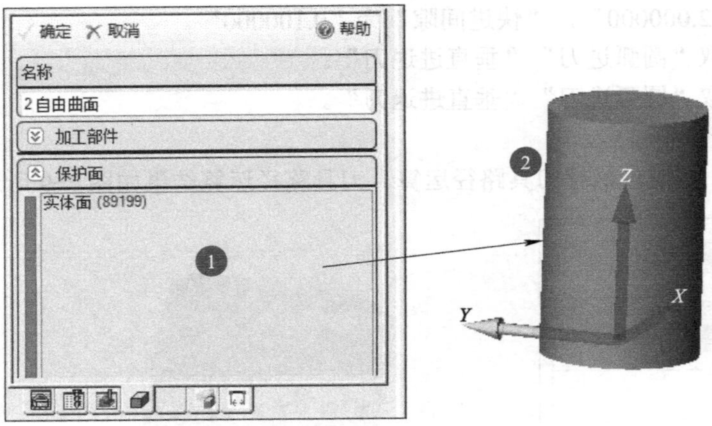

图 7-12

需要设定的参数如下：

（1）一般设定（图 7-13）

1）操作名称：名称为“四轴精加工笔筒”。

2）刀具选择：选择“Tool 5”。

3）转速及进给：设“加工转速 RPM，SPM”为“8000”，“进给率 PM，PT”为“1000.000000”，“垂直下刀进给率百分比”为“100.000000”，“横向进刀进给率百分比”为“100.000000”，“使用 KBM 进给转速”选择“否”。

4）NC 代码输出：“开启 RTCP”选择“是”，“刀位点输出”选择“刀尖”。

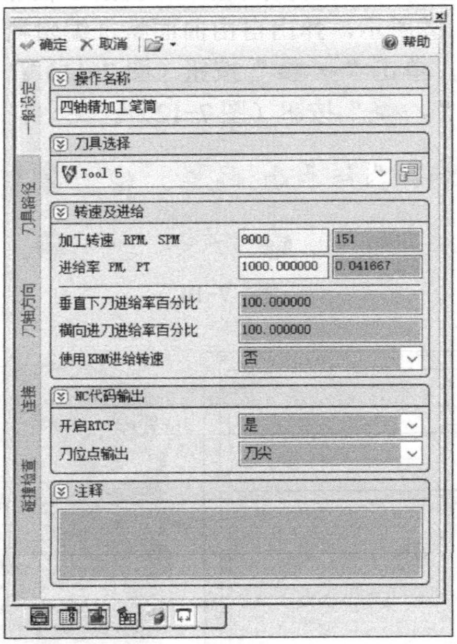

图 7-13

（2）刀具路径（图 7-14）

1）加工精度：设“加工公差”为“0.020000”，“余量”为“0.000000”。

2）点分布：“限制点之间距离”选择“否”，“限制刀轴角度变化”选择“否”。

3）刀具路径样式：“刀具路径样式”选择“螺旋投影”，“刀具位置”选择“刀具中心投影在曲线上”，“驱动曲面”选择图中所指的实体面，“加工方向”选择“U 方向”，“反向加工方向”选择“否”，“反向步距方向”选择“否”，“反向投影方向”选择“否”，设“投影距离”为“10.000000”，“路径位置”选择“全部加工”，“走刀方式”选择“单向”，“改变刀路起始点”选择“否”，“步距计算”选择“恒定步距”，设“加工步距”为“0.100000”，“多头螺纹螺旋”选择“否”，设“刀路切向延伸”为“0.000000”，“移除未完成刀路”选择“是”。

4）粗加工：“粗加工路径”选择“否”。

（3）刀轴方向（图 7-15）

1）刀轴方向：“刀轴控制方式”选择“驱动面法向”，设“前倾角”为“0.000000”，“侧倾角”为“0.000000”，“角度限制”选择“无限制”。

2）碰撞检查：设“刀杆间隙”为“0.000000”，“刀柄间隙”为“0.000000”。

3）自动避让：“自动避让”选择“否”。

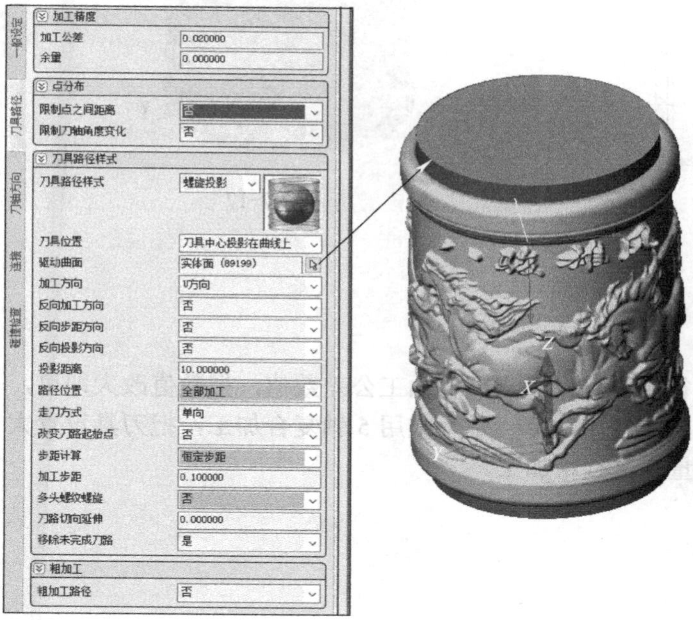

图 7-14

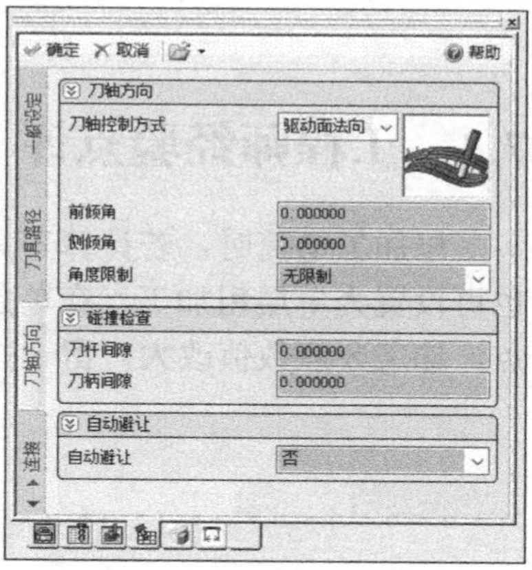

图 7-15

（4）连接（图 7-16）

1）回退：“最优化回退”选择“在操作内部”，设“绝对安全高度”为“50.000000”，“安全高度”为“2.000000”。

2）进刀：选取“法向平面圆弧”。

3）退刀：选取“法向平面圆弧”。

4）进给连接：选取“桥连接”。

5）快进连接：无。

（5）碰撞检查　不设定。

单击"✓确定"按钮，执行刀具路径运算，刀具路径运算结果如图 7-17 所示。

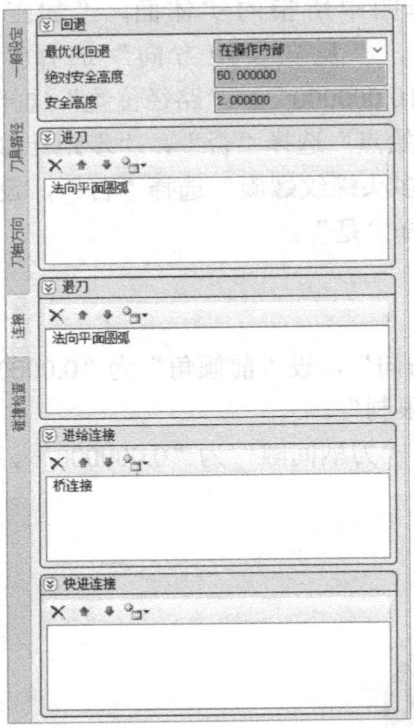

图　7-16

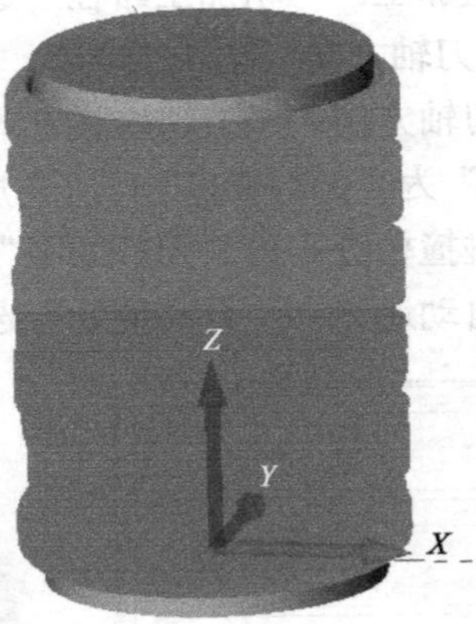

图　7-17

7.3　工程师经验点评

粗加工笔筒时，若计算刀具路径慢，可以适当调整加工公差数值，把数值改大即可，也可设置为单层粗加工，在单条结束路径中选择"是"或用 5 轴复合加工，把刀具设置大点，加工公差数值改大，留一些余量来进行粗加工。

第8章 多轴铣削加工实例：弧齿锥齿轮轴

8.1 基本设定

8.1.1 弧齿锥齿轮轴模型

图 8-1 所示为弧齿锥齿轮轴模型。主要介绍弧齿锥齿轮轴粗加工、半精加工和精加工的使用。在这个例子中使用实体模型来进行刀路的编制。

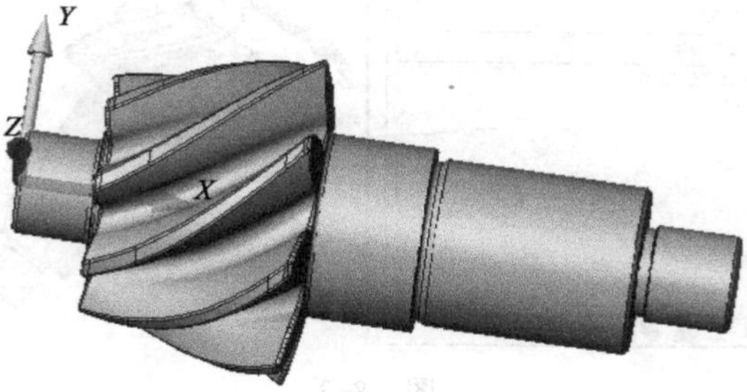

图 8-1

8.1.2 工艺方案

弧齿锥齿轮轴模型的加工工艺方案见表 8-1。

表 8-1

工序号	加工内容	加工方式	机床	刀具
1	弧齿锥齿轮轴粗加工	等高粗加工	5 轴机床（*AB* 轴）	*R*3（ϕ6mm 球头铣刀）
2	弧齿锥齿轮轴半精加工	5 轴复合加工	5 轴机床（*AB* 轴）	*R*3（ϕ6mm 球头铣刀）
3	弧齿锥齿轮轴精加工	5 轴复合加工	5 轴机床（*AB* 轴）	*R*3（ϕ6mm 球头铣刀）

此类零件装夹比较简单，利用自定心卡盘夹持即可。

8.1.3 准备加工文件

打开 ESPRIT 软件，打开“8- 弧齿锥齿轮轴 .esp”文件（扫描前言中的二维码下载）。

8.1.4 创建坐标系

坐标系用模型文件的当前坐标系。

8.2 编程详细操作步骤

8.2.1 弧齿锥齿轮轴粗加工

步骤： 依次单击“ ”按钮（铣削模具加工－铣削5轴加工）→“ ”按钮（等高粗加工），如图8-2中①、②所示，弹出自由曲面特征编辑器。加工部件：①单击加工部件空白处→②框选实体模型（图8-3）；毛坯：①在绘图区域按下 <F11> 键→②调出“层”对话框→③将“毛坯”层显示出来→④单击毛坯空白处→⑤选择毛坯（图8-4），单击“ 确定 ”按钮。

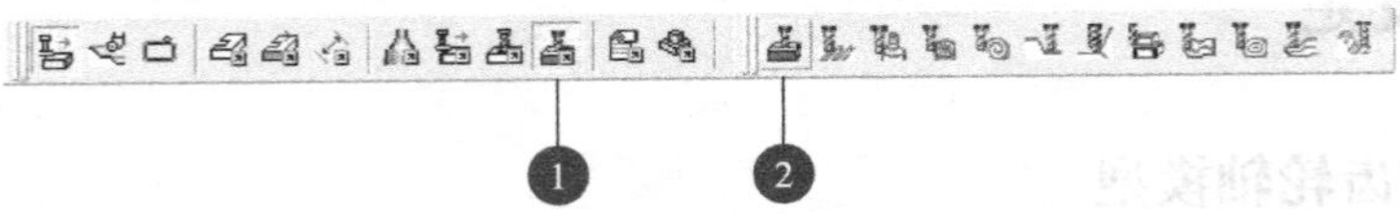

图 8-2

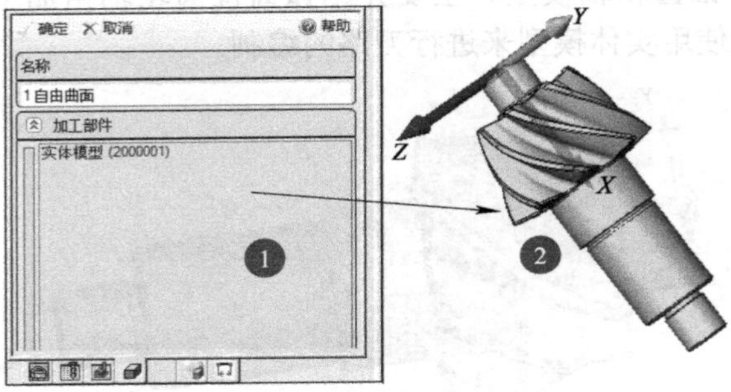

图 8-3

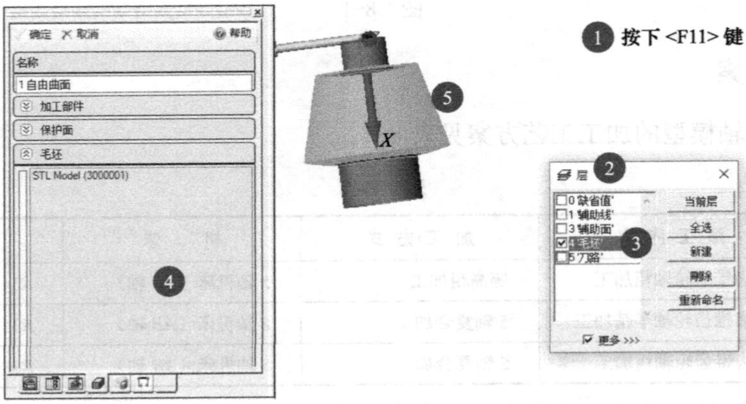

图 8-4

需要设定的参数如下：

（1）一般设定（图8-5）

1）操作名称：名称为“弧齿锥齿轮轴粗加工”。

2）刀具选择：选择“R3”。

3）转速及进给：设“加工转速 RPM，SPM”为“6000”，“进给率 PM，PT”为“2500.000000”，“垂直下刀进给率百分比”为“100.000000”，“横向进刀进给率百分比”为“100.000000”，“使用 KBM 进给转速”选择“否”。

4）NC 代码输出：“刀位点输出”选择“刀尖”。

（2）刀具路径（图 8-6）

1）加工精度：设“加工公差”为“0.100000”，“径向余量”为“0.150000”，“轴向余量”为“0.150000”，“最小残留余量”为“0.000000”，“限制点之间距离”选择“否”。

2）深度：“深度策略”选择“由上到下”，“切削深度计算”选择“常数”，设“切削深度”为“0.600000”。

3）刀具路径：设“步距，直径 %”分别为“2.700000”“45”，“加工策略”选择“由外向内顺铣”，“加工优先级”选择“区域优先”，“预精加工”选择“否”。

4）高速加工：“摆线加工”选择“否”，“轮廓光顺”选择“否”，“路径光顺”选择“是”，设“修圆公差”为“0.750000”。

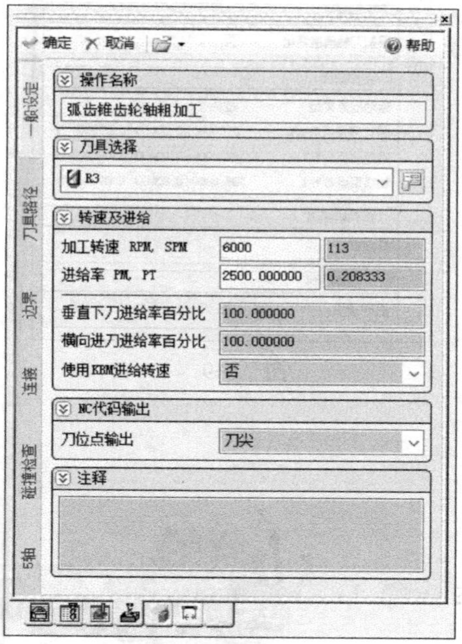

图 8-5

图 8-6

（3）边界（图 8-7）

1）模型边界：“模型限定刀具位置”选择“由毛坯限制”。

2）边界：“边界限定刀具位置”选择“内侧”。

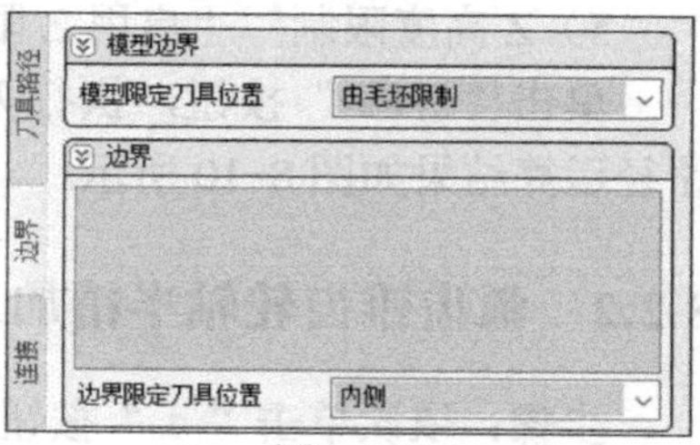

图 8-7

（4）连接（图 8-8）

1）回退："最优化回退"选择"在操作内部"，设"绝对安全高度"为"200.000000"，"安全高度"为"2.000000"。

2）进刀：选取"垂直水平圆弧""垂直然后横向""螺旋进刀""斜向"。参数默认即可。

3）退刀：选取"垂直进退刀"。参数默认即可。

4）进给连接：选取"自定义光顺圆弧""自定义线性""斜向"。参数默认即可。

（5）碰撞检查 不设定。

（6）5 轴（图 8-9）

1）底部曲面 / 曲线驱动："底部曲面驱动"选择"是"。

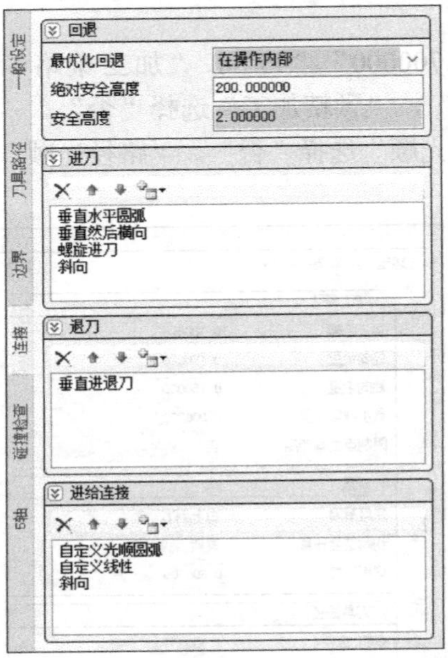

图 8-8

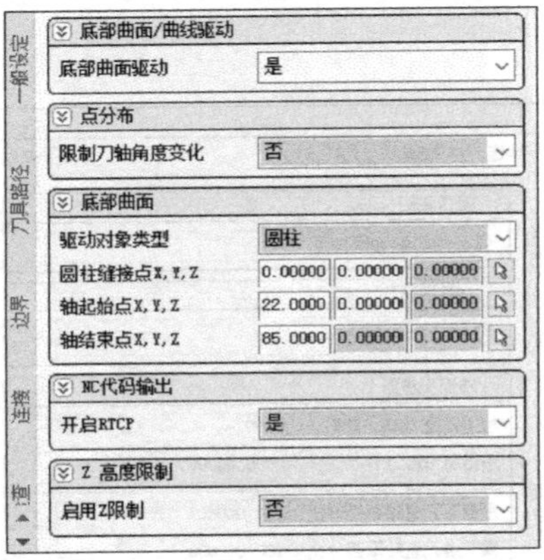

图 8-9

2）点分布："限制刀轴角度变化"选择"否"。

3）底部曲面："驱动对象类型"选择"圆柱"，"圆柱缝接点 X，Y，Z"为"0.000000，0.000000，0.000000"，"轴起始点 X，Y，Z"为"22.000000，0.000000，0.000000"，"轴结束点 X，Y，Z"为"85.000000，0.000000，0.000000"。

4）NC 代码输出："开启 RTCP"选择"是"。

5）Z 高度限制："启用 Z 限制"选择"否"。

单击"✓确定"按钮，执行刀具路径运算，刀具路径运算结果如图 8-10 所示。

图 8-10

8.2.2 弧齿锥齿轮轴半精加工

步骤：依次单击"⛭"按钮（铣削模具加工 - 铣削 5 轴加工）→"⛭"按钮（5 轴复合

加工），如图8-11中①、②所示，弹出自由曲面特征编辑器。加工部件：①单击加工部件空白处→②选择整个实体，单击“✓确定”按钮，如图8-12所示；保护面：①单击保护面空白处→②按照图8-13中所选，单击“✓确定”按钮。

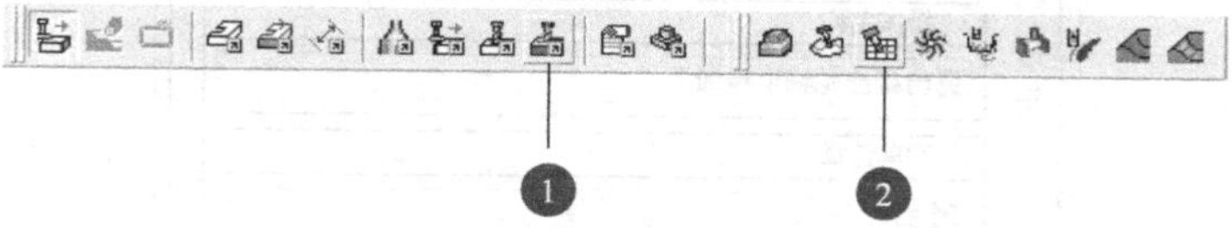

图 8-11

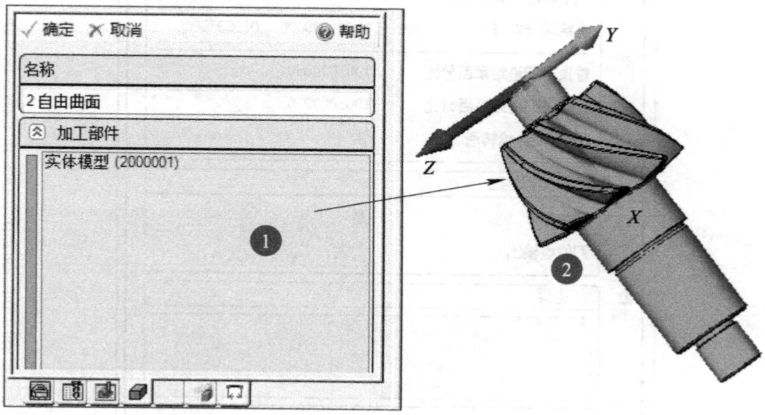

图 8-12

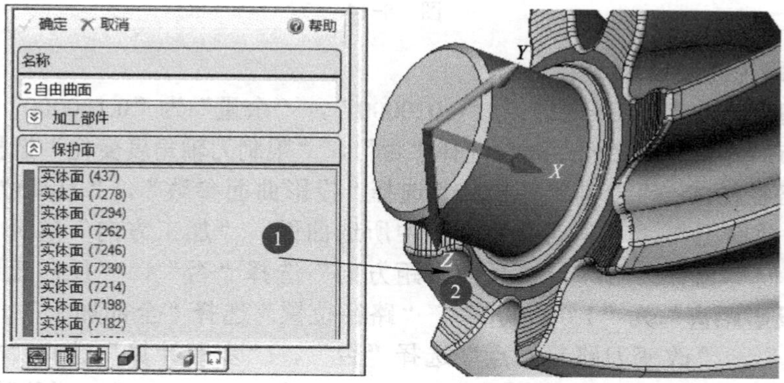

图 8-13

需要设定的参数如下：

（1）一般设定（图8-14）

1）操作名称：名称为“弧齿锥齿轮轴半精加工”。

2）刀具选择：选择“R3”。

3）转速及进给：设“加工转速RPM，SPM”为“8000”，“进给率PM，PT”为“1500.000000”，“垂直下刀进给率百分比”为“100.000000”，“横向进刀进给率百分比”为“100.000000”，“使用KBM进给转速”选择“否”。

4）NC 代码输出：“开启 RTCP”选择“是”，“刀位点输出”选择“刀尖”。

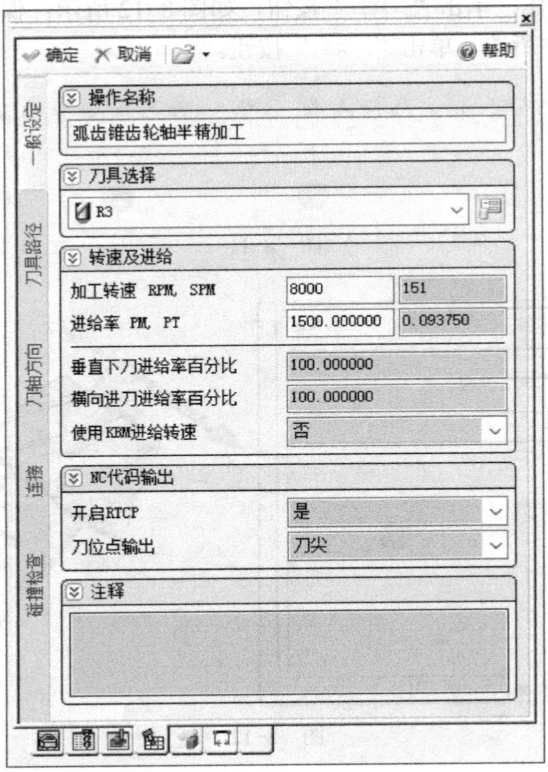

图 8-14

（2）刀具路径（图 8-15）

1）加工精度：设“加工公差”为“0.020000”，“余量”为“0.100000”。

2）点分布：“限制点之间距离”选择“否”，“限制刀轴角度变化”选择“否”。

3）刀具路径样式：“刀具路径样式”选择“投影曲面参数”，“刀具位置”选择“刀具中心投影在曲线上”，“驱动曲面”图中所选曲面，“加工方向”选择“U 方向”，“反向加工方向”选择“否”，“反向步距方向”选择“否”，“反向投影方向”选择“否”，设“投影距离”为“1.000000”，“路径位置”选择“全部加工”，“走刀方式”选择“往返式”，“改变刀路起始点”选择“否”，“步距计算”选择“恒定步距”，设“加工步距”为“0.500000”，“刀路切向延伸”为“5.000000”，“移除未完成刀路”选择“否”。

4）粗加工：“粗加工路径”选择“否”。

（3）刀轴方向（图 8-16）

1）刀轴方向：“刀轴控制方式”选择“通过空间线”，“刀轴控制轮廓”选择图中的曲线，“朝向轮廓”选择“否”，“轮廓上点选择”选择“最小距离”，设“前倾角”为“0.000000”、“侧倾角”为“0.000000”，“角度限制”选择“无限制”。

2）碰撞检查：设“刀杆间隙”为“0.000000”，“刀柄间隙”为“0.000000”。

3）自动避让：“自动避让”选择“否”。

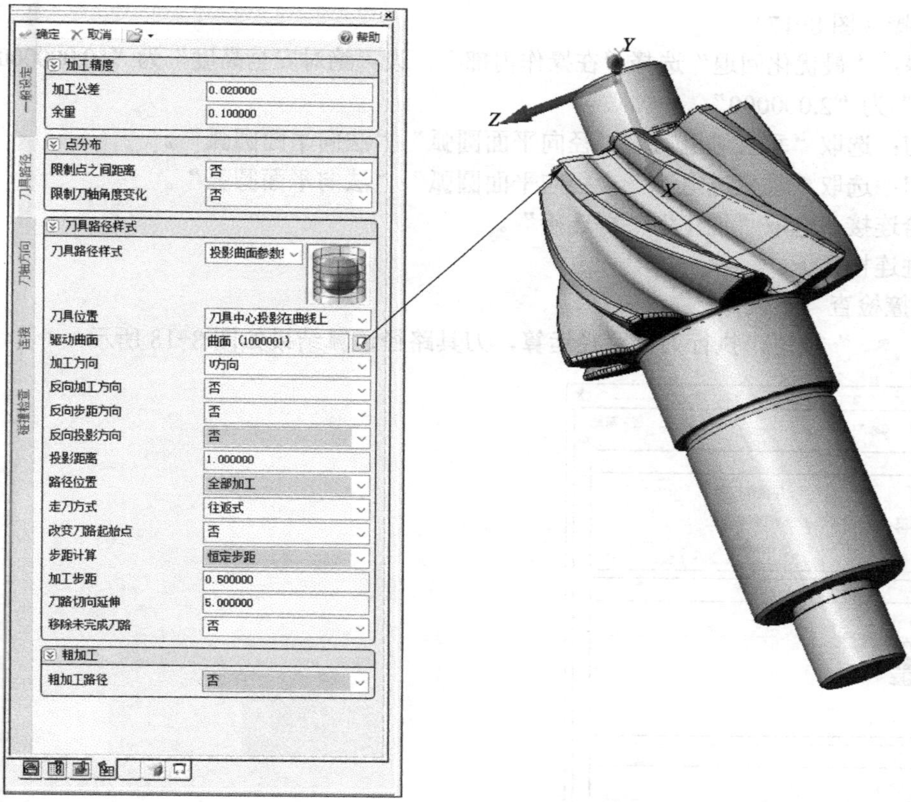
确定
取消
帮助
一般设定
刀具路径
刀轴方向
连接
碰撞检查
加工精度
加工公差
0.020000
余量
0.100000
点分布
限制点之间距离
否
限制刀轴角度变化
否
刀具路径样式
刀具路径样式
投影曲面参数
刀具位置
刀具中心投影在曲线上
驱动曲面
曲面（1000001）
加工方向
V方向
反向加工方向
否
反向步距方向
否
反向投影方向
否
投影距离
1.000000
路径位置
全部加工
走刀方式
往返式
改变刀路起始点
否
步距计算
恒定步距
加工步距
0.500000
刀路切向延伸
5.000000
移除未完成刀路
否
粗加工
粗加工路径
否
Y
Z
X

图 8-15

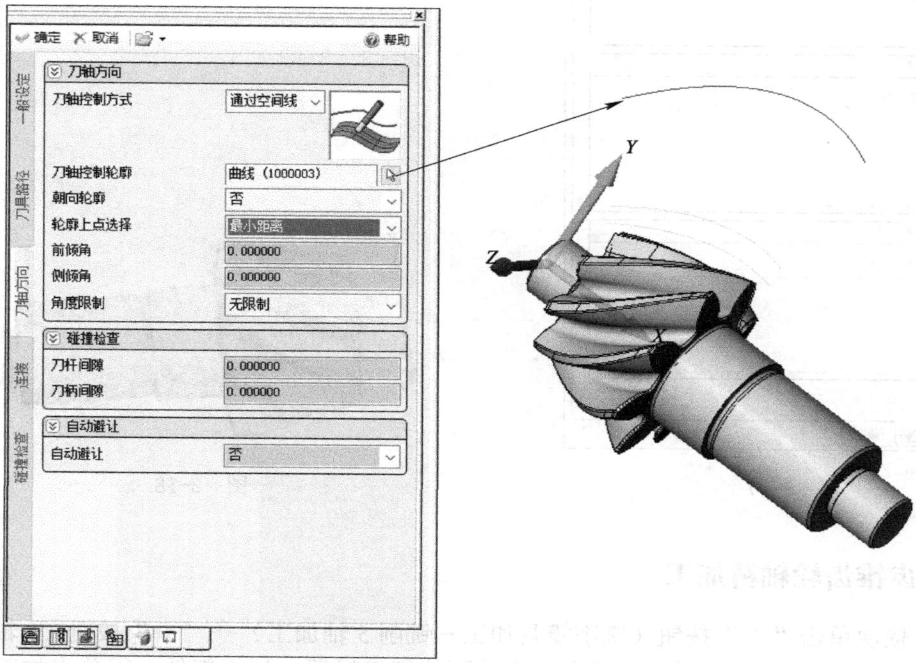
确定
取消
帮助
一般设定
刀具路径
刀轴方向
连接
碰撞检查
刀轴方向
刀轴控制方式
通过空间线
刀轴控制轮廓
曲线（1000003）
朝向轮廓
否
轮廓上点选择
最小距离
前倾角
0.000000
侧倾角
0.000000
角度限制
无限制
碰撞检查
刀杆间隙
0.000000
刀柄间隙
0.000000
自动避让
自动避让
否
Y
Z

图 8-16

（4）连接（图 8-17）

1）回退：“最优化回退”选择“在操作内部”，设“绝对安全高度”为“50.000000”，“安全高度”为“2.000000”。

2）进刀：选取“垂直进退刀”“径向平面圆弧”“法向平面圆弧”。

3）退刀：选取“垂直进退刀”“径向平面圆弧”“法向平面圆弧”。

4）进给连接：选取“优化”“桥连接”。

5）快进连接：无。

（5）碰撞检查　不设定。

单击“✓确定”按钮，执行刀具路径运算，刀具路径运算结果如图 8-18 所示。

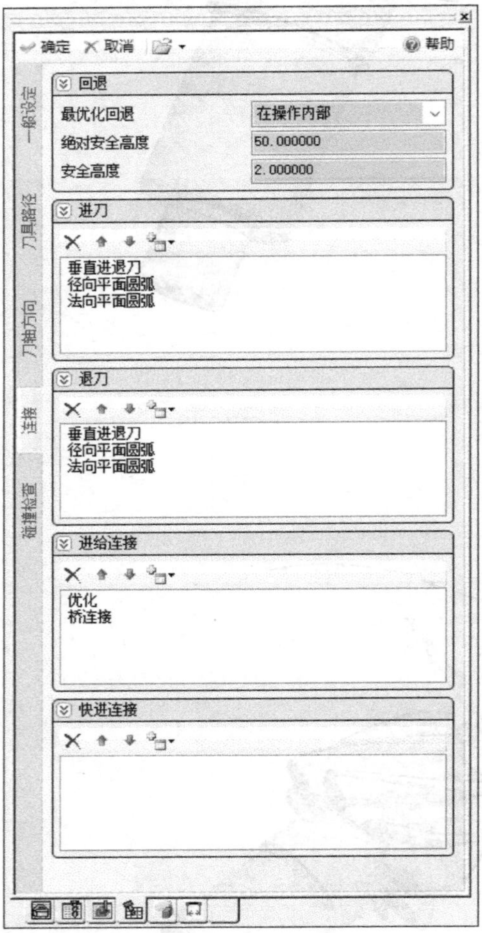

图　8-17

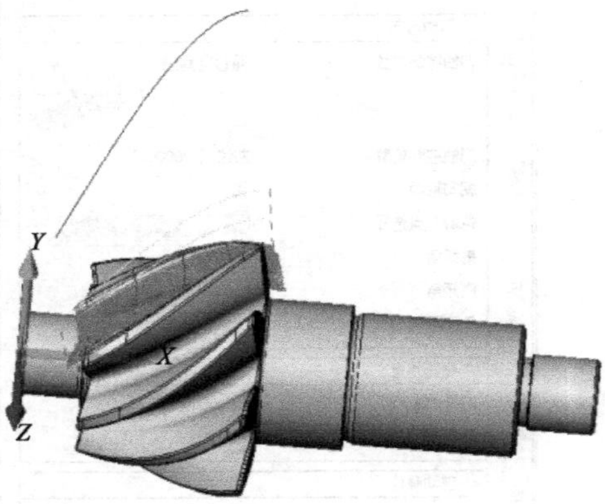

图　8-18

8.2.3　弧齿锥齿轮轴精加工

步骤：依次单击“ ”按钮（铣削模具加工 - 铣削 5 轴加工）→“ ”按钮（5 轴复合加工），如图 8-19 中①、②所示，弹出自由曲面特征编辑器。加工部件：①单击加工部件空白处→②按照图 8-20 中所选，单击“√确定”按钮；保护面：①单击保护面空白处→②按照图 8-21 中所选，单击“√确定”按钮。

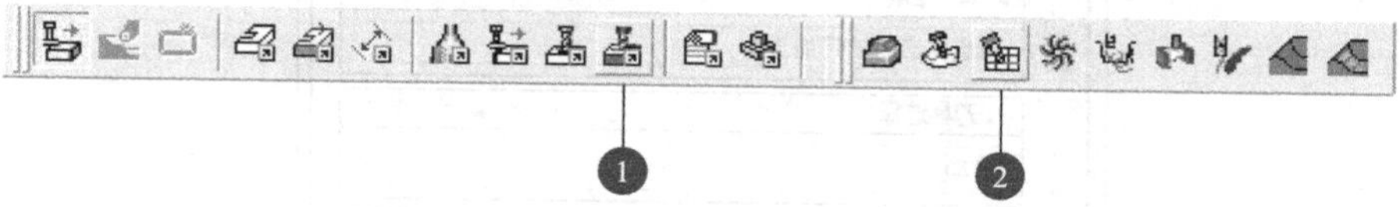

图 8-19

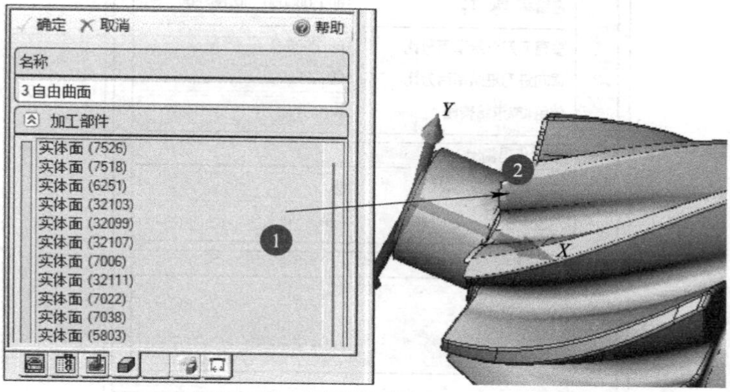

图 8-20

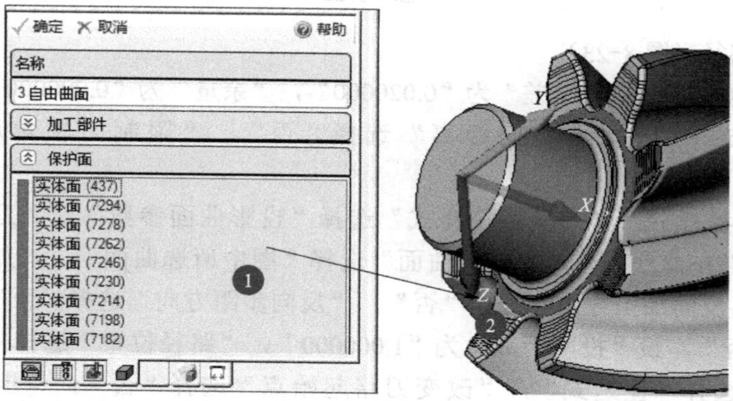

图 8-21

需要设定的参数如下：

（1）一般设定（图 8-22）

1）操作名称：名称为“弧齿锥齿轮轴精加工”。

2）刀具选择：选择“R3”。

3）转速及进给：设“加工转速 RPM，SPM”为“8000”，“进给率 PM，PT”为“1000.000000”，“垂直下刀进给率百分比”为“100.000000”，“横向进刀进给率百分比”为“100.000000”，“使用 KBM 进给转速”选择“否”。

4）NC 代码输出：“开启 RTCP”选择“是”，“刀位点输出”选择“刀尖”。

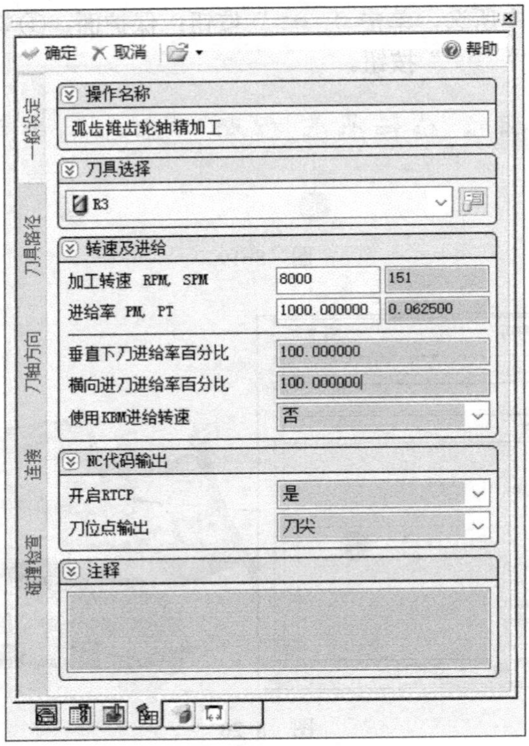

图 8-22

（2）刀具路径（图 8-23）

1）加工精度：设“加工公差”为“0.020000”，“余量”为“0.000000”。

2）点分布：“限制点之间距离”选择“否”，“限制刀轴角度变化”选择“否”。

3）刀具路径样式：“刀具路径样式”选择“投影曲面参数”，“刀具位置”选择“刀具中心投影在曲线上”，“驱动曲面”选择“图中所选曲面”，“加工方向”选择“U 方向”，“反向加工方向”选择“否”，“反向步距方向”选择“否”，“反向投影方向”选择“否”，设“投影距离”为“1.000000”，“路径位置”选择“全部加工”，“走刀方式”选择“往返式”，“改变刀路起始点”选择“否”，“步距计算”选择“恒定步距”，设“加工步距”为“0.100000”，“刀路切向延伸”为“2.000000”，“移除未完成刀路”选择“否”。

4）粗加工：“粗加工路径”选择“否”。

（3）刀轴方向（图 8-24）

1）刀轴方向：“刀轴控制方式”选择“通过空间线”，“刀轴控制轮廓”选择图中的曲线，“朝向轮廓”选择“否”，“轮廓上点选择”选择“最小距离”，设“前倾角”为“0.000000”，“侧倾角”为“0.000000”，“角度限制”选择“无限制”。

2）碰撞检查：设“刀杆间隙”为“0.000000”，“刀柄间隙”为“0.000000”。

3）自动避让：“自动避让”选择“否”。

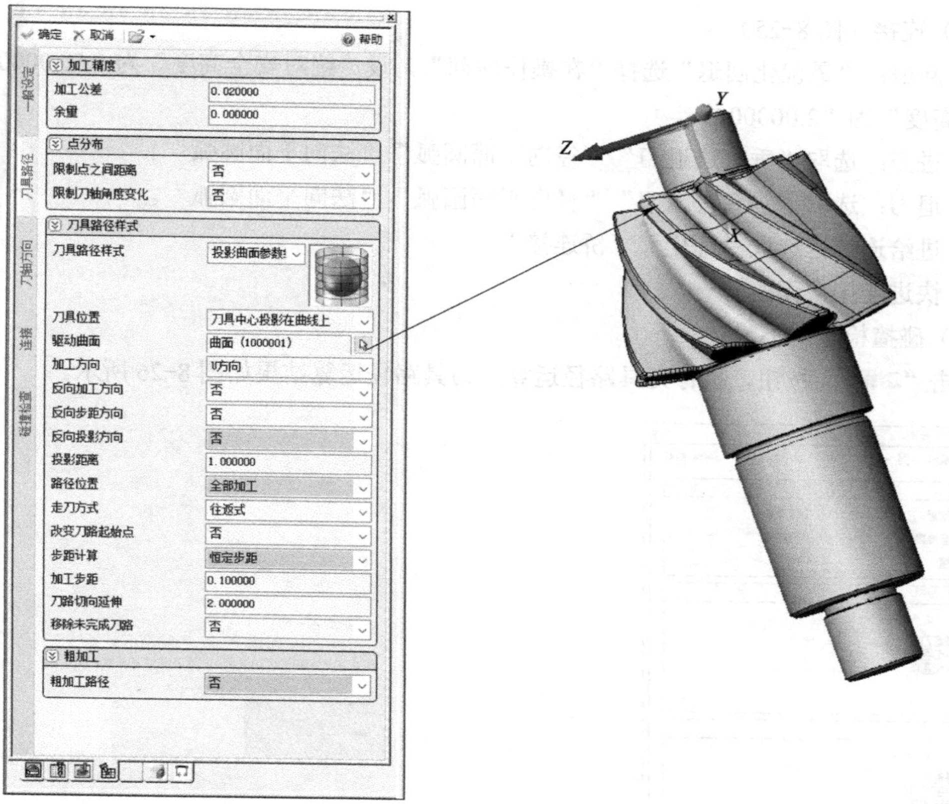
确定
取消
帮助
一般设定
刀具路径
刀轴方向
连接
碰撞检查
加工精度
加工公差
0.020000
余量
0.000000
点分布
限制点之间距离
否
限制刀轴角度变化
否
刀具路径样式
刀具路径样式
投影曲面参数
刀具位置
刀具中心投影在曲线上
驱动曲面
曲面（1000001）
加工方向
V方向
反向加工方向
否
反向步距方向
否
反向投影方向
否
投影距离
1.000000
路径位置
全部加工
走刀方式
往返式
改变刀路起始点
否
步距计算
恒定步距
加工步距
0.100000
刀路切向延伸
2.000000
移除未完成刀路
否
粗加工
粗加工路径
否
Y
Z
X

图 8-23

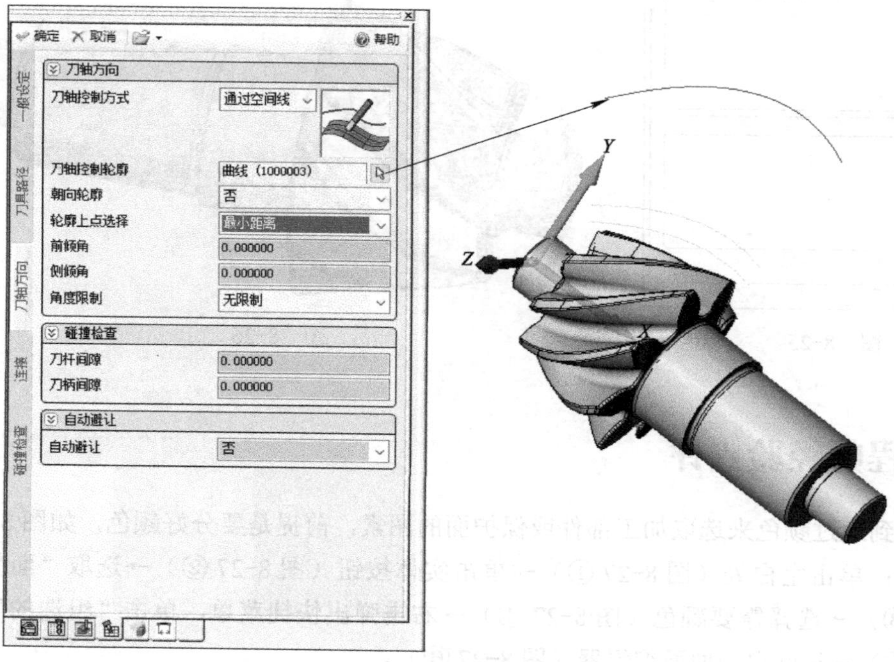
确定
取消
帮助
一般设定
刀具路径
刀轴方向
连接
碰撞检查
刀轴方向
刀轴控制方式
通过空间线
刀轴控制轮廓
曲线（1000003）
朝向轮廓
否
轮廓上点选择
最小距离
前倾角
0.000000
侧倾角
0.000000
角度限制
无限制
碰撞检查
刀杆间隙
0.000000
刀柄间隙
0.000000
自动避让
自动避让
否
Y
Z

图 8-24

（4）连接（图 8-25）

1）回退：“最优化回退”选择“在操作内部”，设“绝对安全高度”为“50.000000”，“安全高度”为“2.000000”。

2）进刀：选取“垂直进退刀”“径向平面圆弧”“法向平面圆弧”。

3）退刀：选取“垂直进退刀”“径向平面圆弧”“法向平面圆弧”。

4）进给连接：选取“优化”“桥连接”。

5）快进连接：无。

（5）碰撞检查　不设定。

单击“✓确定”按钮，执行刀具路径运算，刀具路径运算结果如图 8-26 所示。

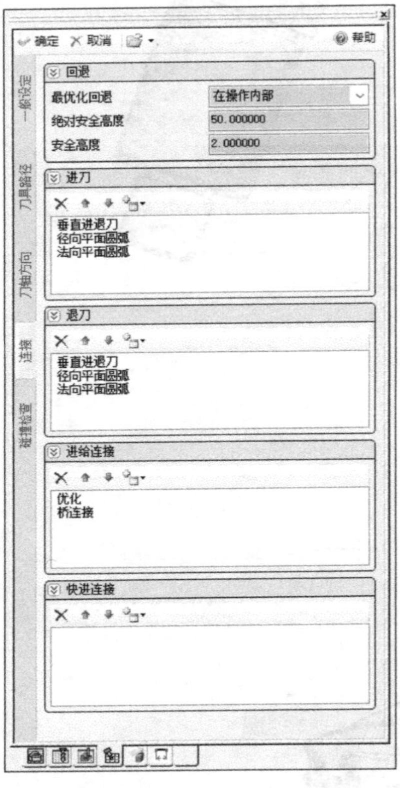

图　8-25

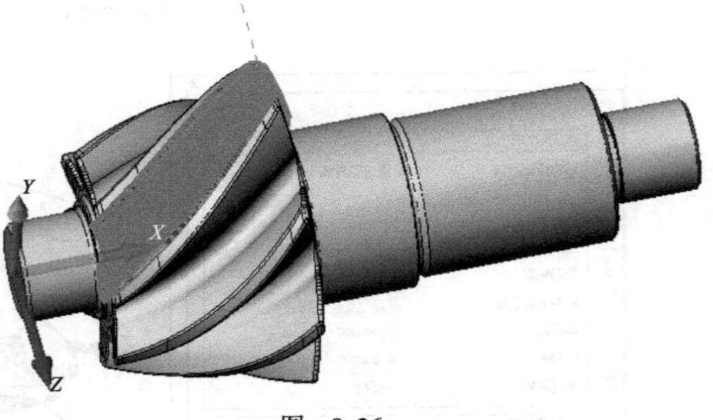

图　8-26

8.3　工程师经验点评

上文提到通过颜色来选取加工部件或保护面的图素，前提是要分好颜色，如图 8-27 所示。保护面：单击空白处（图 8-27 ①）→单击实体按钮（图 8-27 ②）→选取“面颜色”（图 8-27 ③）→选择需要颜色（图 8-27 ④）→右击弹出快捷菜单，单击“组选的”按钮（图 8-27 ⑤）→返回自由曲面编辑器（图 8-27 ⑥）。

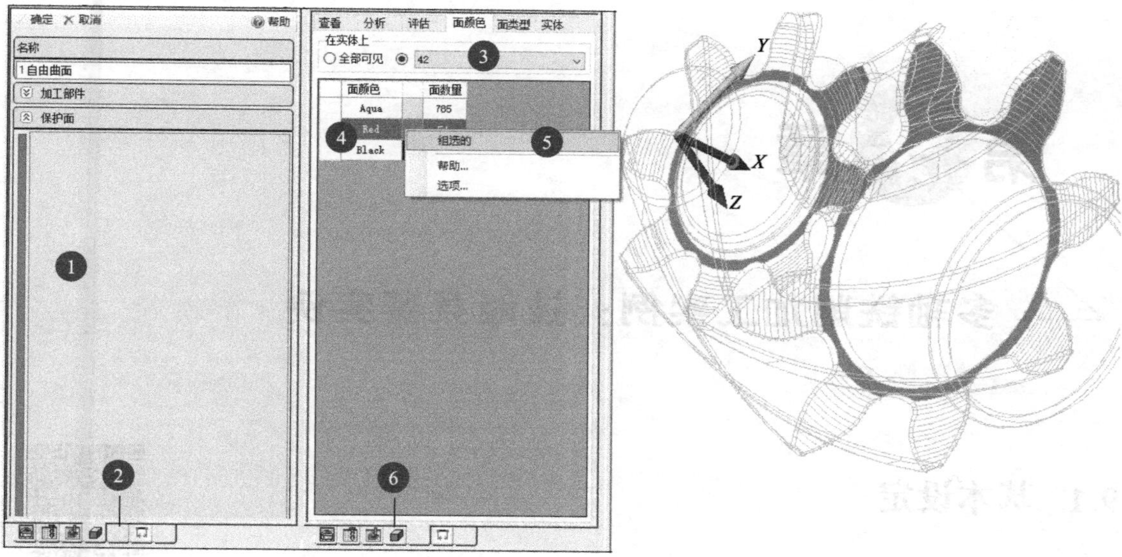
确定
取消
帮助
名称
1自由曲面
加工部件
保护面
查看
分析
评估
面颜色
面类型
实体
在实体上
全部可见
42
面颜色
面数量
Aqua
785
Red
Black
组选的
帮助...
选项...
1
2
3
4
5
6
Y
X
Z

图 8-27

第9章 多轴铣削加工实例：技能竞赛实例

9.1 基本设定

9.1.1 技能竞赛模型

图 9-1 所示为技能竞赛模型。主要介绍 5 轴复合加工、5 轴轮廓加工命令的使用。在这个例子中使用实体模型来进行刀路的编制，由于篇幅所限，只对技能竞赛的模型进行多轴精加工刀路编程。

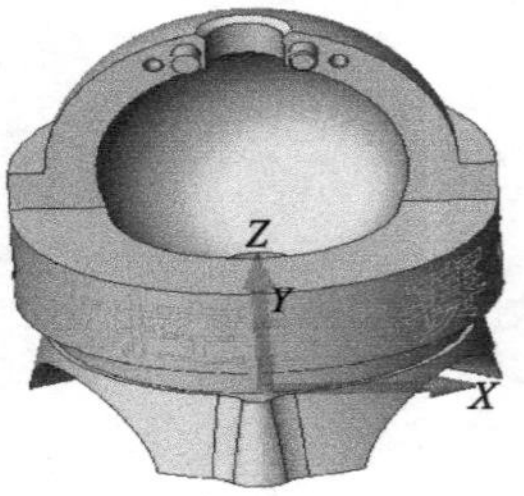

图 9-1

9.1.2 工艺方案

技能竞赛模型的加工工艺方案见表 9-1。

表 9-1

工 序 号	加 工 内 容	加 工 方 式	机 床	刀 具
1	五轴精加工内圆圆环	5 轴复合加工	5 轴机床	DZ10（ϕ10mm 倒角刀）
2	五轴精加工外圆	5 轴复合加工	5 轴机床	EM 12.0（ϕ12mm 立铣刀）
3	五轴精加工外圆底面	5 轴轮廓加工	5 轴机床	EM 12.0（ϕ12mm 立铣刀）
4	五轴精加工内圆	5 轴复合加工	5 轴机床	D12R6（ϕ12mm 球头铣刀）
5	五轴刻字	5 轴轮廓加工	5 轴机床	0.1（ϕ0.2mm 锥形球头铣刀）

此类零件装夹比较简单，利用自定心卡盘夹持即可。

9.1.3 准备加工文件

打开 ESPRIT 软件，打开“9- 数控大赛”文件（扫描前言中的二维码下载）。

9.1.4 创建坐标系

坐标系用模型文件的当前坐标系。

9.2 编程详细操作步骤

9.2.1 5 轴精加工内圆圆环

步骤：依次单击“ ”按钮（铣削模具加工 - 铣削 5 轴加工）→“ ”按钮（5 轴复合加工），如图 9-2 中①、②所示，弹出自由曲面特征编辑器。加工部件：①单击加工部件空白处→②按照图 9-3 中所选，单击“ 确定 ”按钮；保护面：①单击保护面空白处→②按照图 9-4 中所选，单击“ 确定 ”按钮。

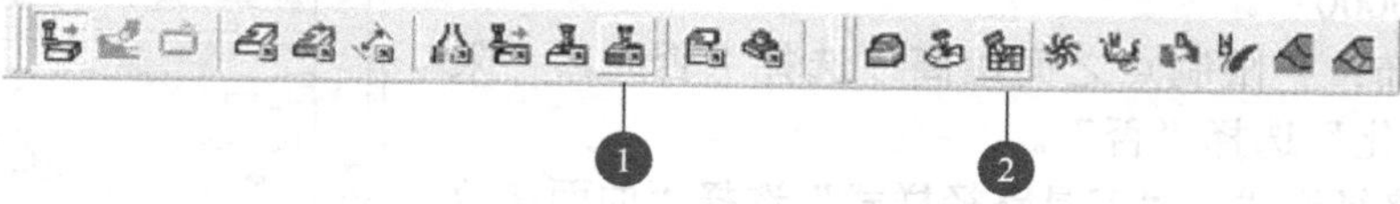

图 9-2

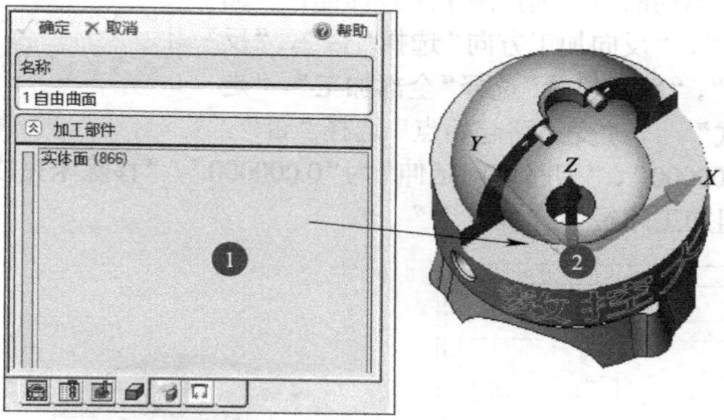

图 9-3

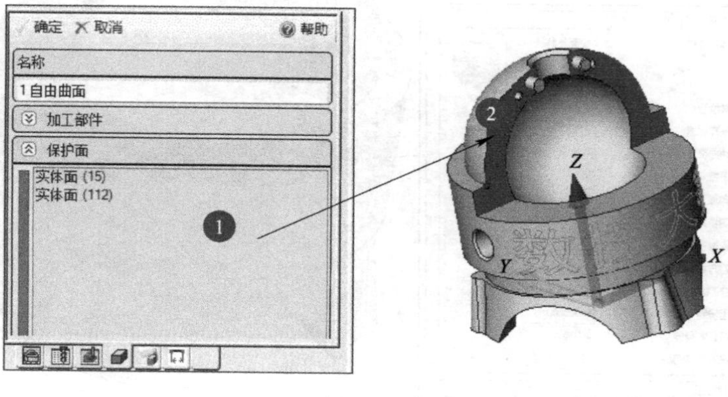

图 9-4

需要设定的参数如下：

（1）一般设定（图 9-5）

1）操作名称：名称为“五轴精加工内圆圆环”。

2）刀具选择：选择“DZ10”。

3）转速及进给：设“加工转速 RPM，SPM”为“5000”，“进给率 PM，PT”为“600.000000”，“垂直下刀进给率百分比”为“100.000000”，“横向进刀进给率百分比”为“100.000000”，“使用 KBM 进给转速”选择“否”。

4）NC 代码输出：“开启 RTCP”选择“是”，“刀位点输出”选择“刀尖”，“3D 刀具补偿”选择“否”。

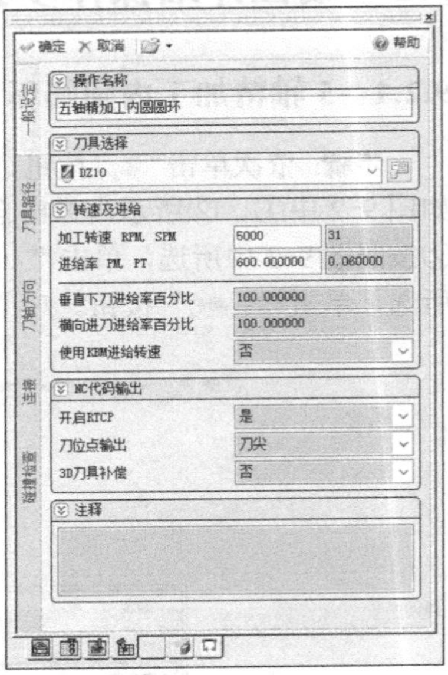

图 9-5

（2）刀具路径（图 9-6）

1）加工精度：设“加工公差”为“0.010000”，“余量”为“0.000000”。

2）点分布：“限制点之间距离”选择“否”，“限制刀轴角度变化”选择“否”。

3）刀具路径样式：“刀具路径样式”选择“曲面参数线”，“刀具位置”选择“接触点在曲线上”，“尖角环过渡”选择“否”，“驱动曲面”选择图中所选曲面，“加工方向”选择“U 方向”，“反向加工方向”选择“否”，“反向步距方向”选择“否”，“路径位置”选择“全部加工”，“走刀方式”选择“往返式”，“改变刀路起始点”选择“否”，设“加工步距”为“4.000000”、“刀路切向延伸”为“0.000000”，“移除未完成刀路”选择“否”。

4）粗加工：“粗加工路径”选择“否”。

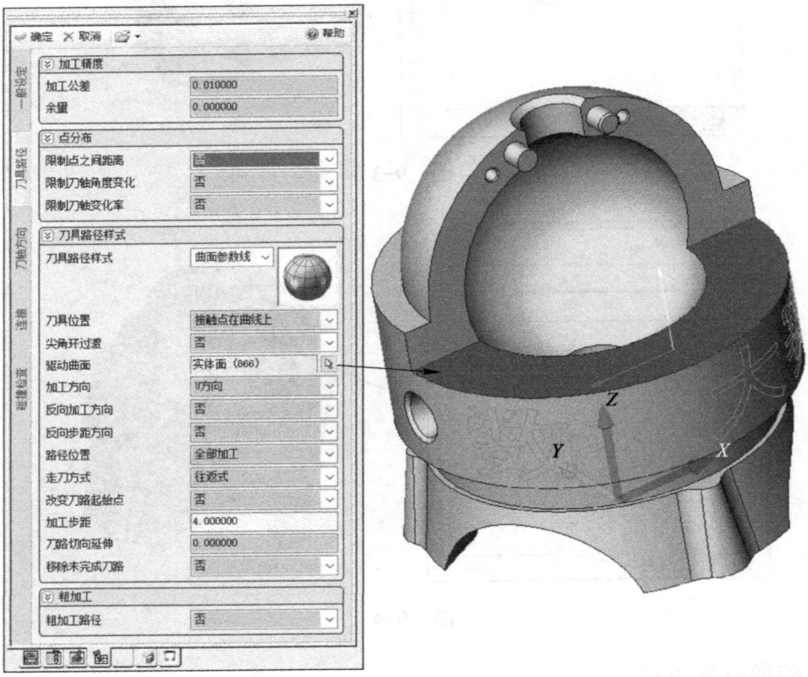

图 9-6

（3）刀轴方向（图 9-7）

1）刀轴方向：“刀轴控制方式”选择“加工曲面法向”，设“前倾角”为“0.000000”，

“侧倾角”为“-45.000000”，“最小旋转”选择“否”，“角度限制”选择“无限制”。

2）碰撞检查：设“刀杆间隙”为“0.000000”，“刀柄间隙”为“0.000000”。

3）自动避让：“自动避让”选择“否”。

（4）连接（图 9-8）

1）回退：“最优化回退”选择“在操作内部”，设“绝对安全高度”为“100.000000”，“安全高度”为“2.000000”。

2）进刀：选取“圆弧进刀”“垂直进退刀”。

3）退刀：选取“圆弧进刀”“垂直进退刀”。

4）进给连接：选取“光顺”“桥连接”。

5）快进连接：无。

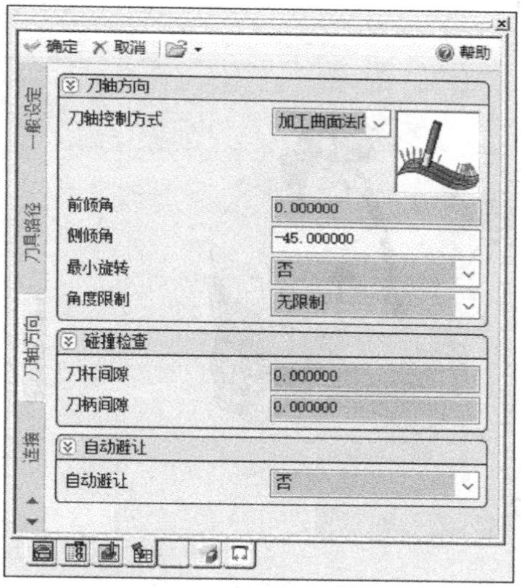

图 9-7

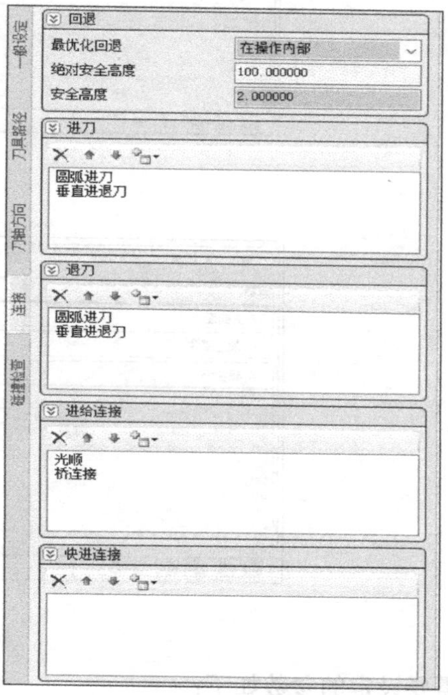

图 9-8

（5）碰撞检查　不设定。

单击“确定”按钮，执行刀具路径运算，刀具路径运算结果如图 9-9 所示。

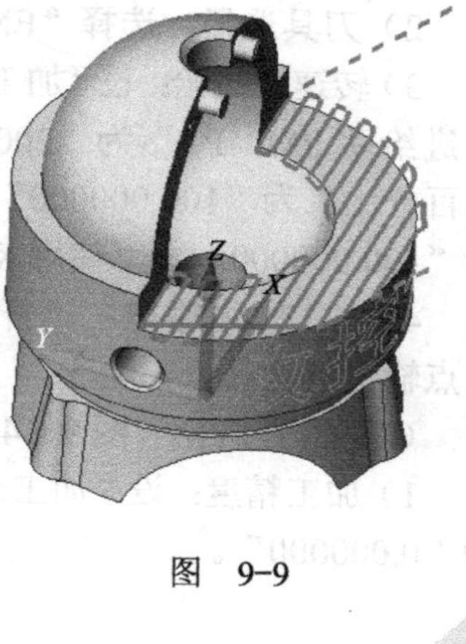

图 9-9

9.2.2　5 轴精加工外圆

步骤：依次单击“ ”按钮（铣削模具加工－铣削 5 轴加工）→“ ”按钮（5 轴复合加工），如图 9-10 中①、②所示，弹出自由曲面特征编辑器。加工部件：①单击加工部件空白处→②按照图 9-11 中所选，单击“确定”按钮；保护面：①单击保护面空白处→②按照图 9-12 中所选，单击“确定”按钮。

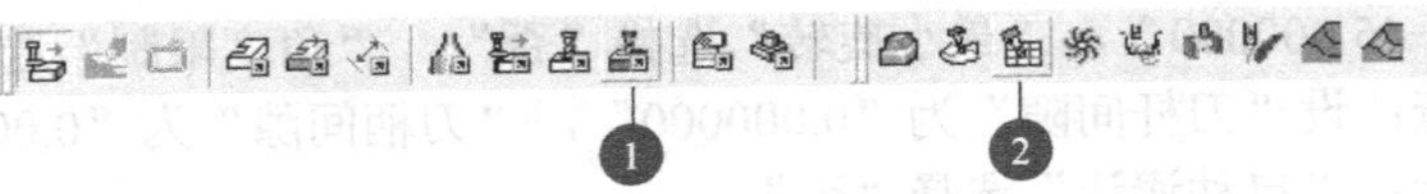

图 9-10

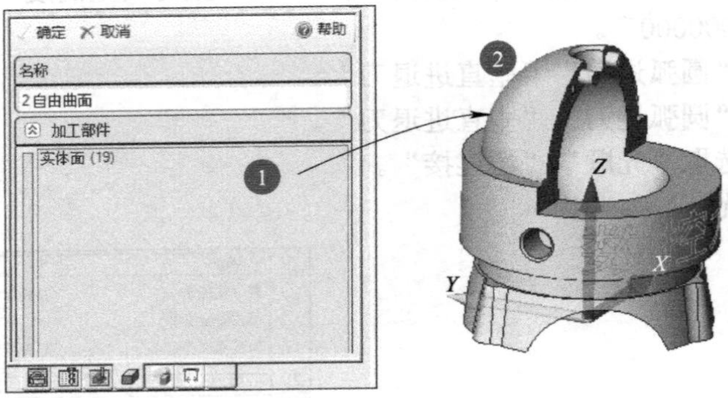

图 9-11

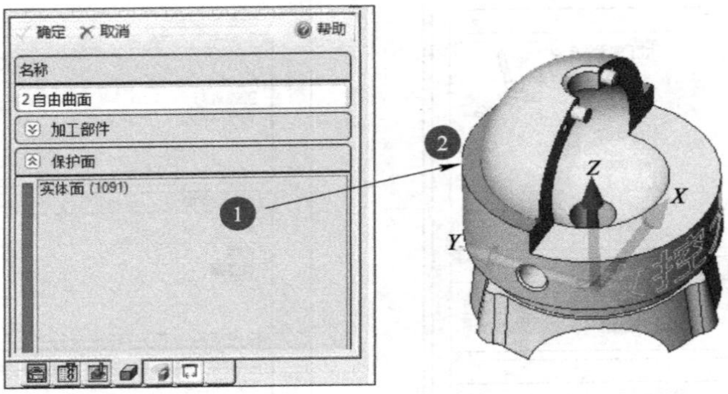

图 9-12

需要设定的参数如下：

（1）一般设定（图 9-13）

1）操作名称：名称为“五轴精加工外圆”。

2）刀具选择：选择“EM 12.0”。

3）转速及进给：设“加工转速 RPM，SPM”为“6000”，“进给率 PM，PT”为“2000.000000”，“垂直下刀进给率百分比”为“100.000000”，“横向进刀进给率百分比”为“100.000000”，“使用 KBM 进给转速”选择“否”。

4）NC 代码输出：“开启 RTCP”选择“是”，“刀位点输出”选择“刀尖”。

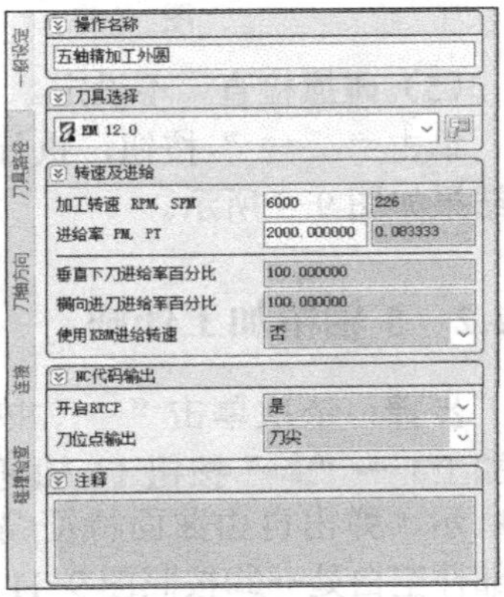

图 9-13

（2）刀具路径（图 9-14）

1）加工精度：设“加工公差”为“0.020000”，“余量”为“0.000000”。

2）点分布：“限制点之间距离”选择“否”，“限制刀轴角度变化”选择“否”。

3）刀具路径样式：“刀具路径样式”选择“投影曲面参数线”，“刀具位置”选择“刀具中心投影在曲线上”，“驱动曲面”选择图中所选曲面，“加工方向”选择“U 方向”，“反向加工方向”选择“否”，“反向步距方向”选择“否”，“反向投影方向”选择“否”，设“投影距离”为“50.000000”，“路径位置”选择“全部加工”，“走刀方式”选择“往返式”，“改变刀路起始点”选择“否”，设“加工步距”为“3.000000”，“刀路切向延伸”为“5.000000”，“移除未完成刀路”选择“是”。

4）粗加工：“粗加工路径”选择“否”。

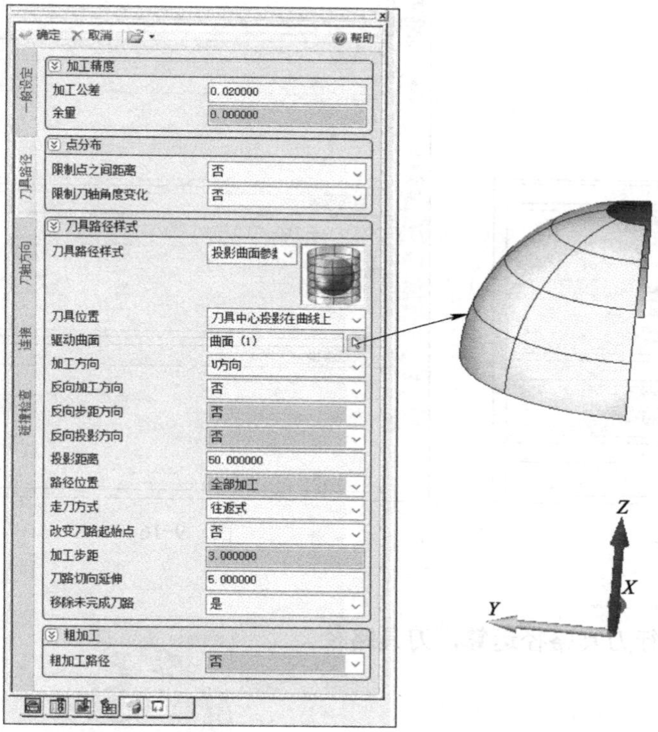

图 9-14

（3）刀轴方向（图 9-15）

1）刀轴方向：“刀轴控制方式”选择“加工曲面法向”，设“前倾角”为“0.000000”，“侧倾角”为“0.000000”，“角度限制”选择“无限制”。

2）碰撞检查：设“刀杆间隙”为“0.000000”，“刀柄间隙”为“0.000000”。

3）自动避让：“自动避让”选择“否”。

（4）连接（图 9-16）

1）回退：“最优化回退”选择“在操作内部”，设“绝对安全高度”为“100.000000”，“安全高度”为“2.000000”。

2）进刀：选取“圆弧进刀”“垂直进退刀”。

3）退刀：选取“圆弧进刀”“垂直进退刀”。

4）进给连接：选取“光顺”“桥连接”。

5）快进连接：无。

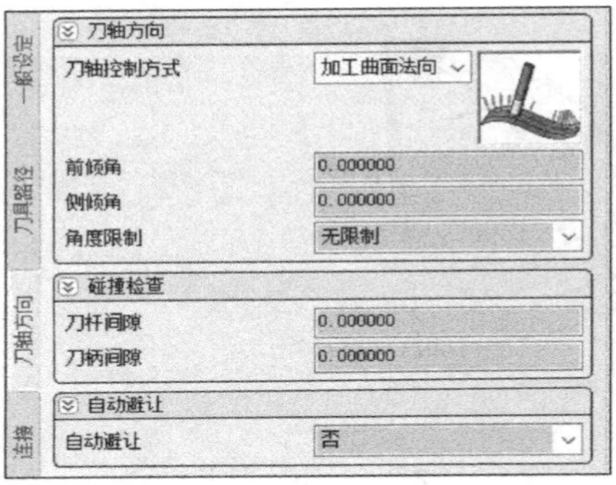

图 9-15

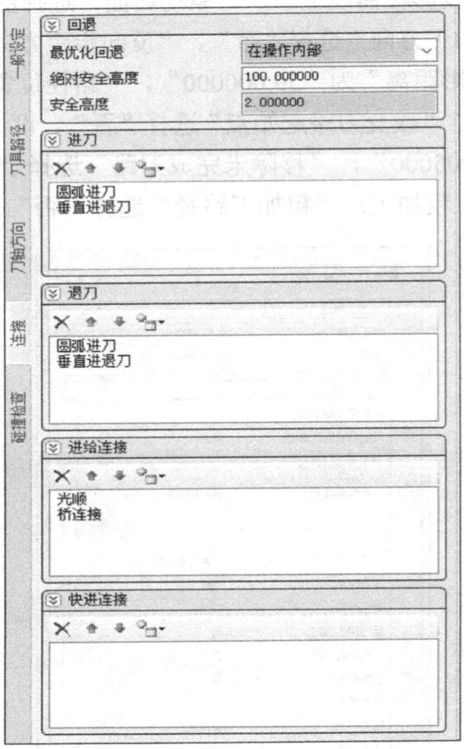

图 9-16

（5）碰撞检查　不设定。

单击“确定”按钮，执行刀具路径运算，刀具路径运算结果如图 9-17 所示。

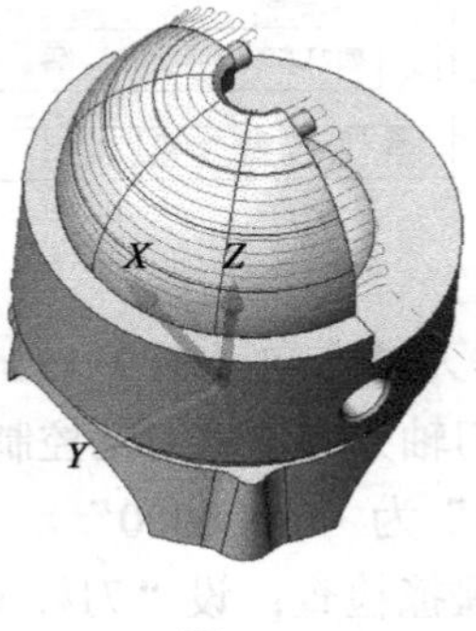

图 9-17

9.2.3　5 轴精加工外圆底面

步骤：依次单击“ ”按钮（铣削模具加工 - 铣削 5 轴加工）→“ ”按钮（5 轴轮廓加工），如图 9-18 中①、②所示，弹出自由曲面特征编辑器。加工部件：①单击加工部件空白处→②按照图 9-19 中所选，单击“确定”按钮；保护面：①单击保护面空白处 →②按照图 9-20 中所选，单击“确定”按钮。

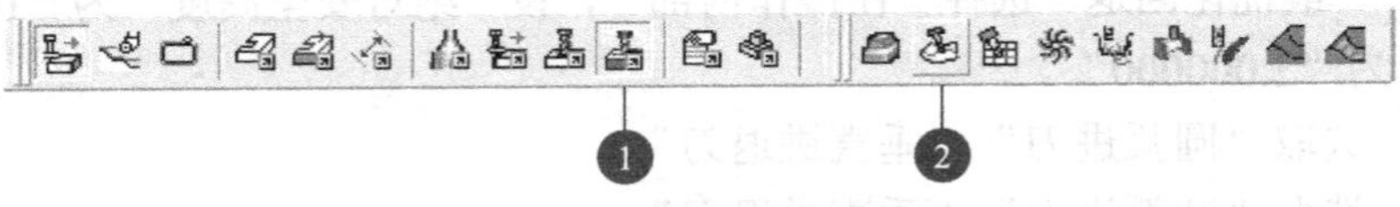

图 9-18

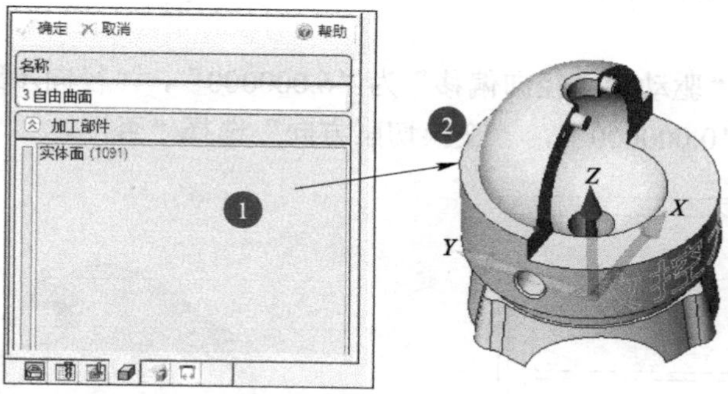

图 9-19

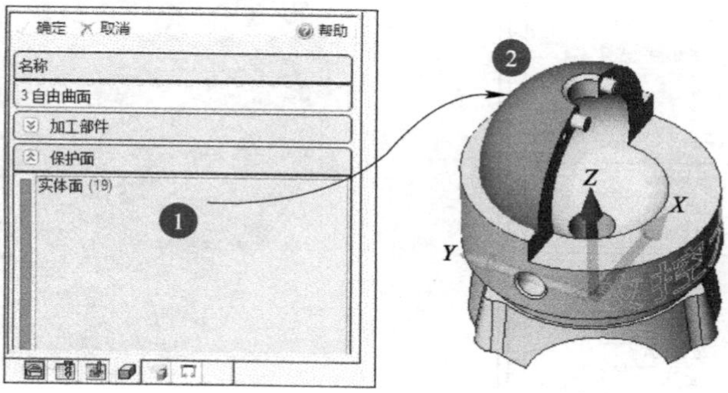

图 9-20

需要设定的参数如下：

（1）一般设定（图 9-21）

1）操作名称：名称为“五轴精加工外圆底面”。

2）刀具选择：选择“EM 12.0”。

3）转速及进给：设“加工转速 RPM，SPM”为“6000”，“进给率 PM，PT”为“800.000000”，“垂直下刀进给率百分比”为“100.000000”，“横向进刀进给率百分比”为“100.000000”，“使用 KBM 进给转速”选择“否”。

4）NC 代码输出：“开启 RTCP”选择“是”，“刀位点输出”选择“刀尖”，“3D 刀具补偿”选择“否”。

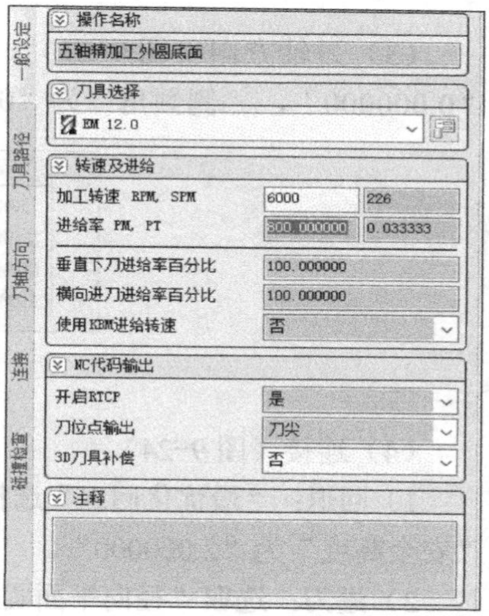

图 9-21

（2）刀具路径（图 9-22）

1）加工精度：设“加工公差”为“0.010000”，“余量”为“0.000000”，“限制点之间距离”选择“否”。

2）刀具位置：“驱动轮廓”选择图中所指链特征，“加工策略”选择“轮廓加工”，“加工侧向”选择“左”，“驱动特征位于边缘”选择“否”。

3）深度：设“结束深度”为“0.000000”，“切削深度”为“2.000000”，“开始深度”为“0.000000”。

4）径向补偿：设“驱动轮廓径向偏移”为“6.000000”，“径向步距”为“0.000000”，“起始径向偏置”为“0.000000”，“变换切削方向”选择“否”。

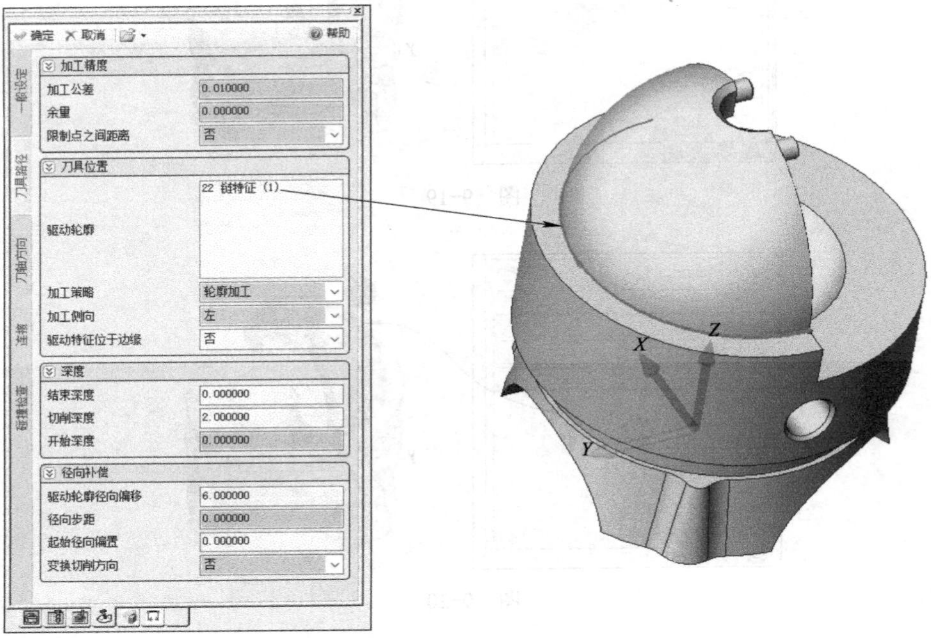

图 9-22

（3）刀轴方向（图 9-23） 刀轴方向：“刀轴反向”选择“否”，设“前倾角”为“0.000000”，“侧倾角”为“0.000000”，“角度限制”选择“无限制”。

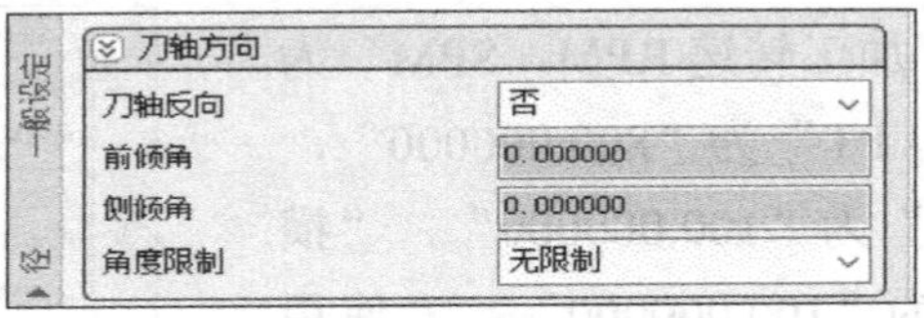

图 9-23

（4）连接（图 9-24）

1）回退：“最优化回退”选择“在操作内部”，设“绝对安全高度”为“150.000000”，“安全高度”为“2.000000”。

2）进刀：选取“径向平面圆弧”。

3）退刀：选取“径向平面圆弧”。

4）快进连接：无。

（5）碰撞检查 不设定。

单击“确定”按钮，执行刀具路径运算，刀具路径运算结果如图 9-25 所示。

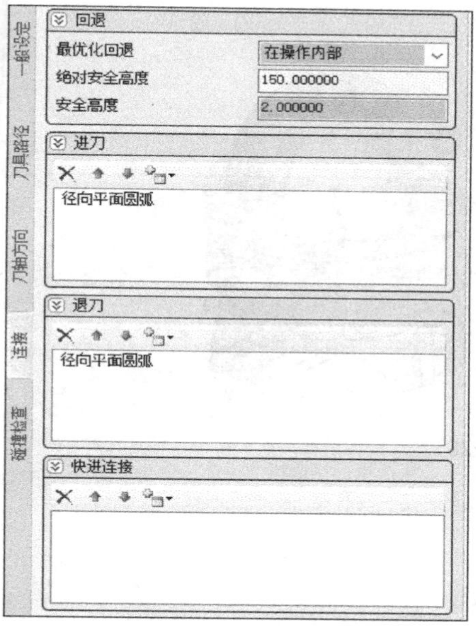

图 9-24

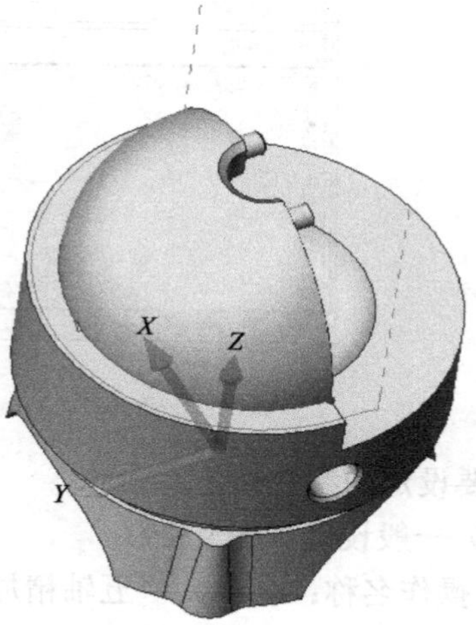

图 9-25

9.2.4 5 轴精加工内圆

步骤：依次单击“ ”按钮（铣削模具加工－铣削 5 轴加工）→“ ”按钮（5 轴复合加工），如图 9-26 中①、②所示，弹出自由曲面特征编辑器。加工部件：①单击加工部件空白处→②按照图 9-27 中所选→单击“ 确定 ”按钮；保护面：①单击保护面空白处→②按照图 9-28 中所选，单击“ 确定 ”按钮。

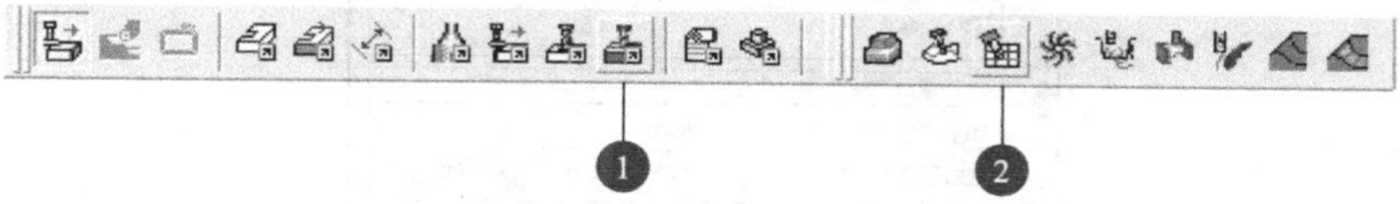

图 9-26

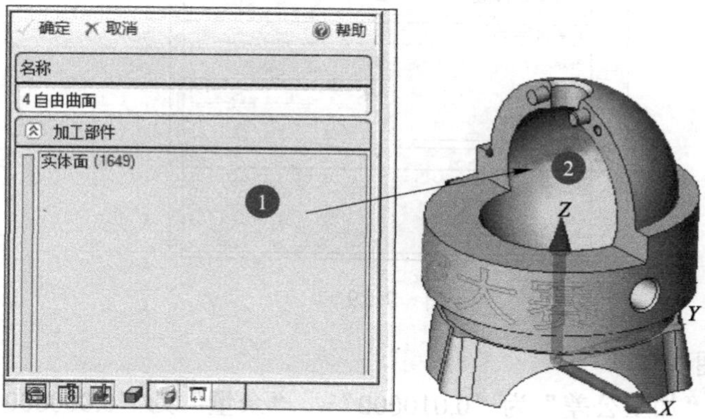

图 9-27

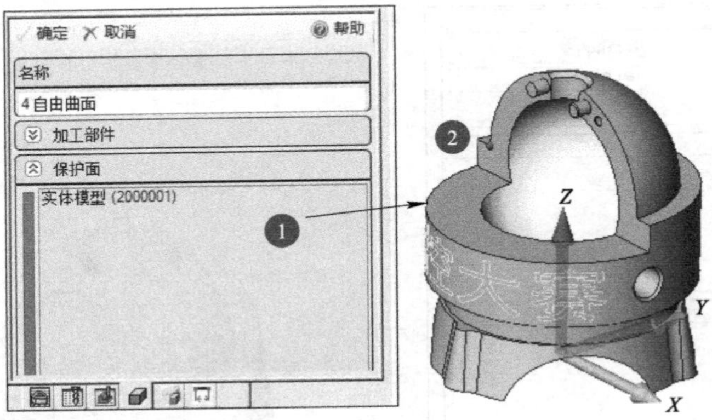

图 9-28

需要设定的参数如下：

（1）一般设定（图 9-29）

1）操作名称：名称为“五轴精加工内圆”。

2）刀具选择：刀具选择“D12R6”。

3）转速及进给：设“加工转速 RPM，SPM”为“6000”，“进给率 PM，PT”为“1500.000000”，“垂直下刀进给率百分比”为“100.000000”，“横向进刀进给率百分比”为“100.000000”，“使用 KBM 进给转速”选择“否”。

4）NC 代码输出：“开启 RTCP”选择“是”，“刀位点输出”选择“刀尖”，“3D 刀具补偿”选择“否”。

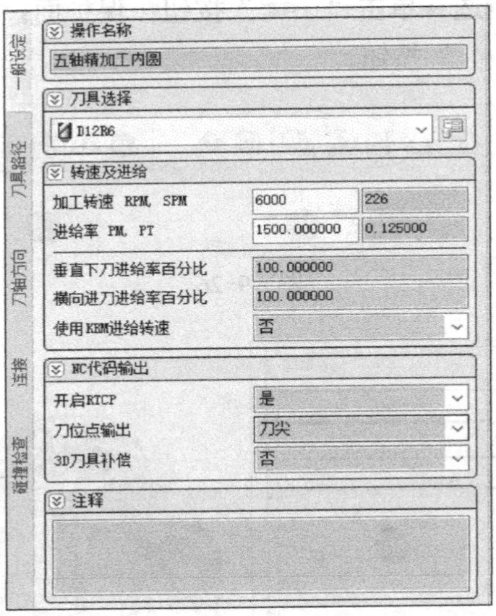

图 9-29

（2）刀具路径（图 9-30）

1）加工精度：设“加工公差”为“0.010000”，“余量”为“0.000000”。

2）点分布：“限制点之间距离”选择“否”，“限制刀轴角度变化”选择“否”，“限制刀轴变化率”选择“否”。

3）刀具路径样式：“刀具路径样式”选择“曲面参数线”，“刀具位置”选择“接触点在曲线上”，“尖角环过渡”选择“否”，“驱动曲面”选择图中所选曲面，“加工方向”选择“U 方向”，“反向加工方向”选择“否”，“反向步距方向”选择“是”，“路径位置”选择“全部加工”，“走刀方式”选择“往返式”，“改变刀路起始点”选择“否”，“步距计算”选择“恒定步距”，设“加工步距”为“1.000000”，“刀路切向延伸”为“2.000000”，“移除未完成刀路”选择“是”。

4）粗加工：“粗加工路径”选择“否”。

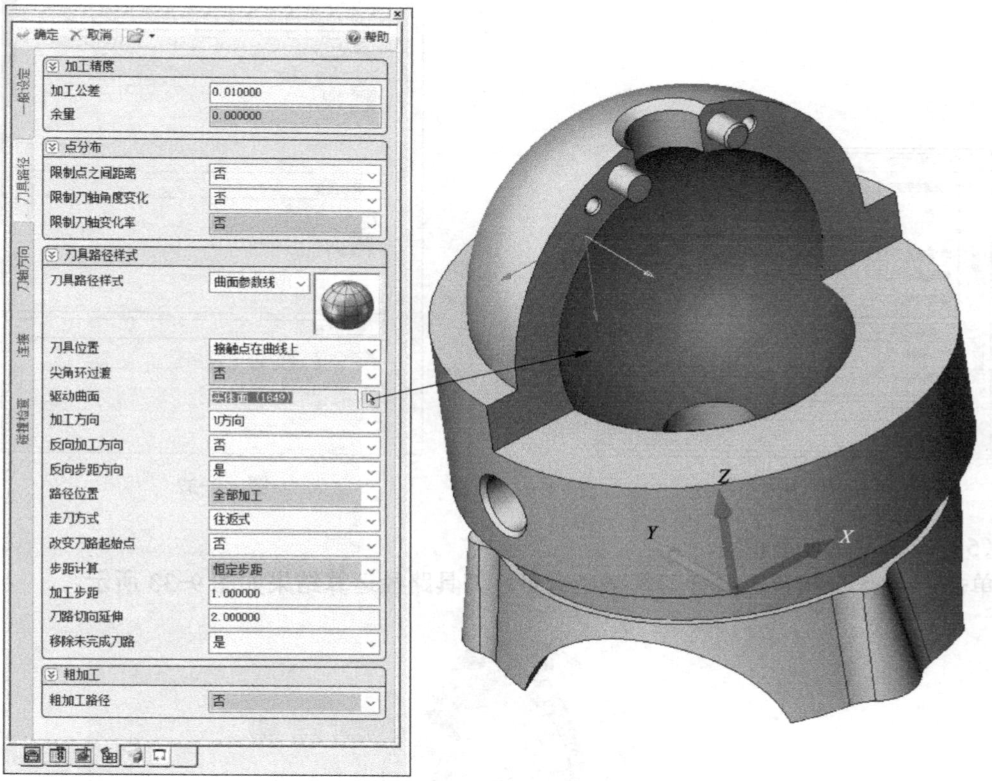

图 9-30

（3）刀轴方向（图 9-31）

1）刀轴方向：“刀轴控制方式”选择“通过点”，设“通过点 X，Y，Z”为“0.000000，−30.000000，95.000000”，“朝向通过点”选择“否”，“角度限制”选择“无限制”。

2）碰撞检查：设“刀杆间隙”为“1.000000”，“刀柄间隙”为“1.000000”。

3）自动避让：“自动避让”选择“否”。

（4）连接（图 9-32）

1）回退：“最优化回退”选择“在操作内部”，设“绝对安全高度”为“100.000000”，“安全高度”为“2.000000”。

2）进刀：选取“圆弧进刀”“垂直进退刀”。

3）退刀：选取“圆弧进刀”“垂直进退刀”。

4）进给连接：选取“光顺”“桥连接”。

5）快进连接：无。

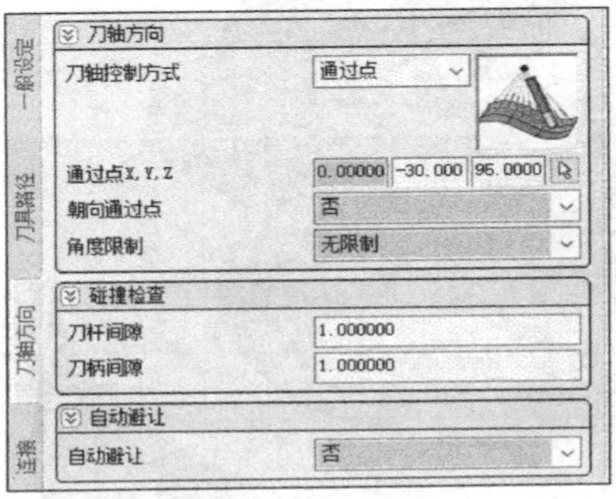

图 9-31

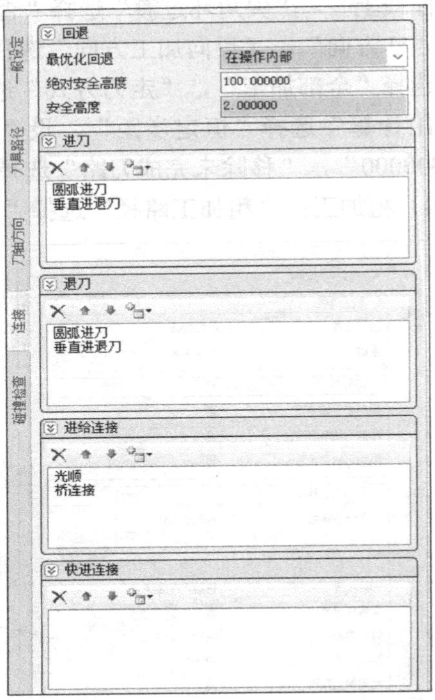

图 9-32

（5）碰撞检查　不设定。

单击“确定”按钮，执行刀具路径运算，刀具路径运算结果如图 9-33 所示。

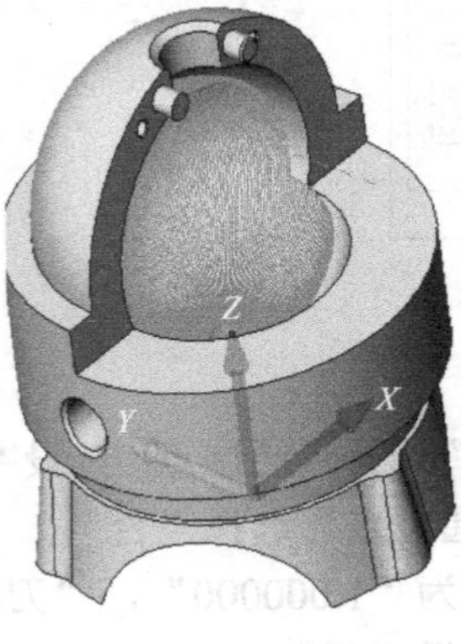

图 9-33

9.2.5　5 轴刻字

步骤：依次单击“ ”按钮（铣削模具加工－铣削 5 轴加工）→“ ”按钮（5 轴轮廓加工），如图 9-34 所示，弹出自由曲面特征编辑器。加工部件：①单击加工部件空白处→②按照

图9-35中所选，单击"确定"按钮。

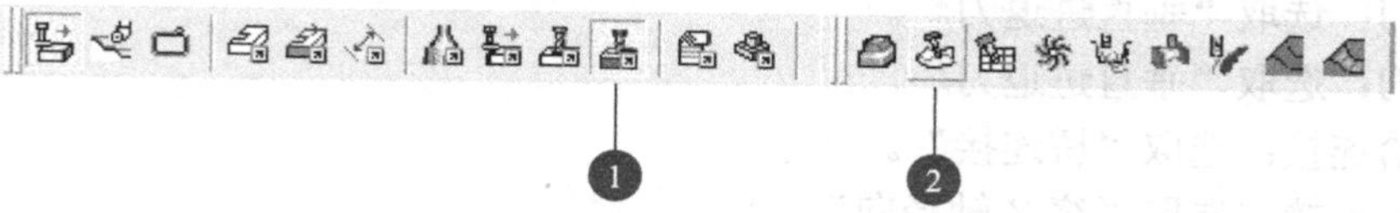

图 9-34

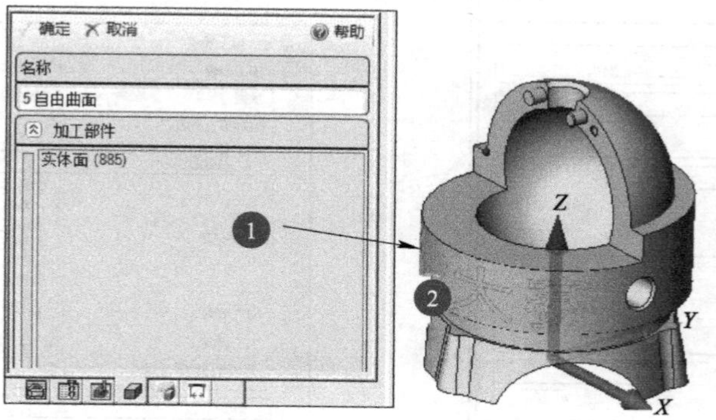

图 9-35

需要设定的参数如下：

（1）一般设定（图9-36）

1）操作名称：名称为"五轴刻字"。

2）刀具选择：刀具选择"0.1"。

3）转速及进给：设"加工转速 RPM，SPM"为"8000.000000"，"进给率 PM，PT"为"600.000000"，"垂直下刀进给率百分比"为"100.000000"，"横向进刀进给率百分比"为"100.000000"，"使用 KBM 进给转速"选择"否"。

4）NC 代码输出："开启 RTCP"选择"是"，"刀位点输出"选择"刀尖"，"3D 刀具补偿"选择"否"。

（2）刀具路径（图9-37）

1）加工精度：设"加工公差"为"0.010000"，"余量"为"0.000000"，"限制点之间距离"选择"否"。

2）刀具位置："驱动轮廓"选择字的所有链特征，"加工策略"选择"轮廓加工"，"加工侧向"选择"左"，"驱动特征位于边缘"选择"否"。

3）深度：设"结束深度"为"0.100000"，"切削深度"为"2.000000"，"开始深度"为"0.000000"。

4）径向补偿：设"驱动轮廓径向偏移"为"0.000000"，"径向步距"为"0"，"起始径向偏置"为"0.000000"，"变换切削方向"选择"否"。

（3）刀轴方向（图9-38） 刀轴方向："刀轴反向"选择"否"，设"前倾角"为"0.000000"，"侧倾角"为"0.000000"，"角度限制"选择"无限制"。

（4）连接（图9-39）

1）回退："最优化回退"选择"在操作内部"，设"绝对安全高度"为"80.000000"，

“安全高度”为“2.000000”。

2）进刀：选取“垂直进退刀”。

3）退刀：选取“垂直进退刀”。

4）进给连接：选取“桥连接”。

5）快进连接：选取“绕 Z 轴径向”。

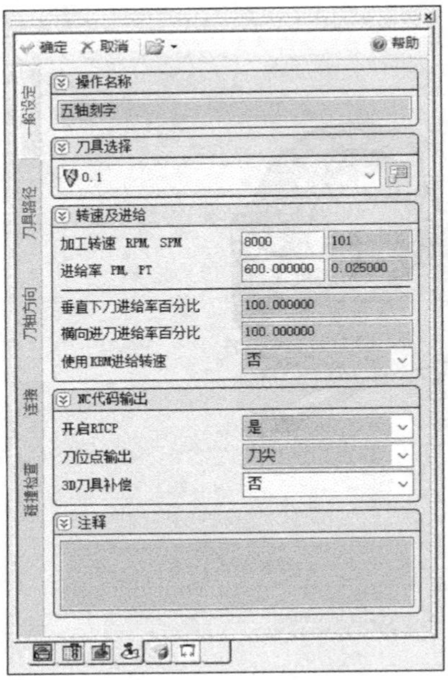

图 9-36

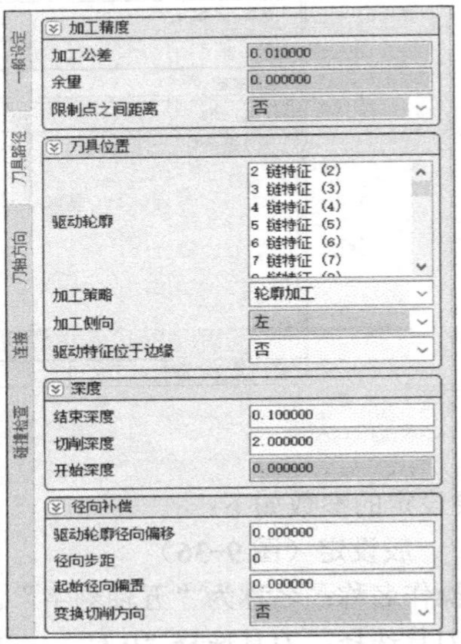

图 9-37

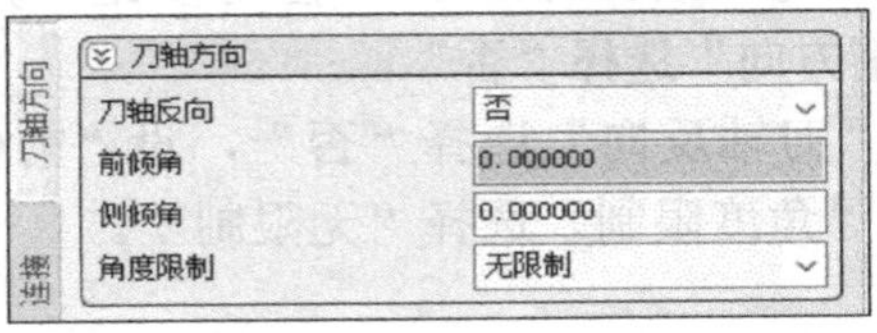

图 9-38

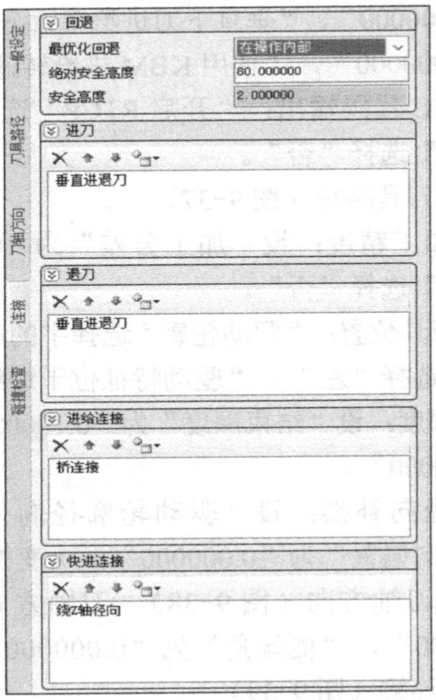

图 9-39

（5）碰撞检查　不设定。

单击“ 确定 ”按钮，执行刀具路径运算，刀具路径运算结果如图 9-40 所示。

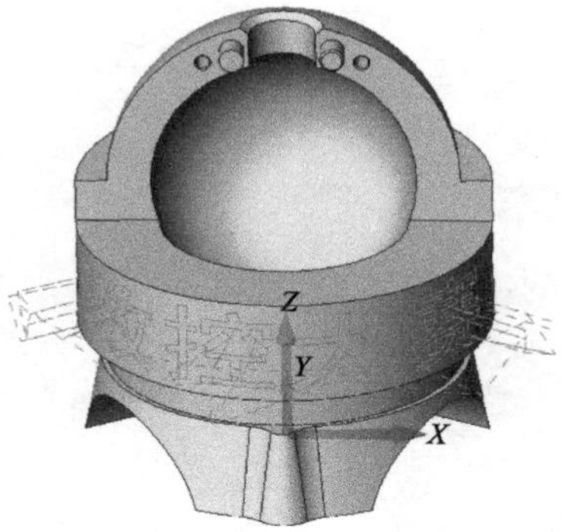

图　9-40

9.3　工程师经验点评

1）5 轴复合加工应用非常广泛，刀具路径的形状和刀具轴线的方向是相互独立定义的，用户可以创造性地组合任何复杂的 5 轴或 4 轴刀路，而且没有什么限制。

2）5 轴轮廓加工主要用于加工轮廓、倒角及 5 轴刻字，刀轴与曲面法向保持垂直，刀具轮廓可以偏移曲面外侧或曲面内侧等，倒角是通过沿着外部或内部边缘在指定深度进行倒角加工。